工业和信息化部"十四五"规划教材

计算生物学

主　编：张　岩（哈尔滨工业大学）

副主编（以姓氏笔画为序）：

　　　吴　琼（哈尔滨工业大学）

　　　蒋庆华（哈尔滨工业大学）

参　编（以姓氏笔画为序）：

　　　张　帆（哈尔滨工业大学）

　　　顾　悦（哈尔滨工业大学）

　　　隽立然（哈尔滨工业大学）

科学出版社

北　京

内 容 简 介

本书是一本专门针对计算生物学领域的系统性教材,通过本教材的学习,可以掌握多种组学数据分析的原理和方法,包括高通量数据分析和单细胞测序数据的分析(第一章、第二章)、蛋白质组学及其功能预测(第三章)、计算表观遗传学(第五章)。在计算生物学的多学科应用上,本教材涵盖了分子进化的计算生物学分析(第四章)、计算癌症生物学(第六章)、计算免疫学(第七章)、药物设计的计算方法和应用(第八章)、影像组学与人工智能(第九章)、基因编辑系统的识别与功能分析(第十章)等应用内容,使读者能够掌握常用的基本算法、模型,从广度和深度突出解决生物学领域的计算需求。同时,在第十一章介绍了计算生物学领域的大数据资源及工具。

本书是一本体现学科交叉特点的教材,面向信息科学领域、生命科学领域、新医科领域对利用计算途径诠释生物学、生物医学问题感兴趣的本科生或研究生,也可供相关领域的科研人员使用。

图书在版编目(CIP)数据

计算生物学 / 张岩主编. —北京:科学出版社,2023.9
工业和信息化部"十四五"规划教材
ISBN 978-7-03-076119-4

Ⅰ. ①计⋯ Ⅱ. ①张⋯ Ⅲ. ①分子生物学 – 计算方法 – 高等学校 – 教材 Ⅳ. ① Q7

中国国家版本馆CIP数据核字(2023)第149521号

责任编辑:席 慧 林梦阳 / 责任校对:宁辉彩
责任印制:赵 博 / 封面设计:无极书装

科 学 出 版 社 出版
北京东黄城根北街16号
邮政编码:100717
http://www.sciencep.com

三河市骏杰印刷有限公司印刷
科学出版社发行 各地新华书店经销

*

2023年 9 月第 一 版 开本:787×1092 1/16
2025年1月第三次印刷 印张:17
字数:428 000
定价:69.80元
(如有印装质量问题,我社负责调换)

前　言

　　党的二十大报告提出实施科教兴国战略，强化现代化建设人才支撑，加快实施创新驱动发展战略。面向人民生命健康，实现高水平科技自立自强，是未来中国发展的必要方向。为推进健康中国建设，大量生物数据呈现指数级的增长，这引领了生物学问题的研究向数据驱动的方向演变，为实现大量数据信息的有效使用和满足探索生物学问题的迫切需求，计算方法的应用和开发、资源的充分共享是关键点。

　　《计算生物学》以数据为基础，计算方法为工具，解决生物医学问题为目标，是一门多学科交叉的新兴学科。由于当前数据类型的多样化、数量的规模化、质量的异质性，在以生物学、医学问题为导向，实现研究思路和方法的整合时，需要掌握包括生物学、数理统计、计算机科学的相关知识。因此本教材在普及基本知识点（包括基础理论和基本方法）的基础上，围绕研究热点的大数据，注重数据分析的基本技术、方法。通过学习本教材，可以掌握从基因组、转录组、表观基因组、蛋白质组到影像组学数据分析的常用方法、数据资源，以及各类组学数据在疾病、免疫、药物设计等领域的应用。掌握全面的组学数据分析技术对揭示生物学机制有着重要意义。

　　目前在国内，计算生物学领域的教材很少，普遍使用的是国外教材的中译本或文献。本教材是一本专门针对计算生物学领域的系统性教材。相较于以往相关领域的教材，本教材不但对多种组学数据分析的原理和方法进行介绍，包括高通量数据分析和单细胞测序数据的分析、蛋白质组学及其功能预测、计算表观遗传学，还在应用层面上增加了分子进化的计算生物学分析、计算癌症生物学、计算免疫学、药物设计的计算方法和应用、影像组学与人工智能、基因编辑系统的识别与功能分析等内容，使读者掌握常用的基本算法、模型，从广度和深度突出解决生物学领域对计算问题的需求。特别值得一提的是，本教材还介绍了计算生物学领域的大数据资源及工具，使其同时也是一本非常实用的工具书。此外，本教材也是工业和信息化部"十四五"规划教材。

　　本教材各章节均由相应领域教学及科研经验丰富的专家学者完成，他们在两年的编写过程中认真、仔细地反复审阅书稿，感谢各位专家的倾情付出。薛文辉、刘鸿皓、王聪、王洪利、邢杰、张梦燕、周殿双在编写过程中提供了部分图稿资料并协助修改文稿，在此表示衷心的感谢。本教材内容上的纰漏之处，真诚恳请同行专家和广大读者惠予指正。

张　岩

2023年于哈尔滨

目 录

绪　　论

第一节　计算生物学的起源和研究内容

一、计算生物学概念

计算生物学（computational biology）是生物学的一个分支，是指开发和应用数据分析及理论的方法、数学建模和计算机仿真技术等，用于生物学、行为学和社会群体系统研究的一门学科。计算生物学的最终目的不仅仅局限于测序，而是运用计算机的思维解决生物问题，用计算机的语言和数学的逻辑构建和描述并模拟出生物世界。

二、计算生物学与组学数据

高通量测序技术彻底改变了生物医学的研究模式。从数千名患者、动物模型和细胞系中产生的各种组学数据，如基因组、转录组、蛋白质组、表观基因组和代谢组数据等，正在以越来越快的速度积累。这些丰富的组学数据为系统地描述分子机制和开发相关生物医学应用提供了前所未有的资源信息。最初，组学数据通常由生物信息学家或计算生物学家使用通用编程语言编写的内部脚本进行数据分析。后来，研究人员开发了一些专门的生物信息编程模块，如Biopython（https://biopython.org/）、BioPerl（https://bioperl.org/）、Bioconductor（https://www.bioconductor.org/）等，这些模块的推广使组学数据的分析和可视化更加容易。随着现代高通量组学测量平台的发展，生物医学研究必须采用综合方法以充分利用这些数据来深入了解生物系统。可以集成来自遗传学、蛋白质组学和代谢组学等各种组学来源的数据，使用基于机器学习的预测算法来解开系统生物学的复杂工作。计算生物学方法提供了新技术来整合和分析各种组学数据，从而能够发现新的生物标志物。这些生物标志物有可能利于准确的疾病预测、患者分层和精准医疗的交付。很多研究者探讨了不同的综合机器学习方法，这些方法已被用于深入了解生物系统的正常生理功能和疾病，它为设想在多组学研究中使用机器学习技能的跨学科专业人士提供了见解和建议。

三、疾病研究中的计算生物学

疾病是机体在一定病因的损害作用下，因机体自稳调节紊乱而发生的异常生命活动过程。多数疾病中，机体对病因所引起的损害发生一系列抗损害反应。自稳调节的紊乱，损害和抗损害反应，表现为疾病过程中各种复杂的功能、代谢和形态结构的异常变化，而这些变化又可使机体各器官系统之间，以及机体与外界环境之间的协调关系发生变化，从而引起各种症状、体征和行为异常，特别是机体对环境的适应能力和体力减弱甚至丧失。人类常见病，包括肿瘤、心脑血管疾病、代谢系统疾病、神经系统疾病、精神和行为异常等绝大多数都是复杂性疾病。复杂性疾病与单基因缺陷性遗传病不同，不符合孟德尔定律，疾病的发生发展涉及复杂的生物学过程，是21世纪生物医学重大的挑战之一。虽然研究者们积累了大量的资料和数据，亦取得众多研究成果，但对复杂疾病本质的认识还相距甚远。但是生命科学、计算机技术的迅速发展为研究者们研究复杂疾病提供了崭新的契机。组学和系统生物学的不断发展为研究者们从分子水平等多层面去研究复杂疾病提供了有利的条件，也使得医学进入了崭新的时代。疾病研究中的计算生物学研究一般为：对选定的某一生物系统的所有组分进行了解和确定，描绘出该系统的结构，以此构造出一个初步的系统模型；系统地改变被研究对象的内部组成成分或外部生长条件，然后观测在这些情况下系统组分或结构发生的相应变化，并把得到的有关信息进行整合；把通过实验得到的数据与根据模型预测的情况进行比较，并对初始模型进行修订；根据修正后的模型预测或假设，设定和实施新的改变系统状态的实验，重复不断地通过实验数据对模型进行修订和精练，得到一个理想的模型，使其理论预测能够反映出生物系统的真实性。

四、遗传调控研究中的计算生物学

越来越多的证据显示，基因的表达调控与疾病的发生有着重要的联系，基因的正确表达在机体功能的实现过程中发挥关键性的作用。在调控基因表达的诸多因素中，遗传调控是指不改变实际DNA序列却控制基因表达的过程，它在决定细胞功能和发育中起着至关重要的作用。转录组测序技术的诞生极大地促进了非编码RNA研究领域的发展，种类和数量巨大的非编码RNA在从细菌到人的各种生物体系及各类细胞中被发现。与此同时，为了分析海量的转录组数据，从中精选出有用的信息，一系列计算生物学软件和算法被陆续开发出来，发现了一大批与细胞分化、炎症、癌症等相关的非编码RNA。一方面，需要发展新的二代测序技术，在全基因组层面研究RNA和DNA、RNA和RNA，以及RNA和蛋白质之间的互作机制；另一方面，需要开发新的生物信息学方法来整合分析、利用这些生物大数据，通过机器学习，准确预测非编码RNA的功能，以及它们对生命活动的调控机制，并且由此建立一整套系统性研究非编码RNA的生物信息学方法、数据库和软件系统。基因的表观遗传调控是一个多种因素共同协调作用的复杂系统。研究人员正从各个层面深入了解表观遗传调控机制中的诸多细节，在此过程中，也伴随产生海量的各类组学数据。因此，如何整合各种基因组学数据，构建机器学习和深度分析模型乃至形成新的计算生物学的研究方法，对于准确预测和构建基因表观遗传网络，全面和系统地了解表观遗传机制有着至关重要的意义。有研究通过建立一整套研究基因调控机制的生物信息学方法、数据库和软件系统，希望更清晰、更深入、更系统地了解基础生物医学过程，并拓展其在临床治疗等方面的应用。此前大量的实验和计算分析结果也表明，生物信息学可以为基因调控机制乃至更多生物医学问题提供更为深入的分析方法，为进一步实验提供指导方向。相信随着计算方法和数据库的不断完善，一种基于云计算的、开放式的在线生物信息分析平台必将逐渐被广泛使用。这将有助于聚集、分析、共享各种生物医学信息，推动对糖尿病、心血管疾病、癌症等重大疾病的基础和临床研究，对于各种重大疾病的诊断和治疗意义重大。

第二节 计算生物学的数学、统计学基础

一、标准化方法介绍

在进行数据分析之前，通常要收集大量不同的相关指标，每个指标的性质、量纲、数量级、可用性等特征均可能存在差异，导致无法直接分析研究对象的特征和规律。如果各指标间的水平相差很大时，直接用指标原始值进行分析，数值较高的指标在综合分析中的作用就会被放大，

相对地，会削弱数值水平较低的指标的作用。例如，两名肺腺癌患者的基因 *TSPAN6* 表达值分别为13 036和516，其差距极大，基因表达水平为516的患者可能会在数据分析中被忽视。因此，为了保证结果的可靠性，需要对原始指标数据进行标准化处理，使波动范围较大的数据在相同的尺度下具有可比性。

标准化指将数据按比例缩放后符合一个小的特定区间。在进行不同组别之间指标比较和评价时经常会用到。标准化通过去除数据的单位限制，使其转化为无量纲的纯数值，便于不同单位或量级的指标能够进行比较和加权，在某些比较和评价的指标处理中经常会用到。数据标准化的原因包括：①数量级的差异导致量级较大的属性占据主导地位；②数量级的差异导致迭代收敛速度减慢；③依赖于样本距离的算法对于数据的数量级非常敏感。

在不同的问题中，标准化的意义不同。例如，在回归分析预测中，标准化是为了使特征值有均等的权重；在训练神经网络的过程中，通过将数据标准化，可加速权重参数的收敛；在主成分分析中，对数据进行标准化处理，默认指标间权重相等，不考虑指标间差异和相互影响。

目前数据标准化方法有很多，大概可以分为：直线型方法（如极值法、标准差法）、折线型方法（如三折线法）、曲线型方法（如半正态性分布）。不同的标准化方法，对系统的评价结果会产生不同的影响，而且在数据标准化方法的选择上，没有通用的法则可以遵循。常见的方法有：min-max标准化、Z-score标准化、log函数转换、atan函数转换、模糊量化法等。

（一）min-max标准化

min-max标准化也称为极差标准化，是消除变量量纲和变异范围影响最简单的方法。具体方法是找出每个属性的最小值和最大值，将其一个原始值 X 通过min-max标准化映射成在区间 [0，1] 中的值 X'。公式为

$$X' = (X - X_{\min}) / (X_{\max} - X_{\min}) \tag{0-1}$$

无论原始数据是正值还是负值，经过处理后，该变量各个观察值的数值变化范围均满足 $0 \leqslant X' \leqslant 1$，并且正指标、逆指标均可转化为正指标，作用方向一致。

（二）Z-score标准化

当遇到某个指标的最大值和最小值未知的情况，或有超出取值范围的离群数值时，可以采用另一种数据标准化的常用方法，即Z-score标准化，也称为标准差标准化。它基于原始数据的均值（mean，M）和标准差（standard deviation，SV）进行数据的标准化，将原始值 X 使用Z-score标准化到 X'。公式为

$$X' = (X - M) / \text{SV} \tag{0-2}$$

Z-score标准化方法适用于属性最大值和最小值未知的情况，或有超出取值范围的离群数据的情况。均值和标准差都是在样本集上定义，而不是在单个样本上定义。标准化是针对某个属性的数值，需要用到所有样本在该属性上的值。

（三）log函数转换

生物学领域中，在分析基因表达数据时，通常出现同一个基因在不同样本中表达值差异极大的情况，这也造成了基因的表达数据不服从正态分布，使用log函数转换可以使基因表达值之间的差异变小，同时也使表达数据适用于大多数统计学检验方法。例如，UCSC Xena（http://xena.ucsc.

数据集: 基因表达RNA测序数据-HTSeq-FPKM	
数据类型	基因表达RNA测序数据
标准化方式	$\log_2(\text{FPKM}+1)$
平台	Illumina

图 0-1　TCGA数据库中基因表达数据的标准化

edu/）网站提供的癌症基因组图谱（The Cancer Genome Atlas，TCGA，https://www.cancer.gov/ccg/research/genome-sequencing/tcga）数据库中癌症基因表达的数据用到的标准化方法即为以2为底的每百万个映射的每千个碱基转录本的片段数（fragments per kilobase of exon model per million mapped fragments，FPKM）＋1的对数（图0-1）。

二、计算生物学中常用的回归分析方法

回归分析描述了感兴趣的结果与一个或多个变量（称为解释变量）之间的关系。例如，司机的鲁莽驾驶与道路交通事故数量之间的关系，最好的研究方法就是回归分析。回归分析是建模和分析数据的重要工具，使用曲线或线拟合这些数据点，在这种方式下，从曲线或线到数据点的距离差异最小。因此在计算生物学领域中也常用到回归分析方法，包括Logistic回归分析、LASSO回归分析、Cox回归分析等。

（一）Logistic回归

Logistic回归是一种广义线性模型（generalized linear model），主要应用在结果变量是类别变量时，类别变量因为切割没有意义，不会有方差可以被自变量解释。因此必须对变量进行适当的转换，使结果变量变成连续变量且能与自变量形成线性关系，利于使用者解读。对只有是/不是两种结果的变量，目前发现最好的连结转换函数就是对数单位转换（logit转换），因此产生了Logistic回归分析。

Logistic回归可用于估计某个事件发生的可能性，也可分析某个事件的影响因素。在医药卫生、金融分析、市场调研方面Logistic回归均被广泛使用，可在以下情形使用Logistic回归。

（1）预测某一事件发生的概率。例如，在建立了Logistic回归模型后，在不同的自变量因素影响下，可根据该模型预测某种流感暴发的概率，或者术后疾病复发的概率。

（2）影响因素、危险因素分析。运用Logistic回归模型，可在多种可能的影响因素中，找出具有显著影响的变量，还可以独立考察某一变量是否为影响事件发生的因素。

（3）判别、分类也是Logistic回归的一大应用。Logistic回归的因变量可以是二分类的，也可以是多分类的，其中二分类更为常用，也更加容易解释。例如，根据Logistic模型，判断某人患某病的可能性有多大。

Logistic回归通常的运用条件如下。

（1）基本假设：输出类别服从伯努利二项分布、样本线性可分、特征空间不是很大。

（2）无须关注特征间相关性的情况。

（3）可适用于未来会有大量新数据产生的情况。

Logistic回归使用的注意事项如下。

（1）样本量问题。通常回归模型都需要建立在大样本的基础上，在进行Logistic回归时，应该考虑当前的样本量是否充足。根据模拟研究，在使用Logistic回归时，事件个数至少应该是自变量个数的10倍。

（2）变量数据类型。自变量既可以是连续变量，也可以是分类变量。

（3）混杂因素分析。如果样本量足够大，且所有的因素之间没有关联，Logistic回归可把所有的因素纳入模型中，对所有可能的混杂因素同时进行分析。在此基础上通过逐步回归的方法

对有显著意义的变量进行筛选。相反，如果样本的个数有限，如在医学研究领域，针对某一疾病仅有80例患者，相对应有20个疾病风险因素时，最好对每个因素单独进行Logistic回归分析，剔除既无统计学意义又无临床意义的因素，将有意义的变量纳入模型中分析。

（二）LASSO回归

LASSO（least absolute shrinkage and selection operator）回归被称为最小绝对值收敛和选择算子算法，属于弹性网络（elastic net）广义线性模型家族，是一种通过构造惩罚函数压缩回归系数的方法，可以实现变量选择和正则化，防止过拟合和共线性。LASSO回归的特点是在拟合广义线性模型的同时进行变量筛选和复杂度调整。因此，不论因变量是连续变量，还是二元或者多元离散变量，都可以使用LASSO回归建模。其复杂度调整的程度由参数λ来控制，λ越大对变量较多的线性模型的惩罚力度就越大，从而最终获得一个变量较少的模型。LASSO回归算法回归代价函数如下：

$$\text{Cost}(w)=\sum_{i=1}^{N}(y_i-w^Tx_i)^2+\lambda\|w\|_1 \tag{0-3}$$

式中，N表示样本数；w表示m维列向量，代表权重系数；x_i表示特征向量；y_i表示x_i对应因变量值，是实数；λ表示惩罚系数。LASSO回归算法在标准线性回归代价函数上加了一个带惩罚系数λ的w向量的L1范数作为惩罚项（L1范数的含义为向量w每个元素绝对值的和），所以这种正则化方式也被称为L1正则化。该方法可以很好地解决多变量线性回归中，变量之间由于存在精确相关关系或高度相关关系而使回归估计不准确的问题。可在以下情形中使用LASSO回归。

（1）变量数量较多的大数据集。传统的线性回归模型无法处理这类大数据。L1正则化可以使得一些特征的系数变小，甚至还使一些绝对值较小的系数直接变为0，从而增强模型的泛化能力。

（2）重要变量的筛选。这是L1范数的一个非常有用的属性。因为L1范数倾向于产生稀疏系数。例如，假设模型有100个系数，但其中只有10个系数是非零系数，这实际上是说"其他90个变量对预测目标值没有用处"。因此，可以说LASSO回归做了一种"参数选择"形式，未被选中的特征变量对整体的权重为0。

LASSO回归使用的注意事项如下。

（1）x变量应该用均值零和单位方差进行标准化，因为变量的尺度差异往往会使惩罚分配不均。

（2）惩罚项。惩罚项由超参数λ调整。超参数由用户通过人工搜索或交叉验证的方式外源性给出。

（三）Cox回归

Cox比例风险回归模型（Cox proportional-hazards model）是英国统计学家戴维·罗斯贝·科克斯（D. R. Cox）于1972年提出的一种半参数回归模型，该模型以生存结局和生存时间为因变量，可同时研究多个风险因素和事件结局发生情况、发生时间的关系，且不要求估计资料的生存分布类型，从而克服了简单生存分析中单因素限制的不足，是生存分析中最重要的多因素分析方法。

生存分析中一个很重要的内容是探索影响生存时间或生存率的危险因素，这些危险因素可通过影响各时刻的死亡风险（即风险率）而影响生存率，不同特征的人群在不同时刻的风险率函数不同，通常将风险率函数表达为基准风险率函数与相应协变量函数的乘积，即

$$h(t, X) = h_0(t) \cdot f(X) \tag{0-4}$$

式中，$h(t, X)$ 表示 t 时刻的风险率函数；$h_0(t)$ 表示 t 时刻的基准风险率函数，即 t 时刻所有的协变量取值为 0 时的风险率函数；$f(X)$ 表示协变量函数，常用对数线性模型，即 $f(X) = e^{\sum_{j=1}^{m} \beta_j X_j}$，$j = 1, 2, \cdots, m$，$m$ 为模型中协变量的个数，计算得到的 $f(X)$ 为 HR 值（风险比），考虑 HR 值在临床研究中的实际意义，当 HR>1 时，风险增加；当 HR<1 时，风险降低。

鉴于临床数据的特殊性，Cox 回归模型比起一般的多重线性回归和 Logistic 回归在临床研究中具有更为广泛的应用，因为生存时间资料的分布往往不服从正态分布，有时甚至不知道它的分布类型，不能采用多重线性回归方法分析，可以采用 Cox 回归模型，它可以应用在以下情况：①建立以多个危险因素估计生存或者死亡的风险模型，并由模型估计各危险因素的相对危险度；②用已建立的模型，估计患者随时间变化的生存率；③用已建立的模型，估计患病后的风险系数。

Cox 回归模型通常运用的条件：①自变量可以为定量资料也可为分类资料；②自变量取值不随时间变化；③样本含量要足够大，且截尾数据不能过多，死亡数不能过少，危险因素各水平的示例数也不能过少。

尽管 Cox 回归模型不用考虑生存数据分布，但是 Cox 回归并不是适用于所有生存数据的多因素分析，以下是使用时的注意事项：①因变量必须同时有 2 个，一个代表状态，为分类变量；一个代表时间，为连续变量。同时具有这 2 个变量，则可使用 Cox 回归分析。②满足比例风险假定，即主要研究因素的各层间均应满足风险假定。如果不满足，则应当对变量进行分层变量控制。

三、计算生物学中常用的聚类分析方法

聚类分析的基本思想是认为所研究的对象中各单位之间存在着程度不同的相似性或亲疏关系。根据众多单位的多个观测指标，找出能够度量各单位之间相似程度的统计量，以其作为划分类型的依据，把一些相似程度较大的单位聚合为一类，把另外一些彼此相似程度较大的单位又聚合在另一类，关系密切的聚合到一个小的分类单位，关系疏远的聚合到一个大的分类单位，直到把所有单位都聚合完毕，把不同的类型一一划分出来，形成一个由小到大的分类系统。

聚类分析为无监督学习方法。无监督学习方法不使用预定义的类标签或者示例来指示数据集中的分组属性，因此它是识别数据中新模式的理想方法。聚类分析也经常与其他监督分类算法结合使用，因为它具有检测不正确的类标签、异常值、错误、偏差和不良的实验设计的潜力。聚类分析有许多方法，如主成分分析、层次聚类方法等。

（一）主成分分析（PCA）

主成分分析（PCA）为一种用于将多维数据集降到较低维度进行分析的技术。PCA 将原始变量变为新的独立和不相关变量，称为主成分，用于解释观察到的变异性。根据给定 n 个变量的观测值，PCA 的目标是通过找到 $r \leqslant n$ 个新变量来降低数据矩阵的维数。

（二）层次聚类

层次聚类（hierarchical clustering）将所有项目之间的成对相似性度量的距离矩阵转换为嵌套分组的分层。层次结构用类似二叉树的树状图表示，可以显示模式的嵌套分组及分组变化的相似性级别。层次聚类结果的可视化如图0-2所示。

（三）k均值聚类

k均值（k-means）聚类也是常见的聚类分析方法。首先必须指定参数k，该参数表示簇的数量；下一步在随机的聚类中心选择k个点。根据所使用的距离度量，将所有项目分配到其最近的聚类中心，计算每个集群中项目的质心或平均值，这些中心线被视为各自集群的新中心值并不断重复该过程直到类别稳定。

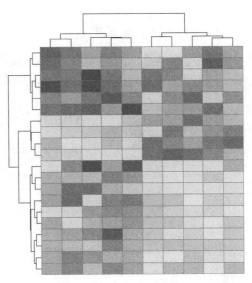

图 0-2　层次聚类示意图

彩图

第三节　计算机科学基础

一、R 语言

R是一种用于统计计算和图形的语言及环境。它是一个自由软件基金会项目（GNU's Not Unix，GNU），类似于由约翰·钱伯斯（John Chambers）及其同事在贝尔实验室（前身为AT&T，现为朗讯科技）开发的S语言和环境。虽然二者之间有一些区别，R可以被认为是S的不同实现。为S编写的许多代码仍可以在R下运行。R提供了广泛的统计学（包括线性和非线性建模、经典统计测试、时间序列分析、分类、聚类等）和图形技术，并且具有高度可扩展性。

R的优势之一是可以轻松生成精心设计的高质量出版图，包括需要的数学符号和公式。图形绘制的默认设置完善，用户可根据自己的需求通过调整函数或参数进行修改。在计算生物学领域，R被认为是最重要的编程语言之一。

（一）R语言的特点

（1）自由软件，免费、开放源代码，支持各个主要计算机系统（Windows、Linux和macOS）。

（2）具有完善的数据类型，如向量、矩阵、因子、数据集、一般对象等，支持缺失值。

（3）代码像伪代码一样简洁、可读。

（4）强调交互式数据分析，支持复杂算法描述，图形功能强。

（5）实现了经典的、现代的统计方法，如参数和非参数假设检验、线性回归、广义线性回归、非线性回归、可加模型、树回归、混合模型、方差分析、判别、聚类、时间序列分析等。

（6）统计科研工作者广泛可使用R进行计算和算法开发。R有上万扩展包，很多搭载在GitHub（https://github.com，一个面向开源及私有软件项目的托管平台）和Bioconductor（https://www.bioconductor.org/，生物信息学开源软件）。

（二）R的下载与安装

R的主网站是https://www.r-project.org/。通过点击"download R"，进入R在不同站点下的镜像，选择相应镜像后点击即可进入R软件下载界面，如图0-3所示。

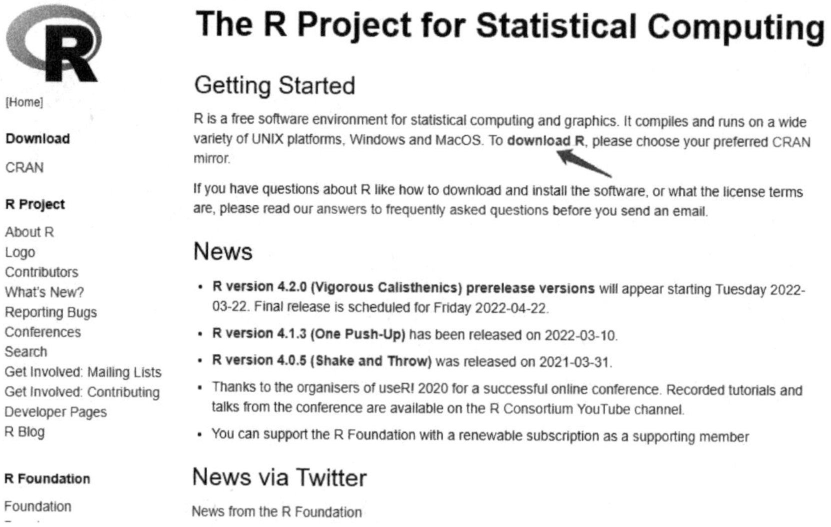

The R Project for Statistical Computing

[Home]

Download

CRAN

R Project

About R
Logo
Contributors
What's New?
Reporting Bugs
Conferences
Search
Get Involved: Mailing Lists
Get Involved: Contributing
Developer Pages
R Blog

R Foundation

Foundation

Getting Started

R is a free software environment for statistical computing and graphics. It compiles and runs on a wide variety of UNIX platforms, Windows and MacOS. To **download R**, please choose your preferred CRAN mirror.

If you have questions about R like how to download and install the software, or what the license terms are, please read our answers to frequently asked questions before you send an email.

News

- **R version 4.2.0 (Vigorous Calisthenics) prerelease versions** will appear starting Tuesday 2022-03-22. Final release is scheduled for Friday 2022-04-22.
- **R version 4.1.3 (One Push-Up)** has been released on 2022-03-10.
- **R version 4.0.5 (Shake and Throw)** was released on 2021-03-31.
- Thanks to the organisers of useR! 2020 for a successful online conference. Recorded tutorials and talks from the conference are available on the R Consortium YouTube channel.
- You can support the R Foundation with a renewable subscription as a supporting member

News via Twitter

News from the R Foundation

图0-3　R语言官方网站下载链接

R支持多平台运行，包括Windows、Linux和macOS。用户在下载时需注意下载对应平台的R。下载软件解压后即可安装，安装成功后在电脑桌面端会出现R相关的快捷图标，双击图标即可进入R命令输入窗口。需要注意在R中输入字符时使用英文输入法，使用中文输入法会报错。

（三）R语言应用

R支持常用的数学运算，下面将举例进行说明。

1. 四则运算　在R中输入：

```
>(1+2)*4/(10-8)
[1]  6
```

2. 常用函数　R中包含了多种数学计算中的常用函数，如生成顺序数字、求平均数、求中位数、求和计算、对数计算等。

生成顺序数字"："：

```
>1:11
[1]  1  2  3  4  5  6  7  8  9  10  11
```

求平均数函数mean()：

```
>mean(1:11)
[1]  6
```

求中位数median()：

```
> median(3:11)
[1]  7
```

求和sum()：

```
>sum(1:10)
[1]  55
```

3. R中向量计算与变量赋值　　R语言以向量为最小单位。用<-或者＝赋值。例如：

```
>a<-1:10
>a
[1]  1  2  3  4  5  6  7  8  9 10
```

在程序语言中，变量用来保存输入的值或计算的结果，可以存放各种不同类型的值，如单个数值、多个数值（称为向量）、单个字符串、多个字符串（称为字符型向量）等。R语言是动态类型的，其变量的类型不需要预先声明，运行过程中允许变量类型改变，实际上变量赋值是一种"绑定"（binding），将一个变量的名称（变量名）与实际的一个存储位置联系在一起。

（四）R包的安装和使用

R语言中有数以万计的R包，每一个R包都有自己的独立功能，R在生物信息学中如此流行的原因之一就是众多生物信息学相关软件以R的形式出现，用户通过输入数据以及相应的命令即可完成数据分析，极大地节省了科研工作者的时间和精力。R包有两种类型：R底层自带的包和需要手动下载和安装的包。在底层安装的包，无需安装，可以使用library（包名）直接调用。不包含在底层安装的R包则需要从网络上下载安装，安装方法如下。

方法1：从http://www.rseek.org/下载软件包zip格式，然后点击程序包→从本地zip文件安装。

方法2：从R里下载并安装包，通过工具栏：程序包→安装程序包，然后选择相应的CRAN→加载程序包。

方法3：使用命令：install.packages（"**"）。

方法4：从"Bioconductor"上安装R包。

其中方法3和方法4为较常用的安装方式，下面以"pheatmap"包为例说明方法3。在命令行中输入install.packages（"pheatmap"）后点击回车键，选择一个合适的镜像（如中国-北京2镜像），点击确定，等待几分钟即可安装成功（图0-4）。

很多R包搭载在Bioconductor网站上，用户安装时需要使用Bioconductor规定的安装命令完成。用户需要先在Bioconductor官网上搜索R包的名字后进入该R包的Bioconductor界面，该界面中包含了安装R包的命令。以"limma"软件包为例（图0-5）。

在安装好R包后，用户需要加载R包后才能使用，加载的命令为library（包名），反馈中不出现"error"字样即安装成功。

```
>library(pheatmap)
Warning message:
程辑包'pheatmap'是用R版本3.6.3来建造的
```

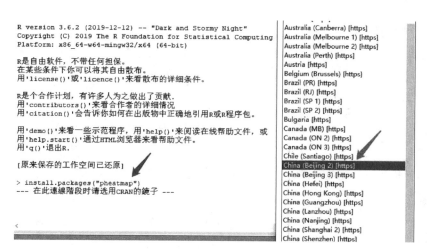

图0-4 R语言安装CRAN上的包

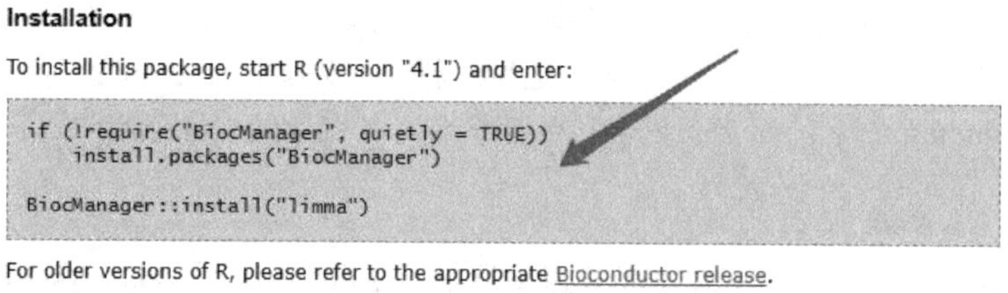

Installation

To install this package, start R (version "4.1") and enter:

```
if (!require("BiocManager", quietly = TRUE))
    install.packages("BiocManager")

BiocManager::install("limma")
```

For older versions of R, please refer to the appropriate Bioconductor release.

图0-5 R语言安装Bioconductor上的包

（五）R语言绘图

R除了具有极强的统计分析能力，还具备极强的绘图能力，尤其是各种统计学图形，包括散点图、箱式图、小提琴图、韦恩图、直方图、玫瑰图、雷达图等。R中有很多基础函数可用于绘制统计图（图0-6），例如，使用plot()函数绘制散点图、boxplot()函数绘制箱式图、hist()函数绘制直方图、barplot()函数绘制柱状图。

R中存在一些软件包用于统计图形绘制。最常用的R绘图软件包为"ggplot2"。ggplot2包是R的一个作图扩展包，它实现了"图形的语法"，将一个作图任务分解为若干个子任务，只要完成各个子任务就可以完成作图。在绘制常用的图形时，只需要两个步骤：将图形所展现的数据输入ggplot()函数中；调用相应的函数，指定图形类型，如散点图、曲线图、盒形图等。如果需要进一步控制图形细节，只要继续调用其他函数，就可以控制变量值的表现方式、图例、配色等，实现基本图形的绘制。与R中基础的作图系统相比，ggplot2的作图结果可达到出版印刷质量。ggplot2除了可以按照一些既定模式做出常见种类的图形，也可将不同种类图形组合成新颖的图形。

由于ggplot2学习难度较高，有开发者根据各类学术期刊常用的图形及配色，在ggplot2包基础上开发了更易于使用的ggpubr包。用户可以直接调用ggpubr中的函数绘制统计学图形，所绘制出来的图形元素更加丰富，同样适合作为出版物的图片。

二、Perl 语言

Perl 语言的应用范围很广，除公共网关接口（common gateway interface，CGI）以外，由于

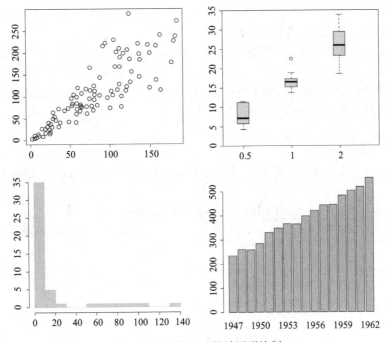

图0-6　R语言基础统计图形绘制

其灵活性，作为常用的脚本语言，Perl被用于图形编程、系统管理、网络编程、金融、生命科学等领域。Perl由拉里·沃尔（Larry Wall）设计，并由他不断更新和维护。Perl具有高级程序语言（如C）的强大能力和灵活性，它的许多特性是从C语言中借用而来。与其他脚本语言一样，Perl不需要编译器和链接器来运行代码，只需要写出程序并调用Perl运行。Perl对于小的编程问题的快速解决和为大型事件创建原型测试潜在的解决方案都十分理想。Perl提供脚本语言的所有功能，还具有它们所不具备的很多特点。

（一）Perl的优点

（1）相比C、Pascal等编程语言而言，Perl语言直接提供泛型变量、动态数组、哈希表（hash table）等更加便捷的编程元素。

（2）Perl具有动态语言灵活的特性，并且还从C、C++、Basic、Pascal等语言中分别借鉴了它们的语法规则，对相同的逻辑含义可使用多种不同的语法形式。

（3）在统一变量类型和掩盖运算细节方面，Perl做得比其他高级语言更为出色。

（4）由于从其他语言大量借鉴了语法，使得从其他编程语言转到Perl语言的程序员可以迅速上手编写程序并完成任务。

（5）Perl具有可扩展性，可以通过全面的Perl存档网络（Comprehensive Perl Archive Network, CPAN）中心仓库找到很多需要的模块。

（6）Perl的mod_perl模块允许Apache万维网（web）服务器使用Perl解释器。

（二）Perl的缺点

（1）由于Perl的灵活性和"过度"的冗余语法，使得Perl程序写得很随意。例如，变量不经声明就可以直接使用，导致可能少写一些字母得到错误的结果而不报错。

（2）许多Perl程序的代码令人难以阅读，实现相同功能的程序代码长度可以相差十倍甚至百倍，令程序的维护者或编写者难以维护。

（3）由于Perl的命令不固定，可能会导致一些Perl程序员遗忘语法，以至于不得不经常查看Perl手册。

建议的解决方法是在程序里使用"use strict"命令，以及"use warnings"命令并统一代码风格，使用库文件而不是自行编写"硬编码"。

（三）Perl的下载与应用

在Perl的官网下载对应平台的Perl安装包，网址为https://www.perl.org/get.html（图0-7）。

图0-7 Perl安装包下载界面

Perl借用了C、sed、awk、Shell脚本及很多其他编程语言的特性，语法与这些语言有些类似，也有自己的特点。Perl程序由声明与语句组成，程序自上而下执行，包含了循环，条件控制，每个语句以分号"；"结束。Perl语言没有严格的格式规范，可以根据自己喜欢的风格来缩进，其主要的优点是正则表达式的灵活应用。正则表达式描述了一种字符串匹配的模式，可用于检查一个字符串是否含有某种子串、将匹配的子串替换或者从某个字符串中取出符合条件的子串等。Perl的正则表达式有三种形式，分别是匹配、替换和转化：①匹配：m//（还可以简写为//，略去m）；②替换：s///；③转化：tr///。

这里举例说明正则表达式在处理计算生物学领域数据的应用。输入数据见表0-1，该文件名为"Annotation.txt"（注释文件），分隔符为Tab（制表符）。

表0-1 注释文件中数据内容

Chromosome	Ensembl Gene ID	Type	Symbol
chr1	ENSG00000284332	miRNA	MIR1302-2
chr1	ENSG00000237613	lncRNA	FAM138A
chr1	ENSG00000268020	unprocessed_pseudogene	OR4G4P
chr1	ENSG00000186092	protein_coding	OR4F5
chr1	ENSG00000238009	lncRNA	AL627309.1

该文件共有4列，分别为Chromosome（染色体）、Ensembl Gene ID（Ensembl数据库对基因的命名）、Type（类别）和Symbol（人类基因组命名委员会为基因提供的官方名称）。目的为提取出"Type"列中关键词为"protein_coding"所在的行，并输出到"protein_coding.txt"中，可以使用以下Perl代码：

```perl
#!/usr/bin/perl
open IN,"Annotation.txt";
open OUT,">protein_coding.txt";
while(<IN>){
chomp;
if(/protein_coding/){
print OUT"$_\n";
}
}
close IN;
close OUT;
```

将代码编辑后保存为.pl文件，并将该文件与输入数据文件放置于同一个文件夹中，最终的结果为新生成的protein_coding.txt文件，里面的内容为1行，即输入文件中包含protein_coding字样的行。

三、Python 语言

Python 是一个高层次的结合解释性、编译性、互动性和面向对象的脚本语言。Python 的设计具有很强的可读性及特色语法结构，需要经常使用英文关键字和一些标点符号。由于Python是一种解释型语言，开发过程中没有编译环节，类似于PHP和Perl语言。Python是交互式语言，在一个 Python提示符"＞＞＞"后可直接执行代码。它是面向对象语言，支持面向对象的风格或代码封装在对象的编程技术。Python 可以作为初学者的语言，对初级程序员而言，是一种功能强大的语言，它支持广泛的应用程序开发，无论是简单的文字处理还是网页和游戏开发。

Python是由吉多·范罗苏姆（Guido van Rossum）在20世纪80年代末至90年代初，由荷兰国家数学和计算机科学研究所设计。Python本身也由诸多其他语言发展而来，包括ABC、Modula-3、C、C＋＋、Algol-68、SmallTalk、Unix Shell和其他的脚本语言等。像 Perl 语言一样，Python源代码同样遵循通用公共许可证（GNU General Public License，GPL）协议。Python 2.7被确定为最后一个Python 2.x 版本，它除了支持Python 2.x 语法外，还支持部分Python 3.1语法。

（一）Python 的特点

1. 易于学习　Python有相对较少的关键字，结构简单，有一个明确定义的语法。

2. 易于阅读　Python代码的定义更清晰。

3. 易于维护　Python的成功在于它的源代码容易维护。

4. 一个广泛的标准库　Python最大的优势之一是具有丰富的标准库，可实现跨平台应用，在 UNIX、Windows和Macintosh兼容性好。

5. 互动模式　互动模式从终端输入执行代码并获得结果，可实现互动的测试和调试代码片段。

6. **可移植**　基于其开放源代码的特性，Python已经被移植到许多平台。

7. **可扩展**　支持调用其他编程语言的程序。

8. **数据库**　Python提供所有主要的商业数据库的接口。

9. **可嵌入**　可以嵌入到其他编程语言中。

（二）Python的下载与应用

在Python的官网下载对应平台的Python安装包，网址为https://www.python.org/（图0-8）。

图0-8　Python安装包的下载界面

对于患者的临床信息文件（file），文件的每一列为样本的某类临床信息，通过Python读取文件，并对特征矩阵进行标准化处理，代码如下：

```
from sklearn.preprocessing import StandardScaler
import numpy as np
data=np.loadtxt(file)
data_normal=StandardScaler().fit_transform(data)
np.save('result.txt',data_normal)
```

将代码编辑后保存为.py文件，并将该文件与输入数据文件放置于同一个文件夹中，最终的结果为新生成的result.txt文件，其内容为标准化后的数据。

四、Shell 语言

Shell是一个用C语言编写的程序，它是用户使用Linux的桥梁。Shell既是一种命令语言，又是一种程序设计语言。Shell编程与JavaScript、PHP编程一样，仅需能编写代码的文本编辑器和能解释执行的脚本解释器。Linux的Shell种类众多，常见的有：BourneShell（/usr/bin/sh或/bin/sh）、BourneAgainShell（/bin/bash）、CShell（/usr/bin/csh）、KShell（/usr/bin/ksh）、ShellforRoot（/sbin/sh）。BourneAgainShell由于易用和免费，是大多数Linux系统默认的Shell。

（一）Shell 的特点

1. Shell是一种解释性语言　用Shell语言写的程序不需编译，可以直接由Shell进程解释执行。解释性语言的特点是快捷方便，可以即编即用，与编译性语言的目标程序相比，解释性语言程序的运行速度较慢。

2. Shell是基于字符串的语言　Shell只是做字符串处理，不支持复杂的数据结构和运算。

Shell 的输出也全部是字符方式。

3. Shell 是命令级语言　　Shell 程序全部由命令而不是语句组成，几乎所有的 Shell 命令和可执行程序都可用来编写 Shell 程序。Shell 命令十分丰富，命令的组合功能也十分强大。

（二）Shell 的应用

Shell 中有很多常用的命令，如 Shell 中的 echo 命令用于向窗口输出文本：

```
echo "hello,world"
hello,world
```

Shell 的另一个输出命令为 printf，printf 由可移植操作系统接口（portable operating system interface，POSIX）标准定义，因此使用 printf 的脚本比使用 echo 移植性好。printf 使用引用文本或空格分隔的参数，不仅可以在 printf 中使用格式化字符串，还可以制定字符串的宽度、左右对齐方式等。默认的 printf 不会像 echo 自动添加换行符，可以手动添加换行符"\n"。例如：

```
echo "Hello,Shell"
Hello,Shell
printf "Hello,Shell\n"
Hello,Shell
```

Shell 和其他编程语言一样支持多种运算符，包括算数运算符、关系运算符、布尔运算符、字符串运算符和文件测试运算符。原生 bash 不支持简单的数学运算，但是可以通过其他命令来实现，如 awk 和 expr，其中 expr 最常用。例如：

```
val=`expr 2 + 2`
echo "两数之和为:$val"
两数之和为:4
```

本 章 小 结

　　生物大数据的指数增长引领生物学问题的研究向数据驱动的方向演变，为实现大量数据信息的有效使用和满足探索生物学问题的迫切需求，计算方法的应用和开发、资源的充分共享是关键。计算生物学以数据为基础，计算方法为工具，解决生物医学问题为目标，是一门多学科交叉的新兴学科。由于当前数据类型的多样化、数量的规模化、质量的异质性，在以生物学问题为导向，实现研究思路和方法的整合时，需要掌握包括生物学、数理统计、计算机科学的相关知识，因此《计算生物学》在普及基本知识点（包括基础理论和基本方法）的基础上，围绕研究热点的大数据，注重读者对数据分析的基本技术、方法和工具的理解和掌握。本教材面向对计算生物学感兴趣的研究生或高年级本科生，以及相关领域的科研人员。通过学习本教材，可以掌握从基因组、转录组、表观基因组到蛋白质组的组学分析的常用方法、数据资源，以及各类组学数据在疾病、免疫、药物设计等领域的应用和其在生物学机制研究中的重要意义。

（本章由张岩编写）

第一章 高通量数据分析

第一节 基因组组装

一、二代测序数据的基因组组装

（一）基因组组装简介

在分子生物学和遗传学领域，基因组是生物体所有遗传物质的总和。一个基因组中包含一整套基因。确定生物体的DNA序列有助于了解物种起源、发育进化、生存方式等多方面的信息，DNA序列信息的挖掘在生物学和医学研究中不可或缺。例如，在医学上，基因组学可用于识别疾病诊断的标志物、辅助诊断治疗，以及挖掘遗传疾病的潜在治疗方法。同样，对病原体基因组序列的研究可能会影响传染病的治疗。

基因组组装是指获取大量短DNA序列并将它们重新组合在一起创建DNA起源的原始染色体序列的过程。从头基因组组装不参考源DNA序列长度、布局或组成。在基因组测序项目中，目标生物的DNA被分解成数百万个小片段并通过测序仪测序获得"读段"（reads），也称为"读数"。这些读段的长度从20到1000个核苷酸碱基对（bp）不等，具体取决于所使用的测序技术平台。例如，对于Illumina公司的短读取测序技术，会产生长度为36～150bp的读段。

当测序过程中使用的片段大小更长（通常为250～500bp长）并且片段的末端朝向中间读取时，会产生配对末端读段，这样会产生2个"配对"读段。一个来自片段的左侧，一个来自右侧，它们之间的距离已知，但已知的距离实际上具有平均值和标准偏差的分布，并非所有原始片段都具有相同的长度。配对末端读段中包含的这些额外信息可用于帮助在组装过程中将序列片段连接在一起。序列组装的目标是从这些读段中生成长的连续序列片段（重叠群），然后重叠群有时会被排序并定向以形成支架。一组配对末端读段之间的距离是用于此目的的有用信息。组装软件使用的机制多种多样，常见的短读取类型是德布鲁因图（de Bruijn graph）组装。

基因组组装是一个非常困难的计算问题，由于许多基因组包含大量相同的序列（称为重复序列）而变得更加困难。这些重复序列可能长达数千个核苷酸，有些重复出现在数千个不同的位置，尤其是在动植物的大型基因组中。

（二）基因组组装步骤

1. 原始读段序列文件格式　　原始读段序列可以多种格式存储。读段序列可以作为文本存储在Fasta文件中，其质量则可以存储在FastQ文件中。它们也可以存储在与参考基因组比对后得到的SAM或BAM文件中。所有文件格式（二进制BAM格式除外）都可以轻松压缩，并存储在后缀为gz或gzip的压缩文件中，其中最常见的读段文件格式是FastQ。

2. 基因组组装流程可用的工具　　基因组组装流程中的每个步骤都有许多可用的工具如SPAdes（http://cab.spbu.ru/software/spades/）（Bankevich et al.，2012）、SOAP-denovo（http://soap.genomics.org.cn/soapdenovo.html）、Falcon（https://pb-falcon.readthedocs.io/en/latest/index.html）等，其存在不同的优缺点及应用空间。根据用户偏好、经验或问题类型，可以在不

同情况下采用不同的工具。

3. 数据质控 获得测序下机数据后，数据类型、读段获取的数据量、数据的GC含量、数据污染等情况可用于了解数据的质量问题，并指导后续的数据修剪/清理算法的选择。因为污染和低质量的读段会导致误差出现，在组装之前清理原始数据有助于更好地组装基因组。质量控制还可以为组装软件设置的输入参数提供指导。对所有基因组文件都需要执行数据质控，以保证结果的有效性。

对于数据质控，可以使用FastQC软件（https://www.bioinformatics.babraham.ac.uk/projects/fastqc/）。FastQC可以通过图形用户界面（GUI）的命令行运行。

在进行质控时，有以下几个指标需要重点注意：①读段长度：对设置组装的最大定长核苷酸串（k-mer）大小值很重要；②质量编码类型：质量修剪软件的选择很重要；③GC含量：高GC读段往往不能很好地组装，并且可能具有不均匀的读段覆盖率分布；④读段总数：了解覆盖范围；⑤读段开始、中间或结尾附近的质量下降：确定可能的修剪、清理方法和参数，并可能表明测序过程或机器运行存在技术问题；⑥存在高度重复的k-mer：可能表明读段被标签序列（barcode）、接头序列等污染；⑦读段中存在大量N：可能表明测序运行质量不佳，需要修剪这些读段以删除N。

4. 数据的剪切 通过质量控制对原始数据有了初步的了解后，使用这些信息来清理和修剪读段以提高其整体质量非常重要。Galaxy中有许多可用的工具和命令行可以执行此步骤（在不同程度上），但如果有配对的末端读段，将需要一个可以处理读段配对的工具。如果删除了一对的一端，则需要将孤立读段放入单独的"孤立读段"文件中。这维护了配对读段文件中读段的配对顺序，使组装软件可以正确使用它们。为此建议的工具是感知读段修剪器，称为Trimmomatic（http://www.usadellab.org/cms/?page=trimmomatic）（Bolger et al.，2014）。

Trimmomatic可以按顺序执行许多读段修整功能。Trimmomatic包含以下功能：①接头修整：此功能从读段中修剪接头序列、标签序列和其他污染物。需要提供可能的接头序列、标签序列等的Fasta文件以进行修剪。默认质量设置是合理的。如果使用，这应该始终是第一个修剪步骤。②滑动窗口修整：此功能使用滑动窗口来测量平均质量并相应地进行修剪。默认质量参数对于此步骤是合理的。③末端碱基质量修整：如果碱基质量低于阈值，此功能会从读段末尾修剪碱基。例如，如果75个碱基中的69个高于阈值，则该读段将被切割为68个碱基。使用FastQC报告来确定此步骤是否合理以及使用什么质量值。10～15的质量阈值是一个比较普遍的选择。④起始碱基质量修整：此功能的工作方式与末端碱基质量修整类似，只是它在读段开始时执行。使用FastQC报告可以确定是否需要执行此步骤。如果在读段开始时碱基质量较差，则有必要执行。⑤最小读段长度：完成所有修整步骤后，此功能可确保读段序列仍比此值大。如果不是，则从文件中删除该读段并将其放入孤立文件中。此参数的最合适值将取决于FastQC报告，特别是"碱基测序质量图"（Per Base Sequence Quality）的高质量部分的长度。如果使用配对结束模式修剪一对读段文件，Trimmomatic应该生成2个配对文件（1个左端和1个右端）和1或2个单端"孤立读段"文件。如果在单端模式下使用它，只会输出1个输出读段文件。每个读段库（2个配对文件或1个单端文件）应使用取决于其自己的FastQC报告的参数单独修剪。所获得的输出文件是将用于组装的文件。

5. 基因组组装 有大量可用的短序列组装工具。每个工具都有自己的长处和短处。一些可用的组装工具包括：SPAdes、SOAP-denovo等。基因组组装的目的是将质量修整的读段组装到草稿重叠群（contig）的过程。大多数组装工具都有许多输入参数，需要在运行之前进行设置。这些参数对组装的结果有很大的影响。通过调整输入参数可以生产出间隙更小、组装错误更少甚至没有组装错误的结果。因此了解参数及其影响对于获得良好的组装至关重要。在大多数情况下，可以使用迭代方法为数据找到一组最佳参数。

迭代过程可以使用的组装软件是Velvet，其内置优化器（Velvet Optimiser）和汇编器（Velvet Assembler）。Velvet Assembler是专门为Illumina样式读段编写的短读段汇编器。它使用de Bruijn图方法。Velvet Optimiser能够同时读取不同格式和类型（单端、双端、配对）的文件。要优化的三个关键参数是散列大小（k）、预期覆盖率（e）和覆盖率截止值。Velvet Optimiser是一个Velvet包装器，它以快速、易于使用和自动的方式为所有数据集优化输入参数的值。它可以在GVL Galaxy服务器中运行，也可以通过命令行运行。

Velvet Optimiser的关键输入是读段文件和k-mer长度的搜索范围。需要按特定顺序提供读段文件，首先是单端读段，然后是增加配对的末端插入片段大小。k-mer的搜索范围需要一个开始值（start）和结束值（end），各为奇数，start<end。如果将起始哈希值设置为高于读段文件中任何读段的长度，则这些读段将被排除在程序集之外。即起始哈希值若为39，则长度为36的读段将不会进行组装。使用FastQC的输出文件可以很好地辅助参数的选择，可以帮助确定k-mer的搜索范围，寻找适当的开始值和结束值。FastQC输出文件中的每个碱基序列都可以显示该读段质量开始下降的地方，根据该位置选择稍微大一点的k-mer搜索范围，这样可以获得一个适当的结束值。

6. 检查contig草图并评估组装质量　Velvet Optimiser日志文件包含优化过程中运行的所有程序集的有关信息。在这个文件的末尾有很多关于最终组装的信息，包括一些关于草稿重叠群的度量数据（n50、最大长度、重叠群的数量等），以及每个配对末端数据集插入长度的估计值；还包含有关在何处找到最终contigs.fa文件的信息；在日志文件中最后一个条目还可以找到最终组装中使用的组装参数。与程序集关联的contig_stats.txt文件显示了有关每个contig的覆盖深度的详细信息（在k-mer覆盖术语中不是读段覆盖），这对于查找重复的contig可能是有用的信息。另外，可以使用Fasta统计工具（如Galaxy上的Fasta-Stats）获得有关contig的更详细指标（Fasta操作→Fasta统计）。

二、三代测序的基因组组装

随着三代测序技术的发展，涌现出了很多用于基因组组装的工具。Falcon是PacBio公司开发的用于自家SMRT产出数据的组装工具。Falcon分为三个部分：①HGAP：PacBio最先开发的工具，用于组装细菌基因组，适用于已知复杂度的基因组，且基因组大小不能超过3Gb；②Falcon：和HGAP工作流程相似，可认为是命令行版本的HGAP，能与Falcon-Unzip无缝衔接；③Falcon-Unzip：适用于杂合度较高或者远亲繁殖或者是多倍体的物种。

（一）HGAP基因组组装过程

整个组装过程分为两轮。第一轮是选择种子序列或者是数据集中最长的序列，可以通过length_cufoff设置，把较短的序列比对到长序列上用于产生高可信度的一致性序列。PacBio称其为预组装（pre-asembled），其实和纠错等价。这一步可能会将种子序列在低覆盖度的区域进行分割（split）或修整（trim），由falcon_sense_options参数控制，最后得到预组装序列（pre-assembled reads，preads）。第二轮是将preads相互比对，从而组装成连续的不间断的基因组序列（contiguous sequence）。基因组最后组装结果是单倍体，但实际上人类、动物和植物大部分的基因组都是二倍体，两套染色体之间或多或少存在差异。这种差异在组装时就是"图"里的气泡（bubble）。PacBio开发的Falcon-Unzip可以用来处理"气泡"，区分不同单倍体的基因组序列。

（二）运行参数分类

Falcon的运行非常简单，仅需要将准备好的配置文件传给fc_run.py，并运行fc_run.py来调度所有需要的软件，即可完成基因组组装。但大量的参数提高了学习的难度，所以对参数进行划分并分层理解是学习的重点。参数根据是否直接参与基因组组装分为任务投递管理系统相关参数和实际组装相关参数。任务投递管理系统相关参数包括：任务管理系统类型参数：job_type、job_queue；不同阶段并发任务数参数：default_concurrent_jobs、pa_concurrent_jobs、cns_concurrent_jobs、ovlp_concurrent_jobs；不同阶段的投递参数：sge_option_da、sge_option_la、sge_option_cns、sge_option_pla、sge_option_fc。这些参数和实际的组装关系较小，仅为控制如何递交任务、一次递交多少任务。这些需要根据实际计算机可用资源进行设置，Falcon推荐多计算节点任务方式。实际组装相关参数按照不同的任务阶段可以继续划分，包括原始序列间重叠检测和纠错：pa_DBsplit_option、pa_HPCdaligner_option、falcon_sense_option；纠错序列间重叠检测：ovlp_DBsplit_option、ovlp_HPCdaligner_option；字符串图组装：overlap_filtering_setting、length_cutoff_pr。除此之外，还有一些全局性的参数，如输入文件位置：input_fofn；输入数据类型：input_type；基因组预估大小：genome_size；以及用于组装的序列最小长度：length_cutoff和length_cutoff_pr。面对众多的参数，Falcon根据前人的经验，提供了不同物种组装的参数设置参考文件（https：//pb-falcon.readthedocs.io/en/latest/parameters.html），通过比较不同配置间的参数差异来明确每个参数的意义，最后还需要通过实践了解。

第二节　基因变异检测

变异检测的目的是检测总数中有多少碱基与参考基因组不同。在DNA测序中能够发现以下变异：单核苷酸多态性、小的插入缺失、染色体重排（即结构变异），以及拷贝数变异。

一、单核苷酸多态性（SNP）的识别

变异检测过程：样本DNA测序，读取读段文件并与参考基因组比对得到BAM文件，基因分型，获取变异列表。相互叠加的读取次数称为读段覆盖率。数据通过在每个位置下堆积的读取计数转换为参考的位置信息。变异检测将查看碱基总数中有多少碱基与任何位置的参考不同。

（一）变异检测软件

有许多软件可用于变异检测，如SAMtools（http://www.htslib.org/）、GATK（https://gatk.broadinstitute.org/hc/en-us）、FreeBayes（https://github.com/freebayes/freebayes）。

1. SAMtools　　使用SAMtools（Mpileup＋bcftools）进行变异检测，步骤如下：①SAMtools计算基因型可能性。②将输出结果通过管道符传输到bcftools，它会根据这些可能性进行SNP检测。③Mpileup：输入：BAM文件；输出：pileup格式文件［桑格（Sanger）研究所最早开始使用］。④bcftools：输入：Mpileup的pileup文件；输出：带有位点和基因型的变异检测格式（VCF）文件。

2. GATK　　GATK是一个基于映射-化简（MapReduce）理念的编程框架，用于以分布式或共享内存并行化形式开发的二代测序（NGS）数据处理工具。GATK统一基因分型器使用

贝叶斯概率模型来计算基因型可能性。使用GATK-Unified Genotyper进行变异检测：①输入：BAM文件；②输出：带有位点和基因型的VCF文件。

使用贝叶斯定理计算给定数据序列的变异基因型的概率如下：P（基因型|数据）$=$ [P（数据|基因型）$\times P$（基因型）] /P（数据）。P（基因型）是该基因型存在于序列中的总体概率，称为基因型的先验概率。P（数据|基因型）是给定基因型的数据（读段）的概率。P（数据）是看到读段的概率。GATK可用于二倍体基因组，也可用于单倍体。

3. Freebayes Freebayes是一个高性能、灵活的变异检测程序，它使用开源的Freebayes工具来检测基于高通量测序数据（BAM文件）的遗传变异。

（二）变异检测的结果评估

使用Variant Eval评估检测到的变异：可以根据已知的变化（如常见的dbSNP数据库）进一步评估已识别的变化，比较检查结果与常见SNP或已知SNP集（即真值集）的高度一致性。结果有：真阳性（TP）：软件检测的变异，也是已知变异文件中的变异。假阳性（FP）：由软件检测的变异，在已知变异文件中不知道是变异。真阴性（TN）：未被软件检测的变异，在已知变异文件中不知道是变异。假阴性（FN）：软件未检测的变异，在已知变异文件中称为变异。尽管可用的软件方法可以可靠地找到独特区域中的变异，但NGS读取长度短，使其无法以相当的灵敏度检测重复区域中的变异。DNA替换突变有两种类型：转换（transition）和颠换（transversion）。转换/颠换（Ti/Tv）比也是评估模型在基因分型方面表现如何的指标。转换：一种嘌呤核苷酸变为另一种嘌呤核苷酸的点突变（A\<->G）或一个嘧啶核苷酸变为另一个嘧啶核苷酸。大约3个SNP中的2个是转换。颠换：用嘌呤代替嘧啶。尽管由于产生它们的分子机制，转换的数量是颠换的2倍，但是转换突变的发生率高于颠换突变。

（三）变异检测过程中用到的文件格式

SAM文件格式：序列比对/映射文件格式，记录一组读段如何与参考基因组比对相关的所有信息。SAM文件有一组可选的标题行，描述比对的上下文，然后每次读取一行，格式如下：11个必填字段（＋可变数量的可选字段）（表1-1）。

表1-1 SAM文件格式说明

编号	列名	含义
1	QNAME	读段的查询名称
2	标志	标志
3	RNAME	参考序列名称
4	POS	参考序列中对齐的位置
5	MAPQ	映射质量（Phred-scaled）
6	CIGAR	描述与参考对齐的细节的字符串
7	MRNM	相匹配的另外一条序列，比对上的参考序列名
8	MPOS	与该测序读段（reads）序列对应的另外一条读段（matepair reads）的比对位置
9	尺寸	尺寸
10	SEQQuery	与参考在同一链上的序列
11	QUAL	查询质量（ASCII－33＝Phred基本质量）

变异检测格式（VCF）：用于存储变异数据。最初设计用于SNP和小片段插入缺失（InDel），也适用于结构变异。VCF由标题部分和数据部分组成。标题必须包含以"#"开头的行，显示每个字段的名称，然后是从第10列开始的样本名称。数据部分以制表符分隔，每行至少包含8个必填字段（表1-2中的前8个字段）。FORMAT字段和样本信息允许不存在。参考官方的VCF规范，以获得更严格的格式描述（表1-2）。

表1-2　VCF文件格式说明

编号	列名	含义
1	CHROM	染色体名称
2	基于POS1的位置	对于InDel，这是InDel之前的位置
3	ID变异标识符	通常是dbSNP rsID
4	REF变量中涉及的POS参考序列	对于SNP，它是单个碱基
5	ALT	逗号分隔的替代序列列表
6	QUALPhred	标度的所有样本为纯合参考的概率
7	FILTER	分号分隔的变异未能通过的过滤器列表
8	INFO	分号分隔的变异信息列表
9	FORMAT	以下字段中单个基因型格式的冒号分隔列表
10	+	样本由FORMAT定义的单个基因型信息

BCF格式：BCF或二进制变异检测格式是VCF的二进制版本。它与VCF保留相同的信息，同时处理效率更高，尤其是对于许多样本。BCF和VCF之间的关系类似于BAM和SAM之间的关系。

二、拷贝数变异

（一）拷贝数变异简介

拷贝数变异（copy number variation，CNV）是由基因组发生重排而导致的，一般指长度为1kb以上的基因组大片段的拷贝数增加或者减少，主要表现为亚显微水平的缺失和重复。亚显微水平的基因组结构变异是指DNA片段长度在1kb~3Mb的基因组结构变异，包括缺失、插入、重复、重排、倒位、DNA拷贝数目变化等，这些统称为CNV，也称为拷贝数多态性（copy number polymorphism，CNP）。CNV是造成个体差异的重要遗传基础，它在人类基因组中分布广泛，其覆盖的核苷酸总数大大超过单核苷酸多态性（single nucleotide polymorphism，SNP）的总数，极大地丰富了基因组遗传变异的多样性。

CNV对于物种特异的基因组构成、物种的演化和系统发育，以及基因组特定区域基因的表达和调控具有非常重要的生物学意义。因此，CNV也是近年来基因组学的研究热点，并且异常的CNV是许多人类疾病（如癌症、遗传性疾病、心血管疾病）的一种重要分子机制。作为疾病的一项生物标志，染色体水平的缺失、扩增等变化已成为许多疾病相关机制研究的热点。目前，CNV的研究主要集中在人类基因组，研究内容包括在全基因组范围内CNV多态性的检测，基因组特定区域CNV的多态性与复杂疾病及疾病易感性的关联分析，以及CNV进化等。

（二）CNV检测方法

目前基于NGS数据检测CNV主要可利用以下三种方法：①读段深度（read depth，RD）方法：根据滑动窗口读段深度来指示拷贝数扩增与缺失；②双端测序（pair-end）方法：根据pair-end两端之间距离与参考基因组上的差异来确认拷贝数变异；③序列组装方法：将短读段（reads）进行组装后寻找其与参考基因组之间的差异来确认拷贝数变异。

第一种基于读段深度的方法目前应用较为广泛，后两种主要被用于进行其他结构变异的检测，如转换、颠换等。利用RD进行CNV检测的方法主要分为三大步：对NGS数据信息进行预处理；初步确认拷贝数扩增和缺失区域；确定阈值筛选拷贝数变异区间。具体检测流程如图1-1所示。

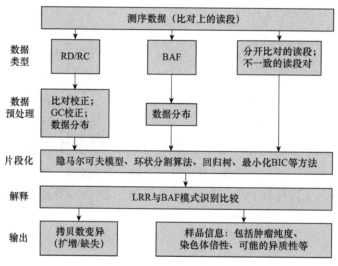

图1-1　拷贝数变异检测

BAF：等位基因频率；BIC：贝叶斯信息准则；LRR：R频率对数值

RD检测方法的核心技术主要分为基于概率统计模型和基于机器学习两大类。基于概率统计模型的检测方法有一个假设前提：RD与CNV数目之间是线性关系，即默认测序过程是均匀的，染色体上按特定窗口进行滑动统计的RD是服从某种特定分布的，如泊松分布、高斯分布等。如果出现滑动窗口RD增加或者减少也就代表着出现拷贝数的扩增或者缺失。基于机器学习的方法主要利用隐马尔可夫模型（HMM）、环状分割算法（CBS）等模型对RD进行处理，来寻找拷贝数变异区域。由于在测序及分析过程中累积的误差使得RD与CNV数目之间并非呈现线性关系，数据预处理过程中还需要对此类误差进行一定的校正。这方面的误差主要来自于GC含量偏差、比对率的偏差、实验测序过程中引入的背景噪声，以及样本本身带来的误差。针对这些偏差干扰，单样本检测需要事先进行GC与比对率偏差的校正，目前进行CNV检测的软件中一般都已包含此部分校正；对于实验过程中引入的误差和噪声，也可以利用正常配对样本进行消除。对于拷贝数区域及数目阈值的选取也需要根据样本情况来确定。目前应用较为广泛的肿瘤CNV检测软件见表1-3。

表1-3　肿瘤拷贝数变异检测软件

软件	ADTEx	CPMTRA	CmMOPS	ExomeCNV	VarScan2
是否需要对照集	是	是	否	是	否
编程语言	Python, S/R	Python, R	R	R	Java
输入文件格式	BAM, BED	BAM, SAM, BED	BAM, Read count matrices	BAM, pileup, GTF	BAM, pileup
分段算法	HMM	CBS	CBS	CBS	NA
操作系统	GNU, Linux	Linux, MacOS	Linux, MacOS, Windows	Linux, MacOS, Windows	Linux, MacOS, Windows
方法特征	BAF数据DWT降噪	碱基水平取对数	贝叶斯方法降噪	统计检验分析BAF数据	CMDS进行读段计数
发表时间	2014	2012	2012	2011	2012

（三）CNV检测流程

第1步：先从BAM文件，结合坐标文件计算每个外显子的读段计数（read count），然后开始分段（call segment）。使用BedToIntervalList工具将BED转成interval格式，接下来用Preprocess-Intervals工具获取目标区间，即外显子侧翼上下游250bp。interval文件实质是一个坐标文件，类似BED，不过BED文件的坐标是从0开始记录，而interval文件的坐标是从1开始记录。使用基因组interval文件可以定义软件分析的分辨率。如果是全基因组测序，interval文件一般用全基因组坐标的等间隔区间。

第2步：获取样本的read count。首先获取所有样本的read count，用到的工具是CollectRead-Counts，其根据所提供的interval文件，对BAM文件进行读段计数，可以简单地理解为把BAM文件转换成interval区间的读段数。随后会生成一个HDF5格式的文件，可以用第三方软件HDFView来查看。这个文件记录了每个基因组interval文件的contig、start、end和原始计数（count）值，并制成表格。然后构建正常样本的CNV正常面板，生成正常样本的cnvponM.pon.hdf5文件。对于外显子组捕获测序数据，捕获过程会引入一定的噪声。因此需要降噪。

第3步：降噪。该步骤用到的工具是DenoiseReadCounts，主要做标准化和降噪，会生成两个文件\${id}.clean.standardizedCR.tsv和\${id}.clean.denoisedCR.tsv。该工具会根据预过滤变异位点集（PoN）的count中位数对输入文件\${id}.clean_counts.hdf5进行标准化，包括$\log_2$转换。然后使用PoN的主成分进行标准化后的拷贝率（copy ratio）降噪。

第4步：计算常见的种系突变（germ line mutation）位点。利用CollectAllelicCounts工具，对输入的BAM文件，根据指定的interval区间，进行种系突变的检测（仅仅是SNP位点，不包括InDel），并计算该位点覆盖的读段数，即该位点的测序深度。值得注意的是，该工具一个默认参数是MAPQ值大于20的读段才会被纳入计数，最后生成一个tsv文件。

第5步：标准化和降噪后的两个tsv文件，记录了某个区间的LOG2_COPY_RATIO值，结合等位基因测序深度的tsv文件，利用这两个结果进行call segment，需要注意的是输入文件要求处理比对正常。利用ModelSegments，它根据降噪后的第3步的read count值对copy ratio进行分割，并根据CollectAllelicCounts等位基因计数对分割片段进行分类。

第6步：CallCopyRatioSegments。用来判断拷贝率片段是扩增、缺失，还是正常。对得到的 ${id}.cr.seg 进行推断，得到的 ${id}.clean.called.seg 文件会增加一列 CALL，用＋、－、0 分别表示扩增、缺失和正常。基本上 MEAN_LOG2_COPY_RATIO 大于 0.14 就是扩增，小于 －0.15 就是缺失，其他的为正常。基于以上步骤，得到了最后的拷贝数变异检测结果。

三、全基因组重测序

全基因组测序是对已知基因序列的物种进行 DNA 测序，并在此基础上完成个体或群体分析。全基因组重测序通过序列比对，可以检测到大量变异信息，包括单核苷酸多态性、插入缺失、结构变异和拷贝数变异等。基于检测到的变异可以进一步研究动植物的物种特性、群体进化问题，定位目标性状基因位点。全基因组重测序经常应用于物种进化研究、分子育种，以及生理机制研究中（图1-2）。

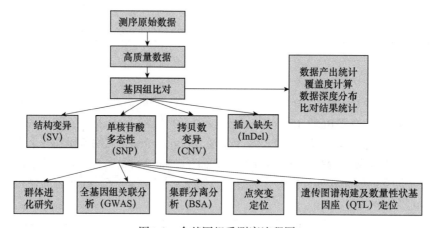

图1-2　全基因组重测序流程图

（一）变异检测

全基因组重测序数据与参考基因组比对，可以检测某物种个体或群体的遗传变异信息，包括单核苷酸多态性（SNP）、插入缺失（InDel）、结构变异（SV）、拷贝数变异（CNV）。变异信息是进行其他信息分析的基础。

（二）群体结构分析

通过构建群体的系统进化树、主成分分析和结构分析，可以研究样本间的亲缘关系和进化关系。进化树是根据样本间亲缘关系的远近，把各样本安置在有分枝的树状图表上，简明地表示生物的进化历程和亲缘关系。主成分分析（principal component analysis，PCA）是将多个变量通过线性变换以选出较少个重要变量的一种多元统计分析方法。群体结构分析，通过将测序品系和 SNP 位点构成二维矩阵数据，经过 PCA，计算出几个主要的特征向量，将每一个品系在各特征向量上进行定位，也是研究群体品系间亲缘关系的方法之一。结构分析则是假设若干个品系起源于 K 个截然不同（或差异较大）的祖先，分析每一个品系的遗传成分中，所具有的每一个假想祖先成分的比例。三种分析方法的结果可以相互验证。

（三）连锁不平衡分析

连锁不平衡（linkage disequilibrium，LD），指群体内不同座位等位基因之间的非随机关联，包括两个标记间或两个基因间或一个基因与一个标记座位间的非随机关联，可以用相关系数计算两个标记间的连锁不平衡度。LD受重组、人工选择、群体类型等的影响，不同的物种LD变化情况不同，一般情况下会统计LD值衰减到一半的距离。LD值会对信息分析中标记数目的选择有指导意义，LD大的物种所需要的标记密度相对低。选择分析：选择对物种的遗传变异有巨大的贡献，其中搭便车效应会对种群水平的分化产生剧烈的影响，由于较强的选择效应，使得DNA上一个突变位点相邻的核苷酸之间的差异下降或消除。通过分析大量的比较基因组学数据集和大量的SNP集，可以确定在野生种到栽培种/地方种的过程中以及在不同的环境情况下，哪些区域的多态性发生了巨大的改变，检测驯化或环境适应性相关的候选基因，而且受选择的基因与进化相关的性状也有关系。

（四）全基因组关联分析（GWAS）

GWAS利用分布于全基因组水平的分子标记（如SNP）基于一般线性模型或混合线性模型与表型进行关联分析，检测目标性状相关基因的位点。但是由于连锁的存在，往往检测到的标记并不直接决定目标性状的变异，进行基因克隆时还是要在一定的定位区间内完成。

第三节　RNA测序分析的基本方法

转录组分析在医学和农学上具有广泛的应用：在医学方面可以应用于分子标志物、免疫应答、药物作用机制及靶标、生长发育的生理机制、微生物感染等致病机制研究；农学方面可以应用于物种进化、分子标志物、微生物致病机制、动植物的抗性适应性机制、不同发育阶段的基因表达模式，以及器官的基因表达模式研究等。

一、质量控制

高通量测序（如Illumina测序平台）测序得到的原始图像数据文件经碱基识别（base calling）分析转化为原始测序读段（sequenced reads），称为raw data或raw reads，结果以FastQ（简称fq）文件格式存储，其中包含测序读段（reads）的序列信息及其对应的测序质量信息。FastQ格式文件中每条读段由四行描述，其中第一行以"@"开头，随后为Illumina测序标识符（sequence identifier）和描述文字（选择性部分）；第二行是碱基序列；第三行以"+"开头，随后为Illumina测序标识符（选择性部分）；第四行是对应序列的测序质量。第四行中每个字符对应的ASCII值减去33，即为对应第二行碱基的测序质量值。如果测序错误率用e表示，Illumina测序平台的碱基质量值用Qphred表示，则有下列关系：

$$Qphred = -10 \times \log_{10} e \qquad (1-1)$$

此公式可说明，质量值越大，测序错误率越低，准确性越高。

（一）FastQC简介

在分析测序序列以得出生物学结论之前，应该执行一些简单的质量控制检查，以获得较好的原始数据，并且确保数据中没有任何问题或偏差。FastQC即一款简单常用的质量检测工具。

大多数测序平台会生成一个质量报告作为其分析流程的一部分，但这通常只能识别由测序仪本身产生的问题。FastQC的开发和维护主要由Babraham Bioinformatics实验室负责，其提供了一个可以发现测序平台或起始文库问题的质量报告。FastQC有两种运行模式，它可以作为独立的交互式应用程序运行，用于临时分析少量的FastQ文件，也可以以非交互模式运行，用于集成到较大的分析流程中，用于并行批量处理大量文件。

FastQC是基于Java编写的，需要Java Runtime Environment，还需要Picard BAM/SAM库，软件支持多个系统平台，包括Windows、Linux和MacOS。下文案例中使用Linux环境，这里选择下载编译好的程序，上传软件安装包到Linux服务器，使用unzip命令来进行解压缩。进入解压缩文件，FastQC文件即是主程序，使用chmod u+x 命令修改为可执行权限。如果官网下载安装不方便，推荐conda安装：conda install fastqc。在服务器上用命令行运行FastQC：

```
Fastqc[--o output dir] [--(no)extract] [-f fastq|bam|sam] [-c contaminant file]
seqfile1...seqfileN
```

最简单的使用方法：fastqc *.fastq.gz，即可开始对所有测序数据进行评估。部分参数说明如下：①-o用来指定输出文件的所在目录，生成的报告的文件名是根据输入来定的，注意不可自动新建目录。输出的结果是后缀为zip的压缩文件，默认不解压缩，命令里加上--extract则解压缩。②-f用来强制指定输入文件格式，默认自动检测，支持FastQ、BAM、SAM及相应的gz压缩格式。③-c为污染物选项，输入的是一个文件，格式是name［tab］sequence，#开头的行是注释，代表可能的污染序列，如果有这个选项，FastQC会在计算时候评估污染的情况，并在统计的时候进行分析。④-q会进入沉默模式，指定该参数时，程序不会实时报告运行状况，即不会出现如下提示：Started analysis of target.fq；Approx 5% complete for target.fq；Approx 10% complete for target.fq。

（二）FastQC报告

打开生成的HTML格式的结果报告，包含以下内容。

1. Bastic Statistics 主要包含文件名、文件类型、测序平台版本和相应的编码版本号、全部读段数量、测序的序列长度、GC百分比等信息。

2. Per base sequence quality 该模块用箱式图的方式展示数据质量（图1-3），图中X轴的每一个位置，均为该位置的所有序列的测序质量的统计。纵轴是质量得分，$Q = -10 \times \log_{10} p$，$p$为测错的概率。一条读段某位置出错概率0.01时，其质量就是20。横坐标是读段的位置。蓝色线表示各个位置的平均值的连线。一般要求此图中，所有位置的10%分位数大于20，也就是常说的Q20过滤。

3. Per tile sequence quality 该模块是检查在测序平台上，读段中每一个碱基位置在不同的测序小孔之间的偏离度，偏离度越高，碱基质量越差。纵轴表示测序小孔，蓝色表示低于平均偏离度，越红则表示偏离平均质量方差越多，即质量越差，图中都是蓝色表明质量很好（图1-4）。当有气泡产生时，会出现短暂的质量问题，而当某一小孔中存在杂质时，则可能出现长期的质量问题。偏离度小于平均值2以上则报警，偏离度小于平均值5以上则不合格。

4. Per sequence quality scores 该模块为了检测一部分质量特别差的读段，如果有则会在图上出现多个峰（图1-5），如在测序仪边缘的读段。纵轴表示读段数目，横轴表示质量分数，

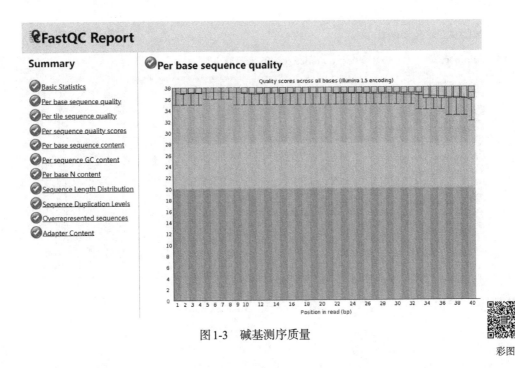

图1-3 碱基测序质量

彩图

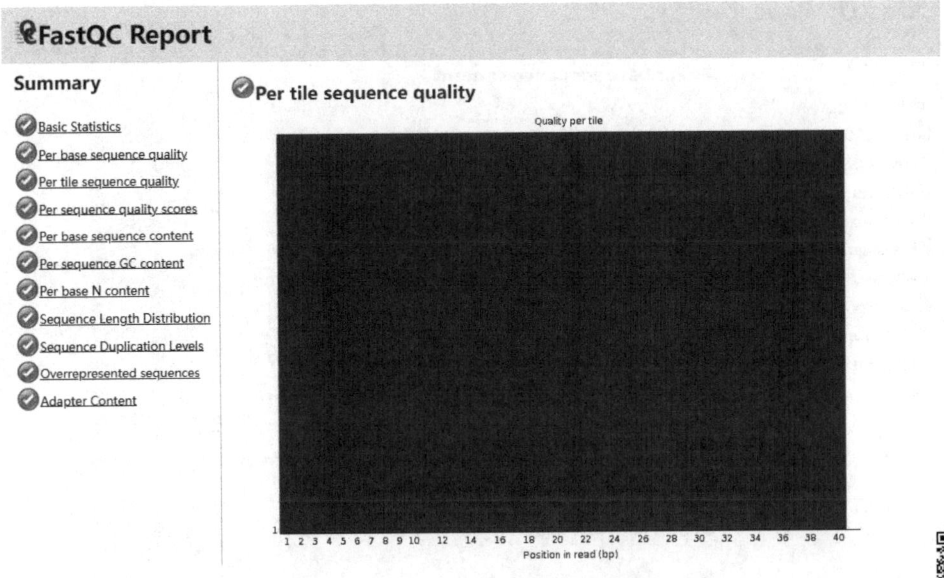

图1-4 每个模块上测序质量的统计

彩图

代表不同Phred值对应了多少读段。

5. Per base sequence content 该模块展示碱基含量分布,根据碱基的位置对每个位置上的A、C、G、T的含量进行统计(图1-6),横坐标表示位置,纵坐标表示碱基含量百分数。正常情况下四种碱基的出现频率应该是接近的,而且没有位置差异。因此样本中四条线应该平行且接近。当部分位置碱基的比例出现偏差时,四条线在某些位置纷乱交织,往往提示有序列污染。当所有位置的碱基比例一致地表现出偏差时,即四条线平行但分开,往往代表文库或测

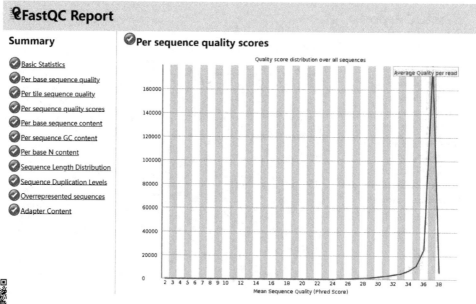

图1-5 测序质量打分

彩图

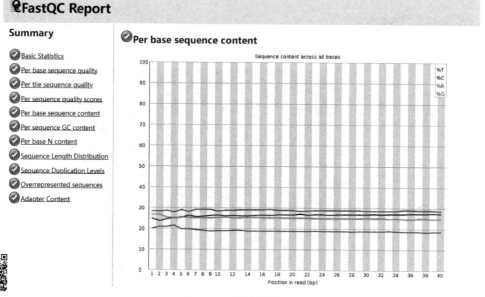

图1-6 碱基含量分布

彩图

序中的系统误差。当任意位置的A/T比例与G/C比例相差超过10%时发出警报，超过20%则数据不合格。

6. Per sequence GC content 该模块用曲线图表示GC含量分布（图1-7），一般红色曲线是实际测序的GC含量分布，蓝色曲线则是理论分布（正态分布，不过均值不一定都是50%，而是由平均GC含量推断的）。红色曲线越平滑越好，越接近蓝色曲线越好。如果红色曲线形状存在比较大的偏差，往往是由文库污染造成的。形状接近正态分布但偏离理论分布的情况提示

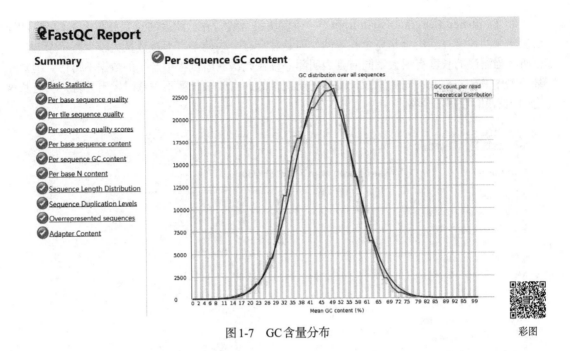

图 1-7　GC 含量分布　　　　彩图

可能有系统偏差。偏离理论分布的读段超过 15% 时发出警报，超过 30% 时数据不合格。

7. Per base N content　　　该模块用折线图表示 N 的百分含量（图 1-8），纵轴表示含量百分数，横轴表示读段的位置，当测序仪不能确切地测定出某一个碱基时就会标注为 N，正常情况下 N 的比例是很小的，所以图上常常看到一条直线。当看到有峰时，说明测序出了问题。当任意位置的 N 的比例超过 5% 时发出警报，超过 20% 则数据不合格。

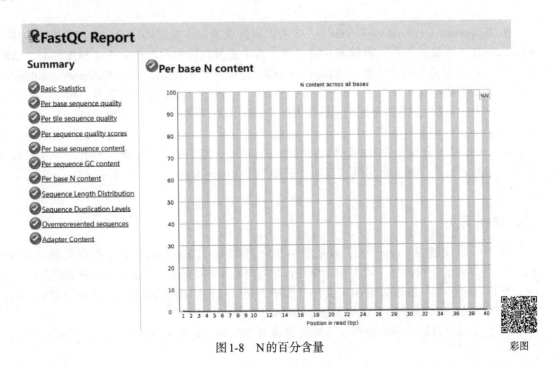

图 1-8　N 的百分含量　　　　彩图

8. Sequence Length Distribution　　该模块用折线图表示读段的长度分布（图1-9），测序仪测出来的长度在理论上是完全相等的，但是总会有一些偏差，不过数量比较少时不影响后续分析，当测序的长度有很大不同时则表明测序仪在此次测序过程中产生的数据不可信。但对于某些测序平台，具有不同的读段长度是完全正常的。当读段长度不一致时发出警告，当有长度为0的读段时数据不合格。

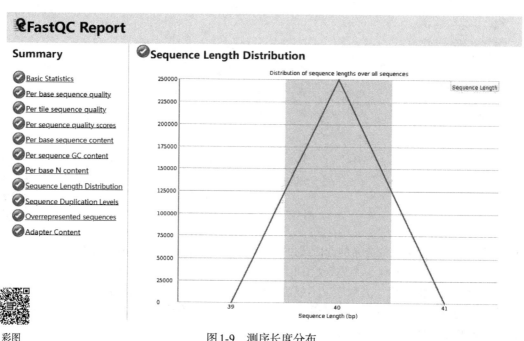

图1-9　测序长度分布

9. Sequence Duplication Levels　　该模块用折线图表示重复测序的读段占比（图1-10），横轴表示读段重复的次数，纵轴表示重复读段占不重复读段的百分数。测序深度越高，越容易产生一定程度的重复测序读段（duplication），这是正常的现象，但如果duplication的程度很高，那么表明存在富集偏差（enrichment bias）（如测序过程中的PCR重复，转录组测序中某些基因表达量高），序列重复比例越高表明实际有用的序列越少。图中有蓝红两条线，蓝色线表示的是文件中所有的序列中duplication程度的分布，红色线表示的是去冗余之后的序列duplication程度的分布。重复的读段占总数的比例大于20%时发出警报，大于50%时数据不合格。如果有某个序列大量出现，就叫作过度测序（over-represented），标准是占全部读段的0.1%以上。

二、数据清洗

从下机原始数据（raw data）到质控后的干净数据（clean data）的过程称为数据清洗。Illumina测序仪的下机数据一般为BCL格式，是将同一个测序通道（lane）所有样品混杂在一起的，所以测序公司一般不提供BCL文件。测序公司一般使用Illumina公司官方提供的bcl2fastq软件，根据标签序列分割转化成每个样品的FastQ文件。

测序得到的原始数据中会有少量读段包含接头序列、低质量碱基或未检出的碱基，对后

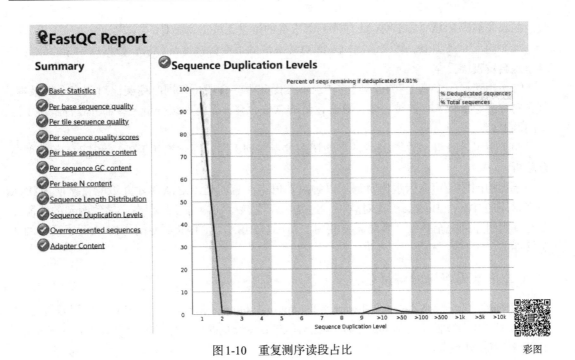

图1-10　重复测序读段占比　　　　　　　　　　彩图

续信息分析造成很大干扰。为了保证信息分析质量，必须对原始数据进行精细过滤，得到干净数据，再进行后续分析。数据过滤主要包括成对去除以下三种情况的读段：①含有接头序列（adapter）；②单端读段中N（N表示无法确定碱基信息）的碱基个数超过该条读段碱基总数的0.1%；③单端读段中低质量（Qphred≤20）碱基数超过该条读段长度比例的50%。根据Illumina的测序特点，使用双端测序的数据，一般要求Q30比例在80%以上，错误率在0.1%以下。

最后，需要对清洗前后的原始数据与干净数据进行评估，评估内容包括碱基质量、序列长度、碱基比例、GC含量、重复序列、k-mer等。

三、基因组比对

（一）基因组比对介绍

由于二代测序的测序片段长度通常介于50~300个碱基，即便使用双端测序，也基本不可能覆盖完整的mRNA转录本，因此若想直接利用FastQ文件从头分析测到了哪些转录本需要非常复杂的分析和计算。通常情况下，公共数据库已经提供了测序样品的基因组和转录组的序列。因此只需要确定每一条读段来自哪条转录本就可以了。将读段与参考（reference）基因组/转录组的序列进行比较和匹配的过程，通常称为"比对"（文献中提到的read alignment和mapping通常指比对过程）。

转录组测序的比对通常分为基因组比对和转录组比对两种，顾名思义，基因组比对就是把读段比对到完整的基因组序列上，而转录组比对则是把读段比对到所有已知的转录本序列上。如果只是对转录本进行表达定量，建议使用基因组比对的方法进行分析，理由如下。

（1）转录组比对需要准确的已知转录本的序列，对于来自未知转录本［如一些未被数据库收录的长非编码RNA（lncRNA）］或序列不准确的读段无法正确比对。

（2）与上一条类似，转录组比对不能对转录本的可变剪接进行分析，数据库中未收录的剪接位点会被直接丢弃。

（3）由于同一个基因存在不同的转录本，因此很多读段可以同时完美比对到多个转录本，其比对评分会偏低，可能被后续计算表达量的软件舍弃，影响后续分析（有部分软件解决了这个问题）。

（4）由于转录组比对与DNA测序使用的参考序列不同，因此不利于RNA和DNA数据的整合分析。

上面的问题使用基因组比对都可以解决。值得注意的是，RNA测序并不能直接使用DNA测序常用的BWA、Bowtie等比对软件，这是由于真核生物内含子的存在，导致测到的读段并不与基因组序列完全一致，因此需要使用TopHat、HISAT、STAR等专门为RNA测序设计的比对软件。

（二）基因组比对常用软件

TopHat2（http://ccb.jhu.edu/software/tophat/tutorial.shtml）（Kim et al.，2013）：可以说是公认的RNA测序比对软件（实际上是在DNA比对软件Bowtie的基础上做了一个壳），*Nature Protocol*上发表了其操作流程。

HISAT2（https://daehwankimlab.github.io/hisat2/）：TopHat2的beta升级版本，在TopHat的算法基础上做了大量的改进，而且克服了TopHat2最大的缺点——速度慢，*Nature Protocol*上同样发表了操作流程。

STAR（https://github.com/alexdobin/STAR）：ENCODE计划指定的比对软件，权威程度可以与TopHat2平起平坐，并且比对速度极快。

RSEM（https://deweylab.github.io/RSEM/）（Li et al.，2011）：RSEM更像一个软件包而不是一个比对软件，能够提供从比对到差异表达分析的所有步骤。由于不需要自己写代码串联不同软件生成的数据格式，因此用起来比较省时省力。值得注意的是，TCGA数据库使用MapSplice比对后再用RSEM计算表达量，而非直接使用RSEM原装的Bowtie的比对结果。

四、表达水平定量

（一）基因表达定量表示方式

对基因进行定量，首先需要计算比对到各个基因的read count，因为在进行下游差异分析时，需要使用read count作为输入文件。衡量基因表达水平的指标主要有RPKM、FPKM和TPM。由于每个基因的长度和测序深度不同，因此在计算上述三种指标时需要对基因或转录本的read count进行标准化。基因长度差异引起误差：如果一个基因1的外显子长度是基因2的10倍，在某组织内两个基因同样产生一个转录本，建库测序后比对到基因1的读段数远高于基因2，造成了误差。测序深度引起误差：相同材料分两份同时建库，假设材料1返回数据包含100万条读段，材料2返回数据包含200万条读段，比对到同一个基因的读段数，材料2大概是材料1的2倍。

1. RPKM（主要针对单端测序） 比对到基因1外显子的读段数（total exon reads）/

［比对到基因组的读段数（mapped reads）×基因1外显子长度（exon length）］。

$$\text{RPKM} = \frac{\text{total exon reads}}{[\text{mapped reads（百万）} \times \text{exon length（kb）}]} \tag{1-2}$$

2. FPKM（主要针对双端测序） 　　比对到基因1外显子的片段数（total exon fragments）/（比对到基因组的读段数×基因1外显子长度）。

片段（fragment）的概念：pair-end reads两个读段（reads）都比对上，这一对读段算一个片段；只有其中一个读段比对上，比对上的读段算一个片段，所以2×片段数>读段数。

$$\text{FPKM} = \frac{\text{total exon fragments}}{[\text{mapped reads（百万）} \times \text{exon length（kb）}]} \tag{1-3}$$

3. TPM

$$\text{TPM}_i = \frac{(N_i/L_i) \times 1\,000\,000}{\sum N_j/L_j} \tag{1-4}$$

式中，N_i、N_j表示比对到基因i或j的读段数，L_i、L_j表示基因i或j的外显子长度。TPM表示为每一个检测到表达的基因用外显子长度进行校正，计算出某一个基因所占的比例，即TPM为FPKM值的百分比。

进行RNA测序数据分析时，会得到一个纵坐标为基因，横坐标为样品的表达矩阵，如果用RPKM/FPKM定量，材料i所有基因的表达量之和与材料j的不一定相同（表达矩阵的两列），不适合材料之间的比较，可用于同一材料比较不同基因的表达水平；用TPM定量，任意材料所有基因的表达量之和都是1，可用于比较不同材料间的基因表达。

（二）基因表达定量软件

HTSeq（https://htseq.readthedocs.io/en/release_0.11.1/overview.html）（Anders et al., 2015）作为一款可以处理高通量测序数据的Python包，提供了诸多计算生物学功能，同时也兼顾提供了两个可执行文件 htseq-count（计数）和 htseq-qa（质量分析）。这里需要注意的是HTSeq作为read count的计数软件，承接的是上游比对软件对于干净数据给出的比对结果即BAM文件（由SAM文件排序得到），能行使和HTSeq同样作用的还有类似于GFold、bedtools等软件。HTSeq是对有参考基因组的转录组测序数据进行表达量分析的，其输入文件必须有SAM和GTF文件。一般情况下HTSeq得到的count结果会用于下一步不同样品间的基因表达差异分析，而不是一个样品内部基因的表达差异分析。因此，HTSeq设置了-a参数的默认值10，来忽略掉比对到多个位置的读段信息，其结果有利于后续的差异分析。输入的GTF文件中不能包含可变剪接信息，否则HTSeq会认为每个可变剪接都是单独的基因，导致能比对到多个可变剪接转录本上的读段的计算结果模糊不清，从而不能计算到基因的count中。即使设置-i参数的值为transcript_id，其结果一样是不准确的，只是得到转录本的表达量。图1-11为htseq-count 的三种比对模式union、intersection-strict和intersection-nonempty 对照示意图，可以选择自己需要的模式。HTSeq将count结果输出到标准输出，可以使用GFold和bedtools处理获得所有样本read count的矩阵文件。

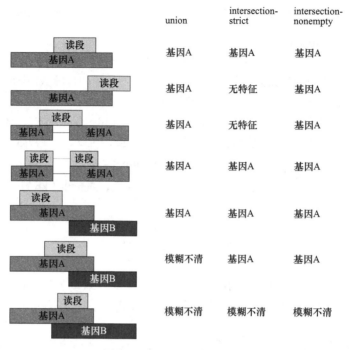

	union	intersection-strict	intersection-nonempty
基因A	基因A	基因A
基因A	无特征	基因A
基因A	无特征	基因A
基因A	基因A	基因A
基因A	基因A	基因A
模糊不清	基因A	基因A
模糊不清	模糊不清	模糊不清

图1-11　基因组组装流程图

第四节　基因的注释

基因组注释（genome annotation）是利用生物信息学方法和工具，对基因组所有基因的生物学功能进行高通量注释。对从头组装得到的基因组通常需要进行基因组注释，注释内容包括以下四个方面：基因结构注释、基因功能注释、重复序列分析、非编码RNA注释。本节主要介绍真核生物中的基因组注释方法。

一、编码基因的注释

（一）基因结构注释

基因结构预测包括预测基因组中的基因位点、开放阅读框（ORF）、翻译起始位点和终止位点、内含子和外显子区域、启动子和终止子、可变剪接位点，以及蛋白编码序列（CDS）等。需要指出，真核生物基因结构注释难度较大，主要是因为真核生物中的启动子和终止子等信号位点较为复杂，且存在广泛的可变剪接现象，预测真核生物的基因结构常用隐马尔可夫模型。

基因结构注释采用从头测序、同源预测和基于RNA测序的证据支持预测相结合的方法。利用物种已发表的基因序列、蛋白质序列、mRNA或表达序列标签（EST）序列集构建物种的基因结构模型；同时采用从头测序方法对初始预测模型进行自我训练，通过多轮训练和优化，获得从头预测的基因结构模型；利用RNA测序数据通过TopHat比对得到基因组的内含子结构模型及基因侧翼序列信息；最后对上述不同方法预测的结构模型进行整合和优化获得最终的基因结构模型。

其中，从头预测主要应用软件有Augustus、Genscan、Glimmer等；同源预测代表软件包括

Genewise（动物）；而基于转录组数据预测则由常见的TopHat＋cufflinks软件完成。

（二）基因功能注释

全基因组测序将产生大量数据，此前普遍采用比对方法对预测出来的编码基因进行功能注释，通过与各种功能数据库（NR、Swiss-Prot、GO、KOG、KEGG）进行蛋白质比对，获取该基因的功能信息。其中GO和KEGG数据库分别在基因功能和代谢通路研究中占据重要地位。GO注释包含分子功能（molecular function）、细胞组分（cellular component）和生物过程（biological process）。

（三）重复序列分析

重复序列广泛存在于真核生物基因组中，这些重复序列或集中成簇，或分散在基因之间，根据分布把重复序列分为散在重复序列（interspersed repeat）和串联重复序列（tendam repeat）（图1-12）。重复序列的注释主要通过同源注释和从头注释两种方式进行预测。同源注释采用RepeatMasker通过与Repbase数据库进行比对寻找基因组中的重复区域，并对其进行分类；从头注释采用RepeatModeler鉴定重复元件，最后通过整合获得全基因组的重复序列注释，从头注释能够发现新的转座子元件。

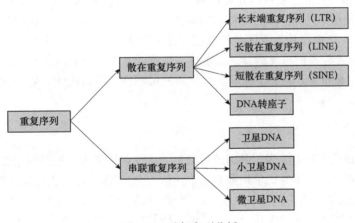

图1-12　重复序列分析

二、非编码基因的注释

非编码RNA（ncRNA），指不翻译成蛋白质的RNA，如转运RNA（tRNA）、核糖体RNA（rRNA）等。这些RNA虽然不能被翻译成蛋白质，但是具有重要的生物学功能。微小RNA（miRNA）结合其靶向基因的mRNA序列，将mRNA降解或抑制其翻译成蛋白质，具有沉默基因的功能；tRNA携带氨基酸进入核糖体，使之在mRNA指导下合成蛋白质；rRNA与蛋白质结合形成核糖体，其功能是作为mRNA的支架，提供mRNA翻译成蛋白质的场所；核小RNA（snRNA）主要参与RNA前体的加工过程，是RNA剪接体的主要成分。

ncRNA种类繁多，特征各异，缺少编码蛋白质的基因所具有的典型特征，现有的ncRNA预测软件一般专注于搜索单一种类的ncRNA，如tRNAScan-SE 搜索tRNA、snoScan 搜索带C/D盒的核仁小RNA（snoRNA）、snoGPS 搜索带H/ACA盒的snoRNA、mirScan 搜索miRNA等。桑格

（Sanger）研究所开发了Infernal软件，建立了1600多个RNA家族，并对每个家族建立了一致性二级结构和协方差模型，形成了Rfam数据库。采用Rfam数据库中的每个RNA的协方差模型，结合Infernal软件可以预测出已有RNA家族的新成员。Rfam/Infernal方法应用广泛，可以预测各种RNA家族成员，但是特异性较差。如果有专门预测某一类非编码RNA的软件，可以采用该软件。由于rRNA的保守性很强，因此用序列比对已知的rRNA序列，可识别基因组中的rRNA序列。

通过基因组注释获得的信息可进一步用于后续比较基因组分析，如系统发育分析、基因家族分析、历史群体结构分析等，重复序列的注释则通常可用于全基因组加倍事件分析。但一方面，目前的大部分注释工作主要建立在与已有数据库的比对基础上，因此，对某些研究较少的物种限制很大。另一方面，序列相似并不表示实际生物学功能相似，这对于基因功能注释会造成较大影响，仍需要进一步完善基因功能注释工作。

第五节　差异表达基因的筛选

一、统计学方法筛选差异表达基因

基因差异表达研究的主要目的是发现两组或多组间基因表达水平差异显著的基因。例如，在正常组织与病变组织之间，或在不同的时间点表达有差异的基因。每组包含一个或多个转录组测序RNA样本。研究设计需要区分转录组测序RNA样本的来源是生物学独立的，还是同一生物学来源的 RNA 样本的重复测量，前者称为生物学重复（biological replicate），后者称为技术重复（technical replicate）。为了保证统计推断的可靠性，经典统计模型通常要求样本数据是生物学独立的。

（一）比值法

比值法是发现两组间差异表达基因的最简单方法，首先将两组基因表达水平取对数，然后求对数比值（若存在多样本时，求均数的对数比值），当基因的对数比值超过设置的阈值（cut-off value）时，认为该基因为差异表达基因。例如，阈值取2，则比值大于2或小于1/2的基因为差异表达基因。该方法由于未采用统计学推断，所发现的差异表达基因缺乏统计学支持，而且低表达基因的变异比高表达基因变异大，容易将某些低表达的基因误认为差异表达基因。因此，针对比值法的缺点，有人提出了依据基因的不同表达水平而设置不同阈值的改进方法。

$$\text{Log ratio} = \frac{\text{case}\{\text{mean}\left[\log_2\left(\text{gene}_1\right)+\cdots+\log_2\left(\text{gene}_i\right)\right]\}}{\text{control}\{\text{mean}\left[\log_2\left(\text{gene}_1\right)+\cdots+\log_2\left(\text{gene}_i\right)\right]\}} \tag{1-5}$$

式中，case表示病例组；control表示对照组；mean表示平均值；gene_i表示基因i的表达水平。

（二）t检验法

t 检验法是确定两组间差异表达基因最简单的统计学推断方法。t 检验的标准误差可用单个基因数据进行估计，见公式（1-6）；也可用所有基因数据进行估计，见公式（1-7）。

$$t = \frac{R_g}{\text{SE}_g} \tag{1-6}$$

$$t = \frac{R_g}{\text{SE}} \tag{1-7}$$

式中，R_g 表示基因 g 表达水平对数变换后，比值的均数；SE_g 表示基因 g 表达水平对数变换后，比值的标准误差；SE 表示所有基因表达水平对数变换后，比值的标准误差。

前者虽然可以避免各基因组间方差齐性的限制，但微阵列数据样本量小，因此估计的标准误差不稳定、检验效能低。后者需要满足所有基因组间方差齐性，但实际工作中该条件往往不能得到满足。

（三）方差分析（ANNOVA）

利用t检验可以分析比较两组样本之间的差异，然而在样本比较多（三组甚至更多）的时候可以使用方差分析确定样本间是否有差异，当然前提是样本来自正态分布的群体或者随机独立大量抽样。对于基因芯片的差异表达分析而言，普遍认为其数据服从正态分布，其差异表达分析可以用方差分析且可以应用于每一个基因。高通量测序一次筛选到的差异表达基因多，于是就需要对多重试验进行验证，控制假阳性。方差分析是为了判断样本之间的差异是否真实存在，为此需要证明不同处理内的方差显著性大于不同处理间的方差。方差分析考量的是离散型自变量（因子）对连续型应变量（响应变量）的模型分析。统计检验具有统计意义，不需要参考样本，需要处理随机取样和重复（方差分析推荐4~10次重复），但由于资金和材料等原因，不一定能够满足。此外，对于1000个基因，就要做1000次方差分析或t检验，最后的 p 值会有一定的假阳性，因此要做 p 值校正（FDR）筛选。

二、R 包筛选差异表达基因

基于测序技术的发展，目前已经有很多开发好的R包用于转录组测序数据的基因差异表达分析，如DESeq、DESeq2、edgeR、limma等。在转录组测序的差异表达分析过程中，有一项很重要的分类就是有生物学重复和无生物学重复，其中DESeq2适用于有生物学重复的情况，edgeR适用于无生物学重复的情况，本节将以此两个R包来介绍差异表达基因的筛选。

（一）DESeq2

DESeq2是基于负二项分布（negative binomial distribution）评估来自高通量测序分析的读段数据计数来进行差异基因表达筛选的工具（Love et al., 2014）。DESeq2是DESeq的升级版本，基于R语言编写，目前支持Bioconductor3.6版本。获取地址为http://www.bioconductor.org/packages/release/bioc/html/DESeq2.html。DESeq2的安装也很简单，一般情况下，可以通过Bioconductor直接安装DESeq2。

首先准备基因表达值矩阵，读取到R中，并预先定义样本分组信息。整体过程非常简单，因为开发者已经将多步过程整合到一个函数中，因此使用起来非常方便。DESeq2一般通过两个步骤进行差异表达分析：第1步，构建DESeqDataSet对象，包括对表达值的标准化以及存储输入值和中间结果等。第2步，函数DESeq()是一个包含因子大小估计、离散度估计、负二项模型拟合、Wald统计等多步在内的过程，结果将返回至DESeqDataSet对象。最后获得各基因的差异倍数变化和显著性 p 值，用于后续的差异基因筛选。

差异分析结果保存在变量中，包含了基因ID、标准化后的基因表达值、对数（$\log_2$）转化后的差异倍数（fold change）值（$\log_2 FC$）、显著性p值，以及校正后p值（默认FDR校正）等主要信息。如果期望将该表格输出到本地，转化为数据框结构后可以直接使用write.table()函数。

后续通过该表，即可自定义阈值筛选差异表达基因。例如，根据$|\log_2 FC| \geqslant 1$以及padj<0.01筛选，并通过"up"和"down"分别区分上调、下调的基因。示例代码如下：

```
read.table("example.sampe.txt",header=TRUE,sep="\t")->GBM.data
as.matrix(GBM.data[,-1])->exprSet
#countData，每列表示一个样本，每行表示一个基因。
rownames(exprSet)<-GBM.data$Keys
# 为countData矩阵每行赋予基因名。
coldata<-data.frame(c(rep("GBM",20),rep("control",5)))
#构建colData矩阵。
"condition"->names(coldata)
# 为colData添加列名。
colnames(exprSet)->rownames(coldata)
#为colData添加行名，colData矩阵的行名称需要与countData矩阵的列名称一致。
dds<-DESeqDataSetFromMatrix(countData=exprSet,colData=coldata,design=~condition)
#构建dds矩阵。
dds2<-DESeq(dds)
#对原始dds进行normalize。
res<-results(dds2,contrast=c("condition","GBM","control"))
#提取差异分析结果，本案例是GBM组对control组进行比较。
```

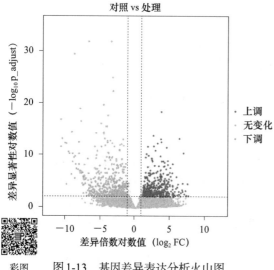

彩图　图1-13　基因差异表达分析火山图

已经识别了显著差异表达的基因，最后通过火山图展示出来，火山图是文献中常见统计图表之一（图1-13）。ggplot2为此提供了优秀的作图方案。

（二）edgeR

edgeR（http://www.bioconductor.org/packages/release/bioc/html/edgeR.html）作用对象是测序数据处理后的count文件，文件的行（rows）代表基因，列（columns）代表文库，count代表的是比对到每个基因的读段数目。它主要关注的是基因差异表达分析，而不是定量基因表达水平。edgeR作用的是真实的比对统计，因此不建议用预测的转录本。

第1步：安装edgeR。通常可以直接通过Bioconductor安装edgeR。同样还是需要先准备基因表达矩阵及分组矩阵，读取数据后，构建DGEList对象，如果已经有原始数据的count文件，则直接用DGEList()函数，否则要用readDGE()函数。查看构建DGEList的运行结果。DGEList对象主要有3部分：①counts矩阵：包含的是整数count。②样本数据框：包含的是文库（sample）信息，第一列为组名，第二列为组别，第三列为lib.size列，第四列为nom.factors列。③一个可选的基因数据框：基因的注释信息。

第2步：过滤比对读段数较少（low count）的数据。数据过滤是指由于原来的表达量矩阵基因数太大，可能存在某些基因根本没有表达，因此需要预先过滤。与DESeq2的预过滤不同，edgeR的预过滤只是为了改善后续运算性能，在运行过程中依旧会自动处理low count数据。edgeR在分析前就排除low count数据，而且非常严格。从生物学角度看，有生物学意义的基因表达量必须高于某一个阈值。从统计学角度看，low count的数据不太可能有显著性差异，而且在多重试验校正阶段还会影响结果。

考虑到测序深度不同，需要对其进行标准化，避免文库大小不同导致的分析误差。edgeR默认采用TMM（trimmed mean of M-values）对配对样本进行标准化，用到的函数是calcNormFactors()。不同差异表达分析工具的目标就是预测出离散值（dispersion），基于离散值计算p值。那么离散值怎么计算呢？edgeR给了几个方法：根据经验给定一个离散度值（square-root-dispersion），即生物变异系数（BCV）。edgeR给的建议是，如果是人类数据，且实验做得很好（无过多的其他因素影响），设置为0.4，如果是遗传上相似的模式物种，设置为0.1（查询edgeR的Bioconductor包）。获取差异基因列表后可以利用ggplot绘制差异表达基因的火山图等后续分析。简要代码如下：

```
#加载R包
library(edgeR)
library(airway)
#构建DGELIST
data("airway")
expr_matrix<-assay(airway)
meta_info<-colData(airway)
counts<-expr_matrix[,1:2]
group<-1:2
y<-DGEList(counts=counts,group=group)
#数据过滤
keep<-rowSums(cpm(y)>1)>=1
y<-y[keep,,keep.lib.sizes=FALSE]
#标准化
y<-calcNormFactors(y)
#差异分析
y_bcv<-y
bcv<-0.4
et<-exactTest(y_bcv,dispersion=bcv^2)
gene1<-decideTestsDGE(et,p.value=0.05,lfc=0)
```

第六节　基因功能的富集分析

一、基于基因集的功能富集分析——过表达分析（ORA）

（一）富集分析介绍

富集分析（enrichment analysis）简单来说就是将成百上千个基因、蛋白质或者其他分子分到不同的类中，以减少分析的复杂度。例如，差异分析得到的上百个显著差异基因，如果一个一个单独研究未免太复杂，若按照一定的准则将差异基因归类即可较为快速、方便地了解某一类基因的变化情况。分类标准即根据目前研究建立的基因注释库，目前常用的有：Gene Ontology（GO）与KEGG。

简单来说GO术语（GO term）共有三种类型：①细胞组分（cellular component，CC）；②生物过程（biological process，BP）；③分子功能（molecular function，MF）。每个GO term都由相应的GO注释来说明该term的详细信息，如人的GO注释文件为org.Hs.eg.db（该类型文件均以.db结尾）。通过GO富集分析可以了解差异基因富集有哪些生物学功能、途径或细胞定位。

KEGG，全称Kyoto Encyclopedia of Genes and Genomes，中文名为京都基因和基因组百科全书，是系统分析基因功能、联系基因组信息和功能信息的知识库，其中包含大量的通路（pathway）图。人的KEGG注释文件为"hsa"。KEGG分析的最终结果是判断指定基因富集到某一通路上。

（二）过表达分析

过表达分析（ORA）是检验某类功能在一个数据子集中是否表现过度的方法，又称为"2×2方法"，如图1-14所示，蓝圈内是感兴趣基因（8个），绿圈内是某通路的基因（5个）；灰点是既不感兴趣又不在通路内的基因（6个），蓝点是感兴趣但不在通路内的基因（5个），绿点是在通路内但不感兴趣的基因（2个），红点是既感兴趣又在通路内的基因（3个），于是就能做出2×2列联表。再利用费希尔（Fisher）精确检验或超几何分布得到p值。简而言之，总共需要4类数据：总共的基因数（作为背景基因集）、总共属于某分类的基因数、样本包含的基因数（即差异表达基因）、样本中属于某分类的基因数。优点：出现得最早，最常用，有完善的统计学理论基础，结果比较可靠。缺点：仅仅使用了基因的数目，但是未考虑基因的不同表达水平，为了得到差异基因，需要人为设置阈值，由于没有一个设置规定，结果因人而异，适用于差异最显著的基因，而差异不显著的基因就会被忽略，检测灵敏度会降低。

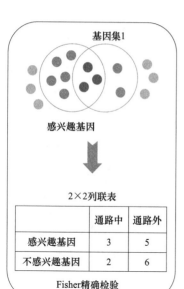

彩图

图1-14　ORA示意图

ORA的统计学分析假设基因间相互独立，但是就生物体本身而言，忽略了内部复杂的相互作用，并且每个基因在不同的生物学过程中发挥的作用大小不一，同等看待结果可能会不准确。ORA实际上是对感兴趣的基因和背景基因取交集。通常差异基因即为感兴趣的基因，包括上调、下调表达的基因［利用原始表达矩阵中p值和差异倍数对数值（$\log_2$FC）进行筛选］，背景基因一般为KEGG等数据库中有注释的基因。人类基因组有2万个左右的基因，目前已知有功能的约7000个，随着研究的不断深入，背景基因会越来越多，结果也会越来越全面。

ORA首先获得一组感兴趣的基因（一般是差异表达基因），假设有10个；其中有4个归类到某一GO term中或者包含在某一通路（pathway）中；而在整个基因组中（假设为100个背景基因）有30个都包含在该GO term中或者包含在该通路中。基于此来研究4/10与30/100间是否有统计学差异，即观察的计数值是否显著高于随机，也即待测功能集在基因列表中是否显著富集。

（三）clusterProfiler

目前有很多在线网站可以进行富集分析，当然也可以通过R语言的R包来实现，接下来以clusterProfiler（http://www.bioconductor.org/packages/release/bioc/html/clusterProfiler.html）（Yu et al., 2012）包为例进行描述：clusterProfiler可以通过BioManager直接安装，输入文件一般为差异表达基因集，注意此时的基因名为Ensembl格式，特征是以ENSG00000字段开头；其他常见的格式还有ENTREZID，为纯数字序列；Symbol，是以字母为主的字符串。

1. GO分析　　GO分析，一般用enrichGO函数，enrichGO函数可以支持多种基因名格式，使用keyType参数指定即可。返回结果将基因集归类到不同的GO term中，其中包括BP、CC、MF；关于表格中的部分变量意义：Description：GO功能的描述信息；GeneRatio：差异基因中与该term相关的基因数与整个差异基因总数的比值；BgRation：背景基因集中与该term相关的基因数与所有基因的比值。3个显著性值：p值，一般情况下，p值<0.05表示该功能为富集项；校正后的p值（p_adjust）；q值，为对p值进行统计学检验的值。count：差异基因中与该term相关的基因数。基于上述结果可以进行可视化，一般绘制柱状图、散点图和有向无环图。

柱状图：筛选20个p_adjust最小的GO term；统计量为count值；颜色程度根据p_adjust大小表示；纵轴标签为GO term描述信息（图1-15）。

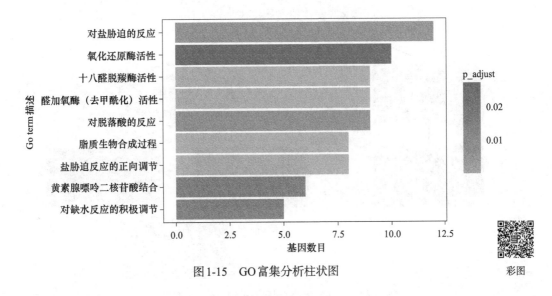

图1-15　GO富集分析柱状图

散点图：筛选20个分类到某一term中基因数最多的GO term。注意GeneRatio与count值成正比（图1-16）。

有向无环图：展示某一通路的富集情况，颜色越深，代表该GO term富集越显著（p值越小），函数默认将最显著的10个term设置成方形；图形内标注信息分别是GO term号、Description、p_adjust，以及差异基因注释到该term的基因数与背景基因注释到该term的基因数的比值；越接近根节点的GO term的概括性越强，越往下，分枝的GO term表示的结果更细（图1-17）。

2. KEGG分析　　一般应用enrichKEGG()函数进行分析，由于enrichKEGG()需要输入的基因名格式为ENTREZID，所以需要对基因ID进行转换，其结果列表与GO分析结果类似。

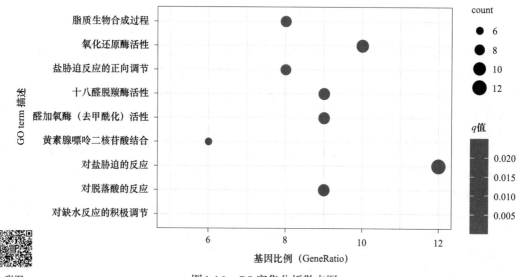

图1-16　GO富集分析散点图

彩图

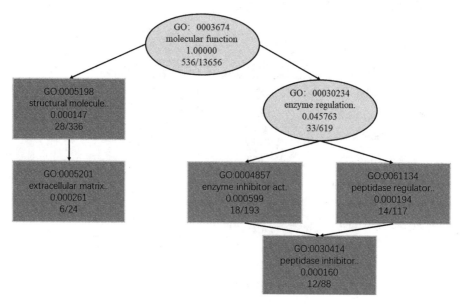

图1-17　GO富集分析有向无环图（示意图）

同样可以有气泡图（图1-18）等多种可视化结果，还可以查看指定通路的通路图（图1-19）。

二、基于表达水平的功能富集分析——功能集打分（FCS）

（一）FCS分析

功能集打分（functional class scoring，FCS）相比于ORA对基本假设做了改变，考虑得更加全面，认为尽管单个基因的改变会造成显著性影响，同时与其类似的微效基因叠加在一起可造成显著性影响。

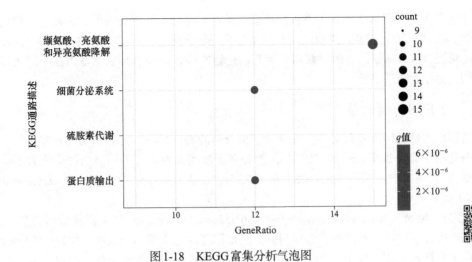

图 1-18　KEGG富集分析气泡图

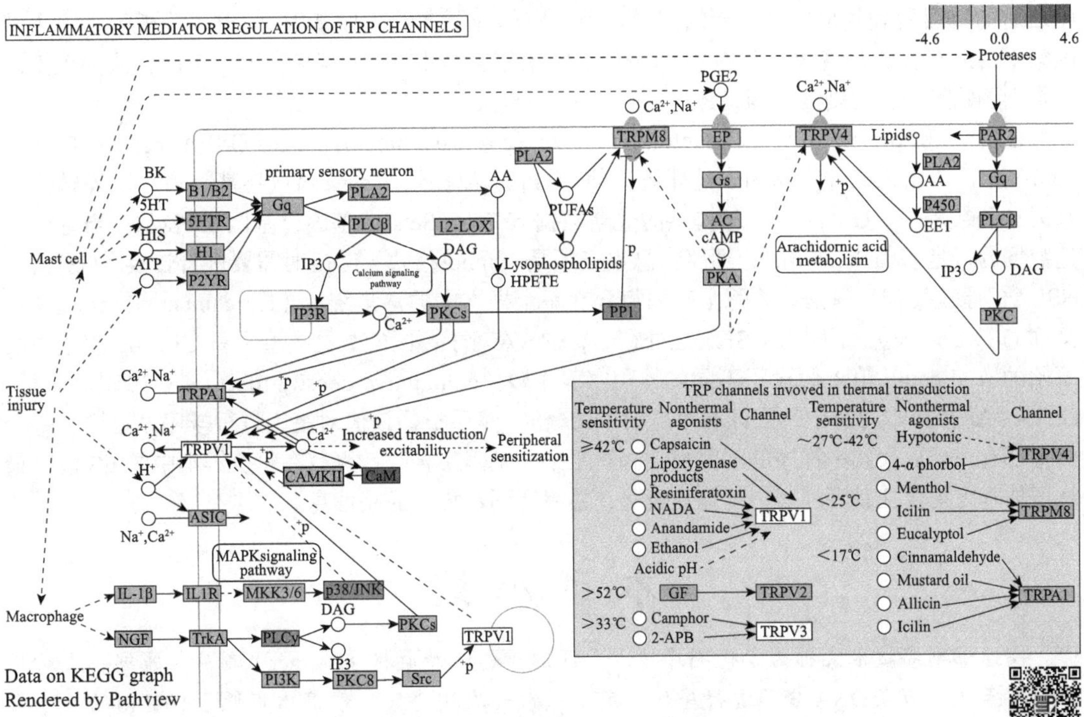

彩图

INFLAMMATORY MEDIATOR REGULATION OF TRP CHANNELS

图 1-19　KEGG富集分析通路图（引自 https://www.genome.jp/kegg/）

彩图

　　FCS要求的输入数据是经过排序的基因列表和一个基因集合，不需要设置阈值。计算单个基因表达水平的统计值，采用衡量差异基因的ANOVA、Q检验、t检验、Z-score、信噪比等进行打分或排序，或者直接使用排序好的基因表达谱。将同一通路上所有基因的表达水平统计值进行整合，汇集成单个通路水平的分数或统计值，采用基因水平统计的和、均值或中位数，维尔克松秩和检验（Wilcoxon rank sum test），最大均值差异（maximum mean descrepancy，MMD），柯尔莫科洛夫-斯米尔诺夫检验（Kolmogorov-Smirnov test）。FCS能利用重抽样（bootstrap）

的统计学方法对通路水平的显著性进行评估。优点：考虑了基因表达值的个体差异化信息，更加全面。缺点：FCS与ORA类似，只能独立分析每一条通路，不能分析同一基因可能涉及多个通路的情况；FCS根据指定的通路对差异基因进行排序，相同差异表达基因在不同通路排序情况不同，会导致结果差异。

（二）FCS分析方法

基因集内部基因无差别对待，是FCS富集分析的特点之一。无差别对待有弊有利，优势在于打分建模不容易过拟合（比较稳定），劣势在于建模欠拟合（不同基因的影响力不同，应当有权重）。这类方法包括：基因富集分析（GSEA）、基因变异分析（gene set variation analysis，GSVA）等。

GSEA（http://www.gsea-msigdb.org/gsea/msigdb/collections.jsp#C2）富集分析方法针对两组样本来进行评估，即对基因列表的排列方式是根据基因与表型的相关度（如FC值）来计算的，无法对单个样本使用。GSEA的输入是一个基因表达量矩阵，将所有样本分成两组，根据基因表达差异倍数值对所有基因进行从大到小排序，用来表示基因在两组间的表达量变化趋势。排序之后的基因列表其顶部为上调的差异基因，底部为下调的差异基因。GSEA分析的是一个基因集下的所有基因是富集上调差异基因还是下调差异基因。如果富集在上调基因，认为该基因集是上调趋势，反之则为下调趋势。

GSVA（https://www.bioconductor.org/packages/release/bioc/vignettes/GSVA/inst/doc/GSVA.html）分析，输入文件为基因表达矩阵，使用GSVA包提供的gsva函数将基因表达矩阵转换为基因集分数矩阵。GSVA data包提供的通路数据c2BroadSets中基因以基因ID表示，当基因表达数据的行是基因Symbol时，通路信息也必须是Symbol格式，必要时需要进行转换。GSVA与GSEA的原理类似，只是计算每个基因集合在每个样本中的富集统计（enrichment statistic，ES，又称GSVA score）。不同于GSEA之处在于，GSVA对于不同的数据类型（只支持log表达值或原始的read count值）假设了不同的累积密度函数（cumulative density function，CDF）。而且，GSVA为每个样本的每个基因计算对应的CDF值，然后根据该值对基因进行排序，这样，每个样本都有一个从大到小排序的基因列表。对于某一基因集合，计算其在每个样本中的ES值，最终评估基因集合在基因列表中的富集情况，最终得到富集的通路信息。

本 章 小 结

高通量测序技术又称为二代测序技术，区别于传统的桑格（Sanger）测序，能够一次对几十万甚至几百万条DNA分子进行序列测定，通常一次测序反应能产出不低于100Mb的测序数据，使得对一个物种进行细致全貌的分析成为可能，所以又称为深度测序。随着高通量测序技术的发展，测序成本逐渐降低，测序数据量呈指数级增长。本章主要介绍了高通量测序在两个主要方面的应用：基因组和转录组，并综合阐述了其分析方法和功能研究。

本章内容主要涵盖了高通量测序数据分析中基因组数据和转录组数据分析，其中基因组测序是物种基因组研究的核心和基础，转录组测序则是研究基因表达差异的重要策略，二者互相补充和验证可以使分析结果更加准确。基因组分析主要涵盖二代和三代测序的基因组组装和变异检测，包括单核苷酸变异和拷贝数变异。转录组分析主要介绍了数据质控、基因组比对、表达水平定量、差异表达分析，以及差异基因的功能富集分析。通过参考基因组注释，可以结合转录组数据对注释进行校正，并得到非翻译区（UTR）及可变剪接信息等。基因组和转录组分析相辅相成，在本章的介绍中分别涉及了基因组和转录组分析各个步骤中用到的数据、数据来源、数据处理、数据分析软件、分析步骤或者代码、分析结果、结果展示等，相信经过本章的学习，读者可以对高通量测序技术及其数据分析有一个大致的了解。

（本章由隽立然编写）

第二章 单细胞测序数据的分析

第一节 单细胞测序技术

单细胞测序（single-cell sequencing）是在单个细胞水平上，对基因组、转录组及表观基因组等进行测序分析的技术。传统的测序技术［如多细胞转录组测序（bulk RNA测序）］是对组织中大量的细胞进行测序，所获得的表达值是多个细胞的平均值，忽略了细胞群体的异质性。因此，研究人员开发了单细胞RNA测序技术（single-cell RNA sequencing，scRNA测序），自2009年首次报道的单细胞RNA测序以来，各种测序技术不断更新，使得测序成本更低、速度更快，单细胞测序技术的科学应用成为可能。本节将学习一些常用的单细胞RNA测序技术。

一、SMART 测序技术

"RNA模板5′端转换机制"（switching mechanism at 5′ end of the RNA transcript，SMART）是2012年开发的一种单细胞转录组测序技术（Ramsköld et al.，2012），目前有Smart-seq、Smart-seq2和Smart-seq3三个版本。Smart-seq作为一种单细胞测序方案，提升了转录本的序列覆盖度，能够检测到更多的基因数量，从而实现了选择性转录本异构体和单核苷酸变异（single nucleotide variant，SNV）的检测。

（一）Smart-seq 测序

Smart-seq可以用于解决在稀有细胞中进行全基因组水平的转录组分析的基本生物学问题。

1. 测序原理 用莫洛尼鼠类白血病病毒逆转录酶（Moloney murine leukaemia virus reverse transcriptase，MMLVRT）逆转录全部RNA，加入PCR引物，进行常规PCR扩增，再进一步将扩增的互补DNA（cDNA）打断，用于构建标准的测序文库（图2-1）。

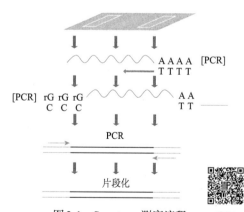

图2-1 Smart-seq测序流程　彩图

2. Smart-seq 主要技术

（1）CDS引物（5′-AAGCAGTGGTATCAACGCAGAGTACT（30）VN-3′，V代表A、C或G，N代表A、T、C或G）：两个末端核苷酸将引物锚定在多腺苷酸［poly（A）］尾的开始处，保证逆转录的起始位置是mRNA 3′端的序列终止位置。

（2）引物2：由一段通用序列及它的3′端（3个非脱氧的G碱基构成，RNA的G碱基）组成，这个引物可以与新合成的cDNA 3′端的几个C碱基互补杂交。

（3）MMLVRT：同时具有模板转换和末端转移酶的活性，其在转录到mRNA 5′端的时候，在新合成的cDNA 3′端多出几个C碱基。

3．Smart-seq 测序流程

（1）分离获得单个细胞，并将单个细胞转移至低渗裂解缓冲溶液（裂解液中含有核糖核酸酶抑制剂）中进行裂解，转录组释放于裂解液中。

（2）加入 MMLVRT、脱氧核糖核苷三磷酸（dNTP）、寡脱氧腺苷酸［oligo（dT）VN］引物、MgCl$_2$等，对 mRNA 进行逆转录，获得 cDNA 第一条链，同时由于 MMLVRT 的末端转移酶活性会向 cDNA 的 5′端加上非模板化的胞嘧啶（C）残基。

（3）引物2对所加的C碱基进行互补配对，引导 MMLVRT 再次发挥聚合作用，得到双链cDNA。

（4）cDNA 合成之后，进行 12～18 个循环的 cDNA PCR 扩增（100pg 的总 RNA，需要 15 个循环，对于 10pg 的总 RNA，可以进行 18 个循环），将扩增的 cDNA 用于构建标准测序文库。

4．Smart-seq 的优势

（1）突出优点是可以筛选单核苷酸多态性（single nucleotide polymorphism，SNP）和变异体。

（2）无须知道 mRNA 的序列。

（3）可完整阅读 mRNA 5′端序列。

（4）可使用低于 50pg 的起始样本材料。

（5）高水平的可定位序列。

5．Smart-seq 的问题

（1）不稳定，低水平表达的转录组可能丢失。

（2）并非链特异的测序。

（3）转录本长度有偏向性，对超过 4kb 的序列不能高效转录。

（4）测序成本较高。

（二）Smart-seq2 测序

Smart-seq2 是经 Smart-seq 方案改进的一种测序方法，是目前最常用的单细胞转录组测序技术之一（Picelli et al.，2013）。

1．测序原理　通过设计 oligo（dT）VN 作为逆转录引物，利用 MMLVRT 的模板转换活性，在 cDNA 的 3′端添加一段接头序列，通过该接头序列进行逆转录，生成 cDNA 第一条链。当逆转录酶到达 mRNA 的 5′端时，会连续在末端添加几个胞嘧啶（C）残基。进一步添加模板引物（template-switching oligo，TSO），退火后结合在第一条链的 3′端与 poly（C）突出杂交，合成第二条链。这样得到的 cDNA 经过 PCR 扩增，获得纳克（ng）级的 DNA，纯化后可用于上机测序（图 2-2）。

彩图

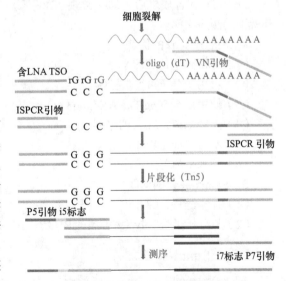

图 2-2　Smart-seq2 测序流程
ISPCR：原位 PCR 杂交；P5：与接头引物序列互补端；
P7：与接头引物序列相同端；i5：与 P5 端连接的标签；
i7：与 P7 端连接的标签

2．Smart-seq2 主要技术

（1）甜菜碱（N,N,N-三甲基甘氨酸）是一种高效的甲基供体，在逆转录体系中加入甜

菜碱，能够增加转录所需酶的热稳定性，并通过破坏DNA螺旋的稳定性降低碱基对DNA热融化转变的依赖性。此外，甜菜碱还可以使cDNA的形成更加完整。一些RNA有着如发夹结构、环形结构等二级结构，影响逆转录酶与其结合，加入甜菜碱可解决这一问题，最终得到完整的cDNA文库。此外，在加入甜菜碱的同时增加Mg^{2+}的浓度也可在一定程度上提高cDNA产量。

（2）TSO引物（5′-AAGCAGTGGTATCAACGCAGAGTACATrGrG＋G-3′）：在5′端带有1个通用引物序列，而在3′端有两个核糖鸟苷（rG）和一个锁核酸（locked nucleic acid，LNA）修饰的鸟苷（G），可以促进模板转换，进而扩增出完整的cDNA序列。

3. Smart-seq2测序流程

（1）分离出单细胞，并用裂解液裂解细胞。

（2）在裂解液中加入MMLVRT、dNTP、oligo（dT）VN引物、甜菜碱、$MgCl_2$等，通过oligo（dT）VN引物启动mRNA逆转录，获得cDNA第一条链。

（3）逆转录反应通常在42℃进行90min，但是某些RNA形成二级结构（如发夹结构或环形结构），由于空间位阻，可能导致酶终止链延长。通过添加海藻糖和甜菜碱，可以在某种程度上克服这种不良影响。

（4）当逆转录到达RNA 5′端后，MMLVRT的末端转换活性会在cDNA末端加非模板编码的核苷酸，通常是脱氧胞苷5′-三磷酸（dCTP）。

（5）加入模板转换引物TSO，当逆转录到达mRNA的5′端，TSO 3′的r（G）3和cDNA序列中富含dC的序列依靠互补作用促进模板转换。MMLVRT会转录这个寡核苷酸序列，进行后续PCR扩增，获得双链cDNA。

（6）cDNA合成之后，加入常规PCR引物，进行常规PCR扩增，将扩增的cDNA打断，构建标准的测序文库。

4. Smart-seq2的优势

（1）可得到全长cDNA。

（2）可用于分析可变剪接等。

（3）使用低至50pg的起始样本材料。

（4）无须知道mRNA的序列。

（5）不需要纯化步骤。

（6）高水平的可定位序列。

5. Smart-seq2的问题

（1）并非链特异的。

（2）只分析了带poly（A）尾的RNA。

（三）Smart-seq3测序

1. 测序原理 Smart-seq3测序（Hagemann-Jensen et al.，2020）主要针对唯一分子标识符（unique molecular identifier，UMI）的5′序列的双端序列进行构建转录组，由于5′端相同而3′端不同，可以将这些片段合并成为更长的转录本。这种方式将全长转录组覆盖和5′端唯一分子标识符RNA计数相结合，能够对每个细胞的数千个RNA分子进行计算机重建（图2-3）。

2. Smart-seq3主要技术

（1）寡脱氧胸腺苷酸［oligo（dT）］引物的启动。

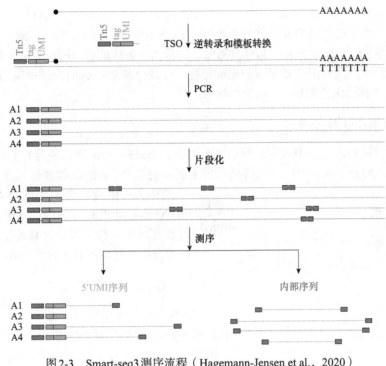

图 2-3 Smart-seq3 测序流程（Hagemann-Jensen et al.，2020）

彩图

（2）基于转座酶（Tn5）的标记和文库构建。

3. Smart-seq3测序流程

（1）通过oligo（dT）引物获取含有poly（A）尾的mRNA。

（2）通过TSO进行逆转录，合成全长cDNA文库，得到A1序列。

（3）通过PCR扩增，将A1序列进行扩增，扩增多条序列。

（4）通过Tn5-based进行片段化（tagmentation），然后构建测序上机文库。

（5）通过UMI序列区分是否是内部读数（internal reads），挑选5′带有UMI的序列，构建延伸转录本。

4. Smart-seq3的优势

（1）显著改善了poly（A）蛋白、编码RNA和非编码RNA的检测。

（2）细胞间相关性显著提升。

（3）显著的复杂性，检测到的独特分子更多。

（4）灵敏度显著提高。

（四）Smart-seq与Smart-seq2的区别

（1）Smart-seq2与Smart-seq相比，使用了LNA、更高浓度的$MgCl_2$及甜菜碱。

（2）Smart-seq2不需要纯化步骤，比Smart-seq产量更高。

（3）Smart-seq2只能对具有poly（A）尾的mRNA进行扩增和检测。

二、Droplet 测序技术

2015年研究人员基于Droplet开发了两种独立的测序技术：Drop-seq技术（Macosko et al.，

2015）和inDrop技术（Klein et al., 2015）。基于Droplet的Drop-seq测序通过微流体装置数千个细胞分离成纳升大小的水性液滴，并使得不同的标签序列（barcode，BC）与每个细胞的RNA相关联，最后将它们全部混合在一起进行测序。这种测序方式能够同时分析来自数千个单个细胞的mRNA转录本，同时记住转录本的来源细胞。在现今基于Droplet测序的应用中，以Drop-seq较为常见，下面详细介绍Drop-seq测序技术。

（一）Drop-seq测序原理

复杂的组织被解离成单个细胞，后将其与提供barcode引物的微粒一起封装在液滴中。每个细胞在液滴内裂解，其mRNA与其伴随微粒上的引物结合。mRNA被逆转录成cDNA，产生

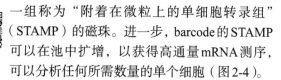

彩图

一组称为"附着在微粒上的单细胞转录组"（STAMP）的磁珠。进一步，barcode的STAMP可以在池中扩增，以获得高通量mRNA测序，可以分析任何所需数量的单个细胞（图2-4）。

（二）Drop-seq重要技术

（1）所有磁珠上的引物都包含一个通用序列，以便在STAMP形成后实现PCR扩增。每个微粒含有共享相同"细胞barcode"，但具有不同唯一分子标识符的单个引物，使mRNA转录本能够进行数字计数。所有引物序列的末端都存在30bp脱氧胸腺苷酸（dT）序列，用于捕获mRNA。

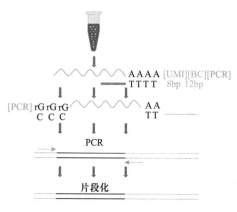

图2-4 Drop-Seq测序流程

（2）为了产生细胞barcode，将微粒池反复分成4个大小相等的寡核苷酸合成反应，向其中加入4个DNA碱基之一，然后在每个循环后汇集在一起，总共12个分裂池循环。在任何单个磁珠上合成的barcode反映了该磁珠通过一系列合成反应的独特路径。结果是一个微粒池，每个微粒在其整个引物上都拥有4的12次方个可能序列（UMI）中的一个。

（3）在完成"拆分和池"合成循环后，所有微粒一起进行8轮简并合成，每个循环中有四个DNA碱基可用，因此每个引物接收4的8次方个可能序列（UMI）中的一个。

（三）Drop-seq测序流程

（1）从组织中制备单细胞悬浮液。
（2）将每个细胞与明显barcode的微粒（珠）共封装在纳升级液滴中。
（3）在液滴中分离出细胞后裂解细胞。
（4）在其伴随微粒上捕获细胞的mRNA，形成STAMP。
（5）在一次反应中对数千个STAMP进行逆转录、扩增和测序。
（6）使用STAMP barcode推断每个转录本的来源细胞。

（四）Drop-seq的优势

（1）对可以处理的细胞数量没有物理限制。
（2）具有快速的收集时间。
（3）具有高度灵活性。

（4）单个STAMP具有高度的生物体特异性。

（五）Drop-seq的缺点

（1）容易受到杂质的影响。

（2）mRNA捕获率稍差。

三、10X Genomics 测序方案

在如今单细胞测序方案中最受青睐便是10X Genomics Chromium解决方案。Chromium™ Single Cell 3′ Solution（以下简称10X）能够一次性分离并标记100～80 000个细胞进行单细胞测序。10X测序基于微流控技术（microfluidics-based approach），是Droplet测序技术改良后的应用。这种测序方案可以应用于多种单细胞测序，包括单细胞基因表达（single cell gene expression）、单细胞免疫芯片（single cell immune profiling）、单细胞拷贝数变异检测（single cell CNV）、单细胞染色质开放性（single cell ATAC）等。

由于前一节已经介绍过Droplet原理，下面主要介绍10X的建库原理和数据分析流程（图2-5）。

（一）10X建库原理

（1）制备好的细胞悬液、10X barcode凝胶磁珠和油滴分别加入Chromium Chip B的不同小室，经由微流体"双十字"交叉系统形成液滴（gel in emulsion，GEM）。为了获得单细胞反应体系，细胞悬液浓度建议控制在700～1200个细胞/μl，因此产生的90%～99% GEM不含有细胞，剩下的大部分GEM含有一个细胞。

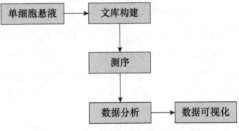

图2-5　10X单细胞数据分析流程

（2）单个GEM依次形成后再全部混合，细胞裂解，凝胶珠自动溶解释放大量引物序列。

（3）释放的引物中包含30nt poly（dT）逆转录引物，带有poly（A）尾的RNA被逆转录为带有10X barcode和UMI信息的cDNA一链，再以SMART方式完成二链合成。

（4）油滴破碎，磁珠纯化cDNA一链，然后PCR扩增cDNA。

（5）cDNA扩增完成后酶切片段化并磁珠筛选最适片段，通过末端修复、加A、接头连接Read2测序引物，再以PCR方式构建含有P5和P7接头的cDNA文库即可。

（二）10X数据分析流程

（1）将样品组织/细胞分散成单细胞悬液。

（2）在微流控系统中与测序板（sequencing beads）形成GEM。

（3）在GEM中细胞被裂解，建库。

（4）进行文库测序。

（5）下载数据进行分析（Cell Ranger）。

（三）10X的优势

（1）单细胞分选、扩增、建库更方便。

（2）细胞通量高：每个样本细胞数可达100～80 000个。

（3）建库周期短：1天可完成细胞悬液制备、单细胞捕获、扩增及建库。

（4）捕获效率较高：单细胞捕获效率高达65%。

（5）真正意义的单细胞：单个液滴捕获到多个细胞的概率极低（0.9%/1000细胞）。

（6）价格实惠：相较于其他单细胞平台，价格较低。

（四）10X 的问题

（1）非全长信息：只能获得3′端转录本信息。

（2）样本要求高：要求细胞数量很多。

四、其他测序技术

单细胞RNA测序为解决生物学和医学问题提供了新的可能性。Smart-seq测序技术针对灵敏度、全长覆盖范围的均匀性、准确性和成本进行了优化，并且这种改进的Smart-seq2测序技术也得到了广泛的应用，在未来Smart-seq3测序技术也具有一定的潜力。

而其他方案牺牲了全长覆盖，以便对用于cDNA生成的部分引物进行测序。这使得文库的细胞特异性barcode，允许多路复用cDNA扩增，从而将scRNA测序文库生成的通量提高一到三个数量级。UMI信息的利用改善了mRNA分子的定量，并且已经在几种scRNA测序技术中实现，如STRT、CEL-seq、CEL-seq2、Drop-seq、inDrop、MARS-seq和SCRB-seq等测序技术（Ziegenhain et al.，2017）。对目前6种较为突出的技术手段进行比较，具体情况见表2-1。

表2-1　单细胞测序方法比较

测序技术	CEL-seq2	Drop-seq	MARS-seq	SCRB-seq	Smart-seq	Smart-seq2
UMI	√	√	√	√	×	×
全长	×	×	×	×	√	√

第二节　单细胞转录组数据预处理

scRNA测序与bulk RNA测序同样都是RNA测序技术，因此在处理的过程中都不可避免地需要进行数据预处理。那么先来了解一下scRNA测序需要质控的原因。

单细胞测序技术在细胞分离过程中出现细胞损伤或者文库制备失败时（无效的逆转录或PCR扩增失败），会引入一些低质量的数据。这些低质量的数据有以下主要特点：①细胞整体上的count值少；②基因的低表达；③线粒体基因或者细胞周期基因的比例相对较高。如果这些损伤的行或列没有被移除的话，可能会对下游的分析结果产生影响。所以在进行分析之前，一定要率先移除这些低质量的行与列。

而从测序仪中得到的常见原始测序数据有二进制式的BCL或FastQ文件。对于BCL文件需要先转化为FastQ格式，然后进行质量控制（QC），去除多重液滴（demultiplexing），通过基因组比对和定量得到计数矩阵（count matrix）。这些就是单细胞分析的上游流程，具体如下。

（1）原始数据质量控制：获取原始数据后的第一步就是要检查数据质量，FastQC是大家比较熟悉的工具，可以用于bulk RNA测序和scRNA测序。

（2）去修饰：去除衔接子（adapter）和尾端低质量序列，常用工具有trim galore。

（3）去除多重液滴：这一步是根据细胞barcode和mRNA UMI来识别转录分子来源并分配测序片段，常用的工具有zUMIs、UMI-tools等。

（4）比对：目前基于bulk RNA测序开发的比对工具都适用于单细胞测序数据，像常用的STAR、HISAT、TopHat2，或者pseudo-aligner、Kallisto等。

（5）定量：最后就是通过对特定的UMI定量得到标签转录本的计数矩阵。这一步中，常用工具有zUMIs、UMI-tools、featureCounts、HTSeq等。

这一套流程与bulk RNA测序非常类似，主要的差异体现在去除多重液滴和定量上，根据不同的方案设计而有所区别。例如，zUMIs适用于大部分基于UMI的测序方案；对于Smart-seq2或者其他双端全覆盖测序方案来说，得到的数据通常已经完成了这一步，不需要自己处理。类似的还有10X这样的测序方案，会自动进行处理生成可直接用于比对的数据，通过配套的Cell Ranger来得到计数矩阵。通过公共数据库下载相关数据，通常是得到相关的计数矩阵，也可直接用于下游数据分析。下文将详细介绍单细胞测序预处理中两个重要部分：单细胞数据过滤和去除批次效应。

一、单细胞数据过滤

此前提到过scRNA测序有一些自身技术上的局限，例如，文库构建过程中可能掺入死细胞（dead cell）；多个细胞被捕获在同一个液滴中；较低的转录本覆盖率（poor mRNA recovery）和较低的cDNA捕获率（low efficiency of cDNA production）导致一些基因表达无法被检测到等，这些都会影响最后的分析结果。因此在对计数矩阵进行分析前，需要针对测序数据进行处理，尽可能地去除低质量细胞，避免对下游分析引入过多的噪声。

针对上面提到这些因素，可以通过以下三个变量的分布来甄别和剔除低质量细胞，即通过设定阈值筛选出三个变量分布中的离群点，而这些离群点有可能对应着坏死细胞或者多个细胞。

（1）细胞的计数深度：完整细胞的计数深度一般应该高于300；如果所有细胞的总体计数深度分布在500～1000，那说明样本的测序深度总体偏低，可以考虑增加测序深度。

（2）检测到的基因数：对于高质量的数据，此分布应该只包含一个峰值；如果出现双峰，不要简单使用阈值来剔除，因为除了低质量细胞，不同的细胞类型（特别是外形差异较大的细胞）的混合也会出现双峰分布；因此这种情况下，需要结合其他的变量一起考虑。

（3）检测到的线粒体基因数：对于坏死或者膜破裂的细胞，其线粒体基因数一般都偏高。

这三个变量需要综合在一起考虑，并且没有一个万能的阈值适用于所有情况，这就需要针对具体的变量分布状况进行分析。将这三个变量反映到一张图上来选择具体的阈值也是一个很好的方法，VlnPlot函数提供小提琴图（图2-6）来帮助选择应该设置的阈值。

```
>library(dplyr)
>library(Seurat)
>library(patchwork)
#下载pbmc示例数据
>pbmc.data<-Read10X(data.dir="filtered_gene_bc_matrices/hg19/")#导入示例数据
>pbmc<-CreateSeuratObject(counts=pbmc.data,project="seu_data",min.cells=3,min.
  features=200)
> pbmc[["percent.mt"]]<-PercentageFeatureSet(pbmc,pattern="^MT-")
> VlnPlot(pbmc,features=c("nFeature_RNA","nCount_RNA","percent.mt"),ncol=3)
```

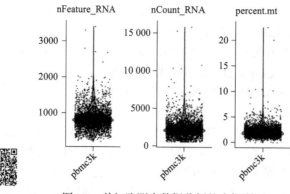

彩图　　　图2-6　单细胞测序数据分析的小提琴图

nFeature_RNA代表每个细胞测到的基因数目，nCount_RNA代表每个细胞测到所有基因的表达量之和，percent.mt代表测到的线粒体基因的比例（图2-7）。

```
#nCount_RNA 与percent.mt的相关性
>plot1<-FeatureScatter(pbmc,feature1="nCount_RNA",feature2="percent.mt")
#nCount_RNA与nFeature_RNA的相关性
>plot2<-FeatureScatter(pbmc,feature1="nCount_RNA",feature2="nFeature_RNA")
>plot1+plot2
```

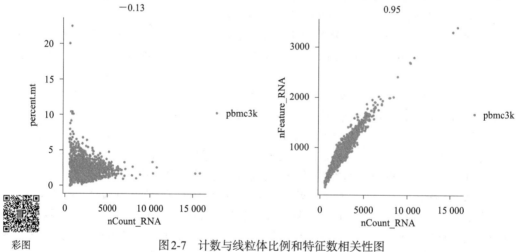

彩图　　　图2-7　计数与线粒体比例和特征数相关性图

根据小提琴图和相关性图判断，过滤线粒体基因表达比例过高的细胞和一些特征及count的极值细胞。

```
>pbmc<-subset(pbmc,subset=nFeature_RNA>200&nFeature_RNA<2500&percent.mt<5)
```

总的来说，如果细胞的计数深度低、检测到的基因数目少，以及线粒体基因比例大，则表明这个细胞的细胞膜很可能已经破裂；反之，如果细胞的计数深度和检测到的基因数都过高，就很有可能是多个细胞进入了同一液滴。除了直接通过观察分布之外，现在也有很多新开发的算法可以用于甄别这种情况，如Scrublet、DoubletFinder、scds等。

以上是细胞层面的数据预处理，同样可以从基因层面来进一步筛选。对于基于Droplet的scRNA测序，并不是所有的mRNA分子都能被捕获。并且由于测序深度比较浅，一般来说每个细胞仅能检测到10%~50%的转录本，这导致细胞中许多基因计数为0。这些基因会明显地拉低细胞的平均表达值，因此也需要将它们剔除。首先，在所有细胞中零表达的基因需要被剔除；此外，如果一个基因仅在少数（如≤10）细胞中表达，可以考虑将其剔除。这里需要特别注意，如果在样本中存在一些特别罕见的细胞群，则建议可以选择较小的阈值，以免漏掉了一些重要的并只在少数细胞中表达的基因。

对数据进行预处理是为了确保下游分析中能得到更清晰的结果。由于事先无法判断分析过程中数据的特点，不可能开始就选出"完美"的阈值，因此需要随时根据下游的分析结果（如聚类和细胞类型注释）反复调整。例如，通过聚类和细胞类型注释后，发现某个细胞亚群对标记基因（marker gene）都为零表达，或者整体测序深度和检测到的基因数比其他细胞群少，则需要考虑提高预处理的阈值。通常分析都是从宽松的阈值开始，根据结果再逐步提高。

二、去除批次效应

批次效应是高通量数据的常见噪声，随着scRNA测序技术的创新和成本的降低，大量的单细胞转录组数据可能会在不同时间或基于不同的测序技术生成，这些因素会引入技术噪声，产生批次效应，掩盖潜在的生物学信号并导致错误的结果。另外，结合多个公共数据库中的单细胞测序数据时，也同样面临着批次校正的问题。

由于scRNA测序与bulk RNA测序之间的特征差异，针对bulk RNA测序开发的批次校正的方法如RPKM、FPKM大多都不太适用于单细胞。针对单细胞测序数据出现了一些经典的scRNA测序整合方法，包括互近邻（mutual nearest neighbor，MNN）、k最近邻批量效应检验（k-nearest neighbor batch effect test，kBET）、交互主成分分析（reciprocal principal component analysis，PRCA）、典型相关分析（canonical correlation analysis，CCA）等。MNN是通过寻找不同批次之间最相似的细胞，并且假定这些细胞属于同一类型来进行校正；而kBET则是基于k最近邻（k-nearest neighbor，KNN）对批次差异定量；CCA方法是通过最大化不同批次数据间的协方差，将数据映射到低维空间中，该方法内置于R包Seurat中使用。

而随着单细胞测序的发展，越来越多的计算生物学家开发了各种新型算法用于整合单细胞测序数据，目前常用的有Harmony（https://github.com/immunogenomics/harmony）、LIGER（https://github.com/MacoskoLab/liger）等。

这里使用Harmony整合算法作为示例，展示整合前后的样本分布（图2-8）。

```
>library(Seurat)
>library(harmony)
#加载pbmc_stim示例数据
>load('data/pbmc_stim.RData')
>pbmc<-CreateSeuratObject(counts=cbind(stim.sparse,ctrl.sparse),project="PBMC",min.
    cells=5)%>%Seurat::NormalizeData(verbose=FALSE)%>%FindVariableFeatures(selection.me
    thod="vst",nfeatures=2000)%>%ScaleData(verbose=FALSE)%>%RunPCA(pc.genes=pbmc@var.
    genes,npcs=20,verbose=FALSE)
>pbmc@meta.data$stim<-c(rep("STIM",ncol(stim.sparse)),rep("CTRL",ncol(ctrl.sparse)))
#赋值条件变量
#RunHarmony整合数据
>pbmc<-pbmc%>%RunHarmony("stim",plot_convergence=TRUE)
```

```
>pbmc<-pbmc%>%RunHarmony("stim",plot_convergence=TRUE)
#查看整合效果
>p1<-DimPlot(object=pbmc,reduction="harmony",pt.size=.1,group.by="stim",do.
  return=TRUE)
>p2<-VlnPlot(object=pbmc,features="harmony_1",group.by="stim",do.return=TRUE,pt.
  size=.1)
>plot_grid(p1,p2)
```

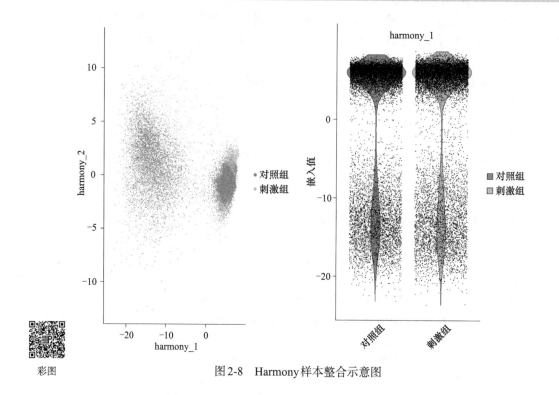

彩图

图2-8　Harmony样本整合示意图

第三节　单细胞转录组数据分析方法

　　预处理后单细胞RNA测序数据的基础分析主要包括：降维、聚类、细胞注释和差异表达四个部分。

一、降维表达矩阵

　　人类单细胞RNA测序数据集可以包含多达25 000个基因的表达值。对于给定的单细胞RNA测序数据集，这些基因中的很多不会提供信息，并且许多基因大多包含零计数。即使在预处理步骤中过滤掉这些零计数基因后，单细胞数据集的特征空间也可能有超过15 000个维度。为了减轻下游分析工具的计算负担，减少数据中的噪声，并使数据可视化，可以使用几种方法来降低数据集的维度（Luecken et al., 2019）。

（一）特征选择

降低单细胞RNA测序数据集维度的第一步通常是特征选择。在此步骤中，对数据集进行过滤，以仅保留对数据中的变异性具有"信息"的基因。因此，经常使用高度可变的基因（highly variable gene，HVG）。根据任务和数据集的复杂程度，通常选择1000～5000个HVG进行下游分析。

（二）降维

特征选择后，用降维算法可以进一步减小单细胞表达式矩阵的维数。这些算法将表达式矩阵嵌入低维空间中，该空间旨在以尽可能少的维度捕获数据中的底层结构。这种方法的工作原理是单细胞RNA测序数据本质上是低维的，细胞表达谱所在的生物流形可以通过比基因数量少得多的维度来充分描述，而降维旨在找到这些维度。

这里有两个主要目标：可视化和汇总（summarization）。可视化是尝试以二维或三维形式对数据集进行最佳描述。这些缩小的维度作为散点图上的坐标，以获得数据的可视化表示。降维技术可通过查找数据的固有维度将数据减少到其基本组成部分，因此有助于下游分析。通过特征空间维度（基因表达载体）的线性或非线性组合产生减小的维度。

（1）用于单细胞分析汇总的两种流行的降维技术是主成分分析（principal component analysis，PCA）和扩散图（diffusion map）。主成分分析是一种线性方法，通过最大化每个进一维度中捕获的残差方差来生成缩小的维度。扩散图是一种非线性数据汇总技术，由于扩散分量强调数据中的转换，它们主要用于感兴趣的连续过程。通常，每个扩散组分（即扩散图维数）突出显示不同细胞群的异质性。

（2）可视化部分主要有两种方法：tSNE和UMAP。非线性降维tSNE算法的计算过程较为复杂且耗时长，往往需要先通过PCA进行预降维处理。PCA降维过的数据再进行tSNE降维（降至二维或三维）实现可视化。而tSNE算法其实主要就是通过将邻近的相似点距离收缩，将较远的（非相似）点距离增大而将各集群边界分开。在可视化质量方面，UMAP算法与tSNE具有竞争优势。由于UMAP对嵌入维度没有计算限制，使得其在高维数据分析中不仅可以比tSNE有更快的计算处理速度（对PCA预降维的需求度降低），还能更有效地保留更多全局结构，可以通过可视化结果看出具有相关性的集群大多相近。

二、聚类细胞数据

常见的聚类方法有层次聚类、k-means等，以及为单细胞专门开发的SC3聚类。Seurat采用的是谱聚类（spectral clustering），Seurat中的谱聚类基于共享最近邻（shared nearest neighbour，SNN）图和模块化优化的聚类算法来识别细胞簇。它首先计算k最近邻（k-nearest neighbor，KNN）并构造SNN图，然后优化模块化功能以确定具体类群。

第一个难点是谱聚类是一种基于图 论方法的算法。图论方法中的"图"和图像的"图"不一样，它属于离散数学。谱聚类是从图论中演化出来的算法，它的主要思想是把所有的细胞看为高维空间中的点，这些点之间可以用边连接起来。距离较远的两个点之间的边权重值较低，距离较近的两个点之间的边权重值较高。然后通过对所有数据点组成的图进行"切图"，让"切图"后不同的子图间边权重和尽可能的低，而子图内的边权重和尽可能的高，从而达到聚类的目的。

第二个难点是把单细胞的数据构建成无向有权图。谱聚类中的图采用的是无向有权图，也就是说每个细胞（图中的点）之间的连接是没有方向性的。但是每条边是有权重信息的。类比一下地图，两地之间的路是没有方向的（双向的），但是地点与地点之间路的远近距离是不同的。最初只有细胞的表达量矩阵，每个细胞中各个基因的表达情况，属于"节点信息"。这里引入三个概念。

（1）邻接矩阵（W）：首先定义一种计算细胞之间距离度量的方法，来计算每条边之间的权重，又称相似性，然后获得整个的邻接矩阵（W）。

（2）度矩阵（D）：对于图中的任意一个点 v_i，它的度定义为和它相连的所有边的权重之和。拉普拉斯矩阵（L）的定义：$L=D-W$。

（3）"切图"：将图切成相互没有连接的 k 个子图。目标是让子图内的点权重和高，子图间的点权重和低。实际是一个最优化问题。可以理解为通过 D、L 这两个矩阵所给的信息，在图的部分边进行切分，让完整的图变成许多子图，每一个子图就构成了一个类群。

分辨率（resolution）参数决定类群的"粒度"，官网建议将此参数设置为0.4～1.2，通常可为包含大约3000个细胞的数据集返回良好的聚类结果。对于较大的数据集，最佳resolution值通常会增加。在实际的单细胞数据分析中，降维聚类通常会一起进行，而降维聚类之后的结果展示就是可视化的（图2-9）。

```
>DimPlot(seu_obj,group.by="SCT_snn_res.0.2",label=T,reduction='umap')
```

三、细胞注释

由于样本类型特异性，分析结果中细胞聚类后的细胞群被标记为类群0，1，2，…，n；细胞群注释是整个单细胞分析的基础，是赋予数学算法聚类结果以生物学意义的关键步骤。可以通过两种方法来对聚类中绝大部分细胞群进行细胞类型注释：一种是用某些软件基于数据库进行自动化判断；另一种是基于标记（marker）基因进行人工判定。

彩图

（一）软件注释

目前的注释软件从算法上主要分为两大类，基于细胞中基因表达数据的软件（如SingleR）和基于标记基因进行细胞类型鉴定的软件Cellassign。SingleR通过给定的具有已知类型标签的细胞样本作为参考数据集，对测试数据集中与参考集相似的细胞进行标记注释。SingleR的结果主要包括结果展示和结果统计两大部分。结果展示不仅包括主要细胞类型（MainType）的分布，还有次主要类型（SubType）分布；结果统计主要包括注释的细胞得分，用于评估注释结果的可信度。Cellassign基于标记基因信息将单细胞RNA测序获得的细胞分型匹配到已知细胞类型。Cellassign的结果中主要包括注释结果和细胞概率值。

在实际的项目中，评估某个细胞群中包含细胞数最多的那一个细胞类型为该群的细胞类型。但值得注意的是，自动化注释方法依赖于算法及数据库，而这些库中包含的样本类型和疾病状态也不完全和实际的情况相同，因此导致注释出来的结果会有不准确的情况，这时需要手动利

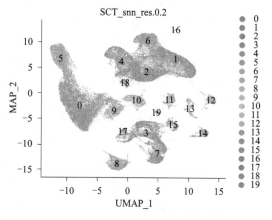

图2-9　降维聚类后的UMAP示意图

用已知标记信息进一步对注释结果进行确认。

（二）人工注释

（1）整理样本中细胞类型及标记基因：根据参考数据库或者已发表的相同样本类型单细胞文章，整理用于单细胞测序的样本中的主要细胞类型及这些细胞类型对应的标记基因。

（2）整理标记基因的表达量分布图，根据表达和标记基因确认细胞类型。

（三）未知细胞定义

细胞定义时，如果某个细胞群不表达任何已知标记基因且暂时不是重点关注细胞类型时可直接将该细胞群定义为未定义类群。另一种情况是有些细胞群是项目中特有的，还没有报道的特异性标记，这时可以根据差异基因富集（KEGG或者GO）的功能通路来确定细胞类型（图2-10）。

```
>mainmarkers<-c("PECAM1","VWF","ACTA2","JCHAIN","MS4A1","PTPRC","CD68","KIT",
  "EPCAM","CDH1","KRT7","KRT19")
>DotPlot(seu_obj,features=mainmarkers,group.by="SCT_snn_res.0.2")+
coord_flip()+
scale_color_binned()
```

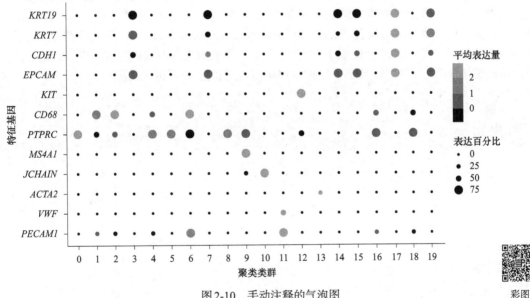

图2-10　手动注释的气泡图

彩图

四、基因的差异表达分析

无论是传统的多细胞转录组测序（bulk RNA测序）还是单细胞转录组测序（scRNA测序），差异表达分析是比较两组不同样本基因表达异同的基本方法，可获得一组样本相对于另一组样本表达显著上调（up-regulated）和下调（down-regulated）的基因，从而可进一步研究这些差异表达基因的功能，包括富集的通路（pathway）或生物过程（biological process）。

由于单细胞测序技术的局限性，单细胞测序数据通常具有高噪声，有较高的"丢弃"（dropout）问题，即很多低表达或中度表达的基因无法有效检测到。所以，针对传统多细胞转录组测序数据开发的差异表达检测方法或软件不一定完全适用于单细胞测序数据。若想比较不同细胞亚型或不同条件下的细胞表达差异时，为了能得到可靠的结果，需要选定一个好的差异表达分析方法。近年来，有不少专门针对单细胞转录组测序数据的差异表达分析方法相继被开发出来，如MAST（https://github.com/RGLab/MAST）、SCDE（http://hms-dbmi.github.io/scde/）、DEsingle（https://bioconductor.org/packages/DEsingle）、Census（http://cole-trapnell-lab.github.io/monocle-release/）、BCseq（https://bioconductor.org/packages/devel/bioc/html/bcSeq.html）和SigEMD（https://github.com/NabaviLab/SigEMD）等，这些方法都可以用于单细胞不同类群之间的差异表达分析。总的来说，不同的差异表达软件有不同的优缺点。有些软件具有高灵敏性，但检测精度却比较低，有些则刚好相反。DEsingle 和SigEMD这两个方法可以较好地平衡差异表达基因检测灵敏性和准确性。

在常规的单细胞差异表达分析中，细胞类群和样本分组的差异表达分析是必要的分析选项。虽然做差异表达分析的工具很多，但FindAllMarkers 和FindMarkers 的使用频率最高。对细胞类群进行差异表达分析，有助于找到特定位于每个细胞类群的标记基因，也有助于细胞类群的细胞类型鉴定。细胞类群数目受到聚类参数的影响，因此在找到标记基因之前确定正确的细胞类群分辨率很重要。如果某些细胞类群缺少显著性标记，可以尝试调整聚类数目。FindAllMarkers 函数比较一组细胞类群与所有其他细胞类群之间的基因表达；FindMarkers 函数比较两个特定细胞类群之间的基因表达。运行上面的函数，会为每个细胞类群生成标记基因列表，从而获得一组细胞类群相对于其他细胞类群的表达显著上调（up-regulated）基因和下调（down-regulated）基因。在分析中，我们经常设置FindAllMarkers的参数 only.pos 为 TRUE，只显示当前细胞类群阳性表达的基因。高表达的标记基因，有助于我们识别细胞类群的细胞类型，以及后续的差异基因富集通路分析等。图2-11展示了FindAllMarkers 寻找的差异基因火山图。

```
>markers<-FindAllMarkers(test.seu,logfc.threshold=0.25,min.pct=0.1,
                    only.pos=TRUE,test.use="wilcox")
>markers_df=markers%>% group_by(cluster)%>%top_n(n=500,wt=avg_logFC)
```

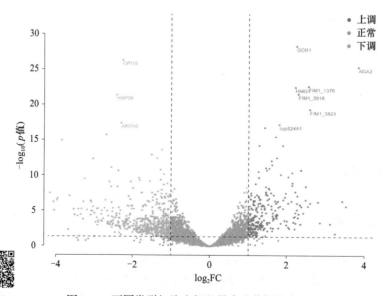

彩图

图2-11　不同类群细胞之间差异表达分析的火山图

案例分析：单细胞转录组数据聚类分析

  首先下载外周血单核细胞（PBMC）的示例数据，使用Seurat读入PBMC示例数据，接着构建Seurat对象，使用SCTransform去除测序深度差异，校正线粒体基因。使用PCA和UMAP降维聚类并可视化，结果如图2-12所示。

```
>library(Seurat)
>library(ggplot2)
>library(sctransform)

>pbmc_data<-Read10X(data.dir="filtered_gene_bc_matrices/hg19/")
>pbmc<-CreateSeuratObject(counts=pbmc_data)
>pbmc<-PercentageFeatureSet(pbmc,pattern="^MT-",col.name="percent.mt")
>pbmc<-SCTransform(pbmc,vars.to.regress="percent.mt",verbose=FALSE)
>pbmc<-RunPCA(pbmc,verbose=FALSE)
>pbmc<-RunUMAP(pbmc,dims=1:10,verbose=FALSE)
>pbmc<-FindNeighbors(pbmc,dims=1:10,verbose=FALSE)
>pbmc<-FindClusters(pbmc,verbose=FALSE)
>DimPlot(pbmc,reduction="umap",label=T)
```

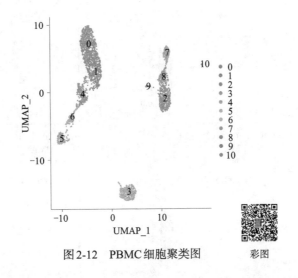

图2-12 PBMC细胞聚类图   彩图

  使用VlnPlot查看标记基因在不同类群中的表达分布（图2-13），横坐标表示类群。

```
>VlnPlot(pbmc,features=c("CD8A","ANXA1","ISG15","CD3D"),pt.size=0.2,ncol=2)
```

  使用FeaturePlot查看标记基因在UMAP中的表达分布（图2-14）。

```
>FeaturePlot(pbmc,features=c("CD8A","ANXA1","ISG15","CD3D"),pt.size=0.2,ncol=2)
```

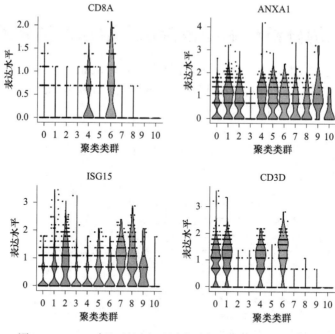

图2-13 PBMC标记基因在不同类群中的表达分布小提琴图

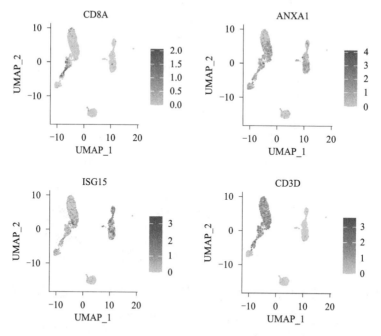

图2-14 PBMC标记基因在UMAP中的表达分布图

本 章 小 结

自2009年完成了世界首例单细胞RNA测序技术的开发及试验以来，单细胞测序技术不断发展，逐渐形成了两种主流的分支：一种是以Smart-seq测序为代表，向着较少的细胞、更全的测序覆盖率不断更新技术；另一种是以Drop-seq为代表，向着更多的细胞数量、较多的测序基因数目不断发展。这两种方式各有优劣，更全的测序覆盖率能够实现选择性转录本异构体和SNV的检测，细胞通量更大，分选操作方便，成本低，适合大规模数据分析，这些内容在第一节中有详细的描述。而作为生命科学的探索者，更值得思考的问题是：这两种测序方式是否与bulk RNA测序技术中的一代测序和二代测序类似？它们会不会也和bulk RNA测序技术一样，某一种占据了大部分的市场，或者是两种技术逐渐融合，出现更为先进的技术方式？这些问题并没有准确的答案，不同的人会有不同的想法，可以通过相关文献，结合bulk RNA测序技术的发表时间和特点进行思考。

　　在本章的第二节和第三节中，主要介绍了对于单细胞测序数据的一些基础分析。在第二节中，首先从单细胞测序的原始数据出发，介绍了数据转换、QC、基因组比对和定量等，通常会完成初步的过滤。随后介绍了单细胞下游分析中的质控步骤，包括单细胞数据过滤和去除批次效应。需要注意两点：单细胞数据过滤时，开始阈值的选择可以放宽一些，最后根据聚类效果进行判断；在进行批次效应处理时，整合方法的使用需要十分谨慎。肿瘤测序数据存在异质性，目前的建议是如果聚类效果不是太差，则不进行整合，因为整合的过程中会消除生物学差异，可能使异质性消失，甚至是不同类型的细胞混杂。在第三节中，介绍了基础的单细胞转录组数据分析，从降维、聚类到细胞注释，再到差异表达分析，介绍了相关代码和示例。

（本章由蒋庆华编写）

第三章 蛋白质组学及其功能预测

第一节 蛋白质组学概述

一、蛋白质鉴定技术

蛋白质作为有机大分子，是构成细胞的基本有机物和生命活动的主要承担者。蛋白质在催化生命体内各种反应、新陈代谢、抵御外来物质入侵及控制遗传信息等方面都起着重要的作用。蛋白质的一级结构是氨基酸序列，通过鉴定氨基酸序列来匹配其对应的蛋白质，这种定性研究是研究蛋白质组学的重要技术之一。

质谱技术在20世纪初就已出现，但一直应用在有机小分子领域，直到80年代才渐渐应用于生物大分子领域。经过四十多年来的应用和发展，质谱技术已成为蛋白质组学研究中必不可少的工具，并成为蛋白质组学研究中的核心支撑技术。形成以生物质谱技术为核心，对蛋白质进行大规模、高通量分离、鉴定和分析的蛋白质组学研究现状。质谱组成一般包括离子源、质量分析器和离子检测器三部分。传统的质谱仅用于小分子挥发物质的分析，但随着新的离子化技术基质辅助激光解吸电离（matrix-assisted laser desorption ionization，MALDI）和电喷雾电离（electrospray ionization，ESI）的出现，出现了如基质辅助激光解吸电离质谱（matrix-assisted laser desorption ionization mass spectrometry，MALDI-MS）和电喷雾电离质谱（electrospray ionization mass spectrometry，ESI-MS）等质谱技术，为蛋白质分析提供了一种新的途径。

蛋白质质谱鉴定的基本原理是用蛋白酶将蛋白质消化成肽段混合物，经MALDI或ESI等软电离手段将其离子化，通过质量分析器将具有特定质核比的肽段离子分离。通过比对真实谱图和理论上蛋白质经过蛋白酶消化后产生的一级质谱峰图和二级质谱峰图进行蛋白质鉴定。

（一）电喷雾电离质谱

ESI是一种"软电离"方式，它是在"离子蒸发"原理上发展起来的一种离子化方法。离子蒸发是指离子从液相发射到气相的过程。待测分子溶解在溶剂中，以液相方式通过毛细管到达喷口。在喷口高电压作用下形成带电荷的微滴，随着微滴中的挥发性溶剂蒸发，微滴表面的电场随半径减少而增加，到达某一临界点时，样品将以离子方式从液滴表面蒸发，进入气相。这一过程即实现了样品的离子化，没有直接的外界能量作用于分子，因此对分子结构破坏较少，是一种典型的"软电离"方式。

电喷雾电离质谱的另一大特点是可形成多电荷离子，因此在较小的质荷比（m/z）范围内可以检测到大分子质量的分子。采用电喷雾电离质谱目前可测定分子质量100kDa以下的蛋白质，最高可达150kDa。由于离子蒸发使电喷雾电离质谱采用液相方式进样，因此可与蛋白质化学中常用的液相色谱联用，即液相色谱-电喷雾电离质谱（LC-ESI MS），蛋白质或多肽经过高效液相色谱分离后，直接进入质谱进行分子质量测定。

在常规电喷雾电离质谱中，喷雾的过程易形成较大液滴，液滴中的样品分子在离子源中不能完全离子化，从而降低了样品的利用率和灵敏度。近年发展的纳升电喷雾电离质谱（nanospray

ESI, nano-ESI) 有效地解决了这一问题, 使样品被充分利用, 并有效离子化。

(二) 基质辅助激光解吸电离质谱

MALDI-MS 是利用固体基质分子均匀地包埋样品分子, 在激光的照射下, 基质分子吸收激光能量而蒸发, 携带样品分子进入气相, 进一步将能量传递给样品分子, 从而实现样品分子离子化。由于样品的电离过程是由基质介导的, 因此基质的选择对分子离子化有很大的影响, 继而影响分析的灵敏度、分辨率和精确度。合适的基质应该能保证待测物的离子化, 而且基质本身的离子造成的背景较弱。蛋白质和多肽样品较为通用的基质有芥子酸 (sinapic acid, SA)、α-氰基-4-羟基肉桂酸 (α-cyano-4-hydroxycinnamic acid, α-CHCA) 和2,5-二羟基苯甲酸 (2,5-dihydroxybenzoic acid, DHB)。MALDI 最大的特点是离子电荷通常为1~2个, 而不像ESI 为多电荷离子, 对分子质量较大的样品而言, 不会形成复杂的多电荷图谱, 因而使图谱的解析比较清楚。

(三) 串联质谱

串联质谱在解析蛋白质或者肽段序列信息, 以及蛋白质磷酸化位点等方面具有无法替代的作用, 这里专门予以介绍。串联质谱 (tandem MS, MS/MS) 是指多个质量分析器相连, 分离母离子, 进行碰撞解离, 并检测子离子。串联质谱较早在四极杆质谱中实现: 将三个四极杆串联, 第一个四极杆进行母离子分析, 选择感兴趣的离子进入第二个四极杆, 与惰性气体碰撞成碎片后, 进入第三个四极杆进行子离子分析。与串联质谱平行的一个概念是碰撞诱导解离 (collision induced dissociation, CID)。在串联质谱诞生以前, 为获得分子结构信息, 需要在离子源内 (in-source) 对离子进行碰撞, 使其碎裂。源内CID灵敏度高, 但没有选择性, 因此碎片的专一性不强。串联质谱出现后, 逐渐取代了源内CID。严格地说, CID仅指离子解离成碎片的过程, 串联质谱则包括了母离子选择、CID和子离子分析三个过程。

二、蛋白质的理化性质和一级结构

氨基酸是组成蛋白质的基本单元, 每种氨基酸都有不同的理化性质, 这些理化性质对于蛋白质的结构和功能预测有重要意义。氨基酸的重要理化性质包括亲水性、等电点、相对分子质量、电离平衡常数等。蛋白质的理化性质与氨基酸相同或相似。例如, 两性电离及等电点、紫外吸收性质、呈色反应等; 但蛋白质又是生物大分子, 具有氨基酸没有的理化性质。蛋白质的一级结构是指各种各样的氨基酸经过脱水缩合化学反应形成的一种氨基酸序列链。该氨基酸序列链是形成后续复杂的蛋白质结构的最基本结构, 其决定了后续的蛋白质结构变化以及功能。

(一) 蛋白质具有两性电离性质

蛋白质分子除两端的氨基和羧基可解离外, 氨基酸残基侧链中某些基团, 如谷氨酸、天冬氨酸残基中的γ和β-羧基, 赖氨酸残基中的ε-氨基、精氨酸残基的胍基和组氨酸残基的咪唑基, 在一定的溶液pH条件下都可解离成带负电荷或正电荷的基团。当蛋白质溶液处于某一pH时, 蛋白质解离成正、负离子的趋势相等, 即成为兼性离子, 净电荷为零, 此时溶液的pH称为蛋白质的等电点 (isoelectric point, pI)。溶液的pH大于某一蛋白质的等电点时, 该蛋白质颗粒带负电荷, 反之则带正电荷。体内各种蛋白质的等电点不同, 但大多数接近于pH 5.0。所以在人体体液pH 7.4的环境下, 大多数蛋白质解离成阴离子。少数蛋白质含碱性氨基酸较多, 其等电点偏于碱性，被称为碱性蛋白质，如鱼精蛋白、组蛋白等。也有少量蛋白质含酸性氨基酸较多，其等电点偏于酸性，被称为酸性蛋白质，如胃蛋白酶和丝蛋白等。

（二）蛋白质具有胶体性质

蛋白质属于生物大分子，分子量可在1万至100万之间，其分子的直径可达1～100nm，为胶粒范围之内。蛋白质颗粒表面大多为亲水基团，可吸引水分子，使颗粒表面形成一层水化膜，从而阻断蛋白质颗粒的相互聚集，防止溶液中蛋白质沉淀析出。除水化膜是维持蛋白质胶体稳定的重要因素外，蛋白质胶粒表面可带有电荷，也可起胶粒稳定的作用。若去除蛋白质胶体颗粒表面电荷和水化膜两个稳定因素，蛋白质极易从溶液中析出。

（三）蛋白质的变性与复性

蛋白质的变性指在某些理化因素作用下，天然蛋白质分子的空间结构遭到破坏，因而其理化性质发生改变而导致生物活性丧失的现象。一般认为蛋白质的变性主要由于二硫键和非共价键的破坏，不涉及一级结构中氨基酸序列的改变。蛋白质变性后，其理化性质及生物学性质发生改变，如溶解度降低、黏度增加、结晶能力消失、生物学活性丧失、易被蛋白酶水解等。造成蛋白质变性的因素有多种，常见的有加热、乙醇等有机溶剂、强酸、强碱、重金属离子及生物碱试剂等。在临床医学领域，变性因素常被应用于消毒及灭菌。此外，为有效保存蛋白质制剂（如疫苗、抗体等），也必须考虑防止蛋白质变性，如采用低温贮存等。蛋白质变性后，疏水侧链暴露在外，肽链融汇并相互缠绕继而聚集，因而从溶液中析出，这一现象被称为蛋白质沉淀。变性的蛋白质易于沉淀，有时蛋白质发生沉淀，但并不变性。若蛋白质变性程度较轻，去除变性因素后，有些蛋白质仍可恢复或部分恢复其原有的构象和功能，称为复性。但许多蛋白质变性后，空间构象被严重破坏，不能复原，称为不可逆性变性。蛋白质经强酸、强碱作用发生变性后，仍能溶解于强酸或强碱溶液中，若将pH调至等电点，则变性蛋白质立即结成絮状的不溶解物，此絮状物仍可溶解于强酸或强碱中。如再加热则絮状物可变成比较坚固的凝块，此凝块不易再溶于强酸或强碱中，这种现象称为蛋白质的凝固作用。实际上凝固是蛋白质变性后进一步发展的不可逆结果。

蛋白质的精确描述序列是由该蛋白质基因中的DNA碱基对序列编码的。这个氨基酸序列被称为蛋白质的一级结构。蛋白质分子是由氨基酸首尾相连缩合而成的共价多肽链，但是天然蛋白质分子并不是走向随机的松散多肽链。每一种天然蛋白质都有自己特有的空间结构或称三维结构，这种三维结构通常被称为蛋白质的构象，即蛋白质的结构。蛋白质的分子结构可划分为四级，一级结构就是组成蛋白质多肽链的线性氨基酸序列，也是蛋白质最基本的结构，它是由基因上遗传密码的排列顺序所决定的。各种氨基酸按遗传密码的顺序，通过肽键连接起来，成为多肽链，故肽键是蛋白质结构中的主键。迄今已有约一千种蛋白质的一级结构被研究确定，如胰岛素、胰核糖核酸酶、胰蛋白酶等。蛋白质的一级结构决定了蛋白质的二级、三级等高级结构。成百亿的天然蛋白质各有其特殊的生物学活性，每一种蛋白质的生物学活性的结构特点，首先取决于其肽链的氨基酸序列。由于组成蛋白质的20种氨基酸各具特殊的侧链，侧链基团的理化性质和空间排布各不相同，当它们按照不同的序列关系组合时，就可形成多种多样的空间结构和不同生物学活性的蛋白质分子。蛋白质分子的多肽链并非呈线形伸展，而是折叠和盘曲构成特有的比较稳定的空间结构。蛋白质的生物学活性和理化性质主要取决于空间结构的完整性，因此仅仅测定蛋白质分子的氨基酸组成和它们的排列顺序并不能完全了解蛋白质分子的生物学活性和理化性质。例如，球状蛋白质（多见于血浆中的白蛋白、球蛋白、血红蛋白和酶等）和纤维状蛋白质（角蛋白、胶原蛋白、肌凝蛋白、纤维蛋白等），前者溶于水，后者不溶于水，显而易见，此种性质不能仅用蛋白质一级结构的氨基酸排列顺序来解释。

三、蛋白质的二级结构

蛋白质的二级结构是指多肽主链骨架原子沿一定的轴盘旋或折叠而形成的特定的构象，即肽链主链骨架原子的空间位置排布，不涉及氨基酸残基侧链。蛋白质二级结构的主要形式包括α螺旋（α-helix）、β折叠（β-pleated sheet）、β转角（β-turn）、无规卷曲（random coil）。由于蛋白质的分子量较大，因此，一个蛋白质分子的不同肽段可含有不同形式的二级结构。维持二级结构的主要作用力为氢键。一种蛋白质的二级结构并非单纯的α螺旋或β折叠结构，而是这些不同类型构象的组合，只是在不同蛋白质中各占多少不同而已。

图3-1 蛋白质的α螺旋结构

α螺旋是由蛋白质氨基酸序列链中的酰胺平面进行一定角度的旋转而形成的，整个形态呈右手上升螺旋的姿态，酰胺平面和中心轴在同一平面中呈180°。蛋白质分子中多个氨基酸碳原子旋转，使多肽主链各原子沿中心轴向右盘曲形成稳定的α螺旋构象，如图3-1所示。α螺旋具有下列特征。

（1）多肽链以肽单元为基本单位，以C_α为旋转点形成右手螺旋，氨基酸残基的侧链基团伸向螺旋的外侧。

（2）每3.6个氨基酸旋转一周，螺距为0.54nm，每个氨基酸残基的高度为0.15nm，肽键平面与中心轴平行。

（3）氢键是α螺旋稳定的主要次级键。相邻螺旋之间形成链内氢键，即每个肽单位N上的氢原子与第四个肽单位羰基上的氧原子生成氢键，氢键与中心轴平行。若氢键破坏，α螺旋构象即被破坏。

α螺旋的形成和稳定性受肽链中氨基酸残基侧链基团的形状、大小及电荷等影响。如多肽中连续存在酸性或碱性氨基酸，由于带同性电荷而相斥，阻止链内氢键形成趋势而不利于α螺旋的生成；侧链较大的氨基酸残基（如异亮氨酸、苯丙氨酸、色氨酸等）集中的区域，因空间位阻的影响，也不利于α螺旋的稳定；脯氨酸或羟脯氨酸残基的N原子位于吡咯环中，C—N单键不能旋转，并且其α-亚氨基在形成肽键后，N原子上无氢原子，不能生成维持α螺旋所需的氢键，故不能形成α螺旋。显然，蛋白质分子中氨基酸的组成和排列顺序对α螺旋的形成和稳定性具有决定性的影响。α螺旋是蛋白质二级结构的主要形式，肌红蛋白和血红蛋白分子有许多肽段呈α螺旋，毛发的角蛋白、肌肉的肌球蛋白及血凝块中的纤维蛋白，它们的多肽链几乎都是α螺旋。数条α螺旋的多肽链缠绕在一起，可增强其机械强度和伸缩性。

β折叠是指多肽链以肽单元为单位，以C_β为旋转点形成伸展的锯齿状折叠构象，又称三片层（3-strand）结构，如图3-2所示。β折叠具有下列特征。

（1）肽链折叠成伸展的锯齿状，肽单元间的夹角为110°，氨基酸残基的侧链分布在片层的上下。

（2）两条以上肽链（或同一条多肽链的不同部分）平行排列，相邻肽链之间的肽键相互交

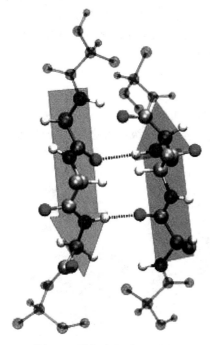

图3-2 蛋白质的β折叠结构

替形成许多氢键,这是维持这种结构的主要次级键。

（3）肽链平行的走向有顺式和反式两种,肽链的N端在同侧为顺式,不在同侧为反式,反式较顺式平行折叠更加稳定。

数条向外伸展的蛋白质氨基酸链通过氢键相连接而形成了β折叠。丝心蛋白作为蚕丝的主要组成部分,其中基本上全是β折叠。球状的蛋白质中也广泛存在着β折叠,如胰蛋白酶、羧肽酶等。能形成β折叠的氨基酸残基一般不大,而且不带同种电荷,这样有利于多肽链的伸展,如甘氨酸、丙氨酸在β折叠中出现的概率最高。

多肽链中出现的180°回折的结构称为β转角或β回折,即U形转折结构。它由4个连续氨基酸残基构成,第2个氨基酸残基多为脯氨酸、甘氨酸、天冬氨酸,天冬酰胺也常出现在β转角结构中,第1个氨基酸残基的羰基与第4个氨基酸残基的亚氨基之间形成氢键以维持其稳定。常见的β转角有两种类型:转角Ⅰ的特点是第1个氨基酸残基的羰基氧与第4个残基的酰胺氮之间形成氢键;转角Ⅱ的第3个残基往往是甘氨酸。这两种β-转角中的第2个残基大都是脯氨酸。

在球蛋白中,蛋白质不只是有二级结构,经常可以看到由若干相邻的二级结构单元（即α螺旋、β折叠和β转角等）组合在一起,彼此相互作用,形成有规则且在空间上能辨认的二级结构组合体,以充当三级结构的构件,称为超二级结构。最常见的超二级结构有αα、βαβ和ββ三种组合形式。

四、蛋白质序列、结构和功能之间的关系

蛋白质是由一条或多条多肽链构成的生物大分子,是构成细胞的基本有机物,也是生命活动的主要承担者。碳、氢、氧、氮是组成蛋白质的主要元素,有些蛋白质还结合了磷、铜、铁、镁等元素,所有蛋白质都是由20种不同氨基酸连接形成的多聚体,在形成蛋白质后,这些氨基酸又被称为残基。蛋白质和多肽之间的界限并不是很清晰,有人基于发挥功能性作用的结构域所需的残基数认为,若残基数少于40,就称之为多肽或肽。要发挥生物学功能,蛋白质需要正确折叠为一个特定构型,主要是通过大量的非共价相互作用（如氢键、离子键、范德瓦耳斯力和疏水作用）来实现;此外,在一些蛋白质（特别是分泌性蛋白质）折叠中,二硫键也起到关键作用。为了从分子水平上了解蛋白质的作用机制,常常需要测定蛋白质的三维结构。由研究蛋白质结构而发展起来的结构生物学,采用了包括X线晶体学、核磁共振等技术来解析蛋白质结构。一定数量的残基对于发挥某一生物化学功能是必要的;40~50个残基通常是一个功能性结构域大小的下限。蛋白质大小的范围可以从这样一个下限一直到数千个残基。估计的蛋白质平均长度在不同的物种中有所区别,一般为200~380个残基,真核生物的蛋白质平均长度比原核生物约长55%。更大的蛋白质聚合体可以通过许多蛋白质亚基形成,如由数千个肌动蛋白分子聚合形成蛋白纤维。

（一）蛋白质序列、结构和功能之间关系密切

蛋白质有多层次的结构。一方面，蛋白质的各种物理和化学性质主要由其各级结构的特点决定，如疏水性、极性、热稳定性和可溶性。另一方面，蛋白质的功能与其结构也密切相关，蛋白质的生理功能，如催化功能、运输功能及调节功能不仅体现在氨基酸构成上，还体现在其空间结构上，对于有着相似一级结构的蛋白质，其生物功能也往往相似。在蛋白质的一级结构中，处于特定构象的关键部位氨基酸残基，对蛋白质的生物学功能甚至起到决定性作用。例如，胰凝乳蛋白酶、弹性蛋白酶和胰蛋白酶这三个蛋白质有十分相似的三维结构，但是由于它们活性部位的少数氨基酸残基不同，就导致了它们的底物结合特异性有所差别。

（二）蛋白质在生命活动中发挥着不可或缺的作用

蛋白质的功能指的是蛋白质在生物体内生化反应、细胞活动和生物表现型等场景下所起到的作用。Gene Ontology 数据库定义了与蛋白质相关的分子功能、生物学途径和细胞学组件三种本体论，分别用以描述蛋白质的个体功能、各个蛋白质分子功能组合而成的生物学功能，以及蛋白质大分子复合物、亚细胞结构与定位。具体研究中，蛋白质功能描述是一个模糊而复杂的概念，通常需要根据不同的需求选择描述方式。例如，对于生化研究来说，研究者通常对蛋白质的个体功能更感兴趣（如酶的种类、酶的结构、酶促反应机制等），此时，采用分子功能本体论描述蛋白质最为合适。而对于功能基因组学研究来说，生物途径本体论层面的描述则更为恰当，因为研究者通常需要了解蛋白质参与的生物途径以及如何进行或维持高水平的细胞过程。此外，据研究报道，生物体内同种蛋白质在不同的时间和空间下可能起着完全不相关的作用，这无疑更进一步加强了蛋白质功能描述的复杂性。因此，对于蛋白质的功能分析，必须根据具体研究背景以及蛋白质所处的时空来选择描述方法，这样才有助于研究者准确高效地进行研究。

研究蛋白质功能有助于理解生物体内各种生命活动的分子机制，对生理学、病理学及药物科学研究具有重大意义。随着结构基因组学、功能基因组学和比较基因组学的发展，越来越多的蛋白质序列被测定。目前，收录于UniProt数据库中的蛋白质序列已经超过一亿条。然而，据研究报道，其中只有将近 1% 的蛋白质序列已经通过实验进行了功能注释。而在所有已知功能的蛋白质中，有将近 90% 仅来自人类等9个物种。即使在所有已知结构的蛋白质当中，也有超过1/3的蛋白质还未被注释功能。因此，对蛋白质功能进行注释是目前迫切需要研究的方向。

（三）蛋白质功能注释方法

蛋白质功能注释最可靠的方法是通过生化实验进行验证。这些方法通常极为耗时耗力，在组学技术快速发展的今天，通过实验验证的蛋白质数量远远不及新发现的蛋白质序列数。随着计算机科学技术的发展，基于计算方法的蛋白质功能预测已经取得广泛的运用，相比于实验验证，计算方法可以进行高通量筛选，一次性对大量蛋白质同时进行注释。在缺少与蛋白质功能相关实验数据的情况下，计算方法可以通过蛋白质序列、结构、基因表达谱、蛋白质-蛋白质相互作用网络、组学数据，以及已知功能蛋白的结构和功能信息等推断目标蛋白质的功能。即使存在与蛋白功能相关的实验数据，计算方法也可以作为收集与蛋白质功能相关证据的辅助手段，因为这些实验数据（如基因表达谱、蛋白质-蛋白质相互作用网络等）很少能提供与蛋白质

功能相关的直接线索。因此，基于计算的蛋白质功能预测方法已经成为该领域内不可或缺的研究手段，只有同时使用实验与计算的方法，才能弥补已发现蛋白质序列数量与已经注释过功能的蛋白质数量之间的鸿沟。

第二节 蛋白质结构预测

一、结构域预测

蛋白质结构域是蛋白质中的一类结构单元，是构成蛋白质三级结构的基本单元。有些球形蛋白质的一条肽链，或以共价键相连的两条或多条肽链在空间结构上可以区分为若干个球状的子结构，其中的每一个球状子结构就被称为一个结构域。同一个蛋白质的各个结构域之间是以肽链相互连接的，而连接两个蛋白质结构域的绝大多数都是单股肽链，只有在极个别的情况下会有少数的双股肽链联系不同的结构域。在X线晶体学衍射实验绘制的电子密度图中，可以清楚地看到有些球状蛋白质的底部存在一些裂隙，这些裂隙就是各个结构域之间的连接部分，蛋白质结构域之间的连接虽然是松散的，但他们仍然属于同一条肽链，靠肽链连接这一点和蛋白质的各个亚基之间依靠非共价键相互作用维系结构有着本质的区别。

蛋白质结构域在空间上具有邻近相关性：即在蛋白质一级结构上相互邻近的氨基酸残基，在蛋白质结构域的三维空间结构上也相互邻近，在蛋白质一级结构上相互远离的氨基酸残基，在蛋白质结构域的空间结构上也相互远离，甚至分别属于不同的蛋白质结构域。蛋白质结构域与蛋白质完成生理功能有着密切的关系，有时几个结构域共同完成一项生理功能，有时一个结构域就可以独立完成一项生理功能，但是一个结构不完整的蛋白质结构域是不可能产生生理功能的。因此蛋白质结构域是蛋白质生理功能的结构基础，但必须指出的是，虽然蛋白质结构域与蛋白质的功能关系密切，但是蛋白质结构域和功能域的概念并不相同。

结构域作为蛋白质三维结构中重要的组成部分，对蛋白质的功能具有直接影响。准确识别蛋白质结构域对蛋白质结构解析至关重要，对蛋白质不连续结构域的预测研究有助于蛋白质三级结构测定和功能研究，对疾病发生机制理解和开发新的药物具有重要的意义。

结构域作为蛋白质的结构、功能和进化单位，在序列水平上，是进化上的同源片段；在结构水平上，是折叠和行使功能的基本单位。蛋白质能够基于相似性序列和结构描述分解为不同的结构域。蛋白质结构域预测方法以此主要分为两类，即基于序列的方法和基于结构的方法。

（一）基于序列的结构域识别方法

与结构信息相比，蛋白质序列信息更容易获得。此外，随着测序技术的发展，蛋白质序列数据量迅速增长，这为基于序列的结构域识别方法提供了基础。相似结构域经常出现在不同蛋白质中，目前基于同源性的方法是通过将它们与具有已知注释的结构域的同源序列进行比较来检测结构域。当识别具有结构域信息的序列时，基于同源性的方法可以实现良好的准确性。然而，对于缺乏同源模板的靶标时，预测精度会急剧下降。从头预测方法可以克服这一限制。从头预测方法假设域边界具有与蛋白质中其他区域不同的某些特征。通常用统计方法和机器学习方法学习这些特征并识别域边界。随着机器学习技术的发展和数据库中蛋白质序列数量的不断增加，从头预测方法近年来取得了长足的进步。在过去的二十多年中，基于这些特征，已经开发了许多方法来检测蛋白质序列中的结构域。

（二）基于结构的结构域识别方法

与基于序列的方法有很大不同，基于结构的方法需要实验或预测的蛋白质结构来进行域识别。例如，将目标蛋白质结构与数据库的结构模板库进行比较以检测结构域，或者通过对具有相似结构的子结构进行聚类来识别结构域。由于上述方法需要具有已知域信息的模板，因此基于域的结构特征开发了一些与模板无关的其他方法。例如，基于图论的有效的结构域分解算法，残基表示为节点，残基-残基接触表示为边。根据相互作用的强度计算每个连接的容量值。PDP和 DDOMAIN 根据域内残基接触比域间接触更多的假设将蛋白质分成不同结构域。PDP 将蛋白质分成两个候选结构域。然后，将候选域之间的联系按域大小进行归一化。如果这些段之间的接触小于整个域的平均接触密度的一半，则将两个片段确认为域。最后，检查所有结构域相互之间的接触，如果两个域的归一化接触大于手动选择的阈值，则将两个域合并为一个。最后一步允许 PDP 找到不连续的域。DDOMAIN 使用类似于 PDP 的标准化接触。与只考虑接触次数的PDP不同，DDOMAIN 定义了依赖于接触次数和距离的接触能量。此外，DDOMAIN 使用从训练数据集中学习的阈值来确定蛋白质是否分为两个域。

尽管蛋白质结构域是一个重要的概念，并且多年来在生命科学的许多领域中都得到了应用，但对于什么是结构域仍然没有一个权威的定义。一个结构域的各种定义反映了不同的观点和解决问题的不同场景。

二、三级结构预测

目前在实验上主要有两种技术可以测定蛋白质分子的三级结构：X线衍射结晶法和核磁共振光谱法。这两种方法的优点在于它们能够提供详细而精确的结构信息。一般而言，X线衍射结晶法更为精确并且可以用来测定较大的分子结构，但是这种方法只能提供分子某一时刻的静态结构特征。相对于X线衍射结晶法，核磁共振光谱法的精确度稍差，但是却可以测定一定时间内的分子结构坐标，从而得到蛋白质内部运动的信息。然而利用这两种技术来测定分子三级结构是繁琐而复杂的，需要昂贵的设备和精细的技术流程。此外，许多蛋白质无法满足X线衍射结晶法的先决条件，即无法获得结晶，或者是通过核磁共振光谱法无法测定其三级结构。

由于已经获取的物种序列数据越来越多，而采用实验方法测定蛋白质结构费时费力，所以利用可靠的算法和序列信息来预测蛋白质三级结构有助于研究蛋白质结构及其与功能之间的关系。目前可以进行蛋白质三级结构预测的方法主要有如下四种：从头算法、同源建模法、折叠子识别法和机器学习法。

（一）从头算法

从头算法（ab initio approach）预测蛋白质结构是基于热力学和物理化学理论中的第一原理。这种方法需要采集蛋白质序列所能产生的所有构象，并且评估哪些是能量最小的结构。而在实际操作中往往只是采集一部分的构象，但是在采集过程中所有的重要构象都需要被检查到以便有效地鉴定能量最小的构象。目前，这种方法只能精确地预测较小的单结构域蛋白的三级结构。此外，由于对计算机的计算能力有较高的要求，这种方法往往很少被采用。

（二）同源建模法

同源建模法（homology modeling）也称为半经验建模法，未知蛋白质结构的构建依赖于其同源的已知蛋白质结构。该方法基于进化过程中同源蛋白质的结构比氨基酸序列更加保守的理论事实。拥有很多相似序列的绝大多数蛋白质不仅仅具有几乎相同的骨架结构，甚至于那些拥有相当多不同序列的蛋白质也具有相似的构象。同源建模法避免了使用从头计算蛋白质结构的方法，而是使用已知的同源蛋白质作为模板构建三级结构。这种技术要求至少有一种和目标蛋白质同源的蛋白质的三级结构已被实验测定。

（三）折叠子识别法

折叠子识别法（fold recognition）也称为蛋白质穿线法，这种方法不需要找到已知的同源蛋白质结构，只是将蛋白质序列匹配到所有已知的蛋白质折叠中去寻找最为合适的折叠结构。在很多情况下，目标序列找不到已知结构的同源蛋白质。这时就需要用到不依赖于同源蛋白质的结构预测方法。众多的例子证实了即使没有同源性的两条序列，也可能具有极其相似的三级结构。折叠子识别法试图寻找与目标蛋白质序列相匹配的折叠结构。这种方法可以看成是将目标氨基酸序列按照某种折叠结构串联起来，对于序列比对之后的每个位置上的氨基酸检测其是否与该处的折叠结构相符。

（四）机器学习法

传统的计算机科学算法在处理生物信息数据库时，曾经取得过不错的效果，但是如今生物信息数据库愈发庞大并且需要解决分析的问题更加复杂，一方面，由于生物在不断进化，基因不断修补，导致生物系统内部更加复杂；另一方面，目前还没有一套完整的理论可以在分子水平上对生命组织进行解释。这对数据挖掘技术的发展是一个挑战，同时也是一个机遇。在传统的计算机科学算法的基础上，机器学习法有了长足的进步和发展，它的基本思想是通过推理、样本学习或模型匹配，在大量数据中自动进行学习，而且机器学习法特别适用于生物信息数据库这种含有大量数据和噪声，并且尚缺乏完整理论的领域。随着计算机处理速度的不断提高和各种机器学习算法的改进，越来越多的机器学习法被用来处理生物信息学中的问题。在过去的20年，大量关于蛋白质三级结构预测的研究是基于机器学习法完成的。这些研究可以分成两大类，第一类研究的重点是提出新型的分类技术，分类技术基于不同的机器学习算法，如人工神经网络、支持向量机、隐马尔可夫模型和柔性神经树。第二类研究主要集中在提出新颖的特征提取方法。一个好的特征提取方法是可以充分地表示蛋白质局部和全局中有辨识力的信息，经常应用于蛋白质三级结构预测的特征提取方法有：氨基酸组成、伪氨基酸组成、多肽组成、氨基酸理化性质组成模型等。

下面介绍预测蛋白质三级结构的几种常用工具。

1. I-TASSER（https://zhanglab.ccmb.med.umich.edu/I-TASSER/） 该蛋白质预测工具被称为"Zhang-Server"，可以在线使用，为目前综合精度比较高的工具。其基本原理是先进行多模板搜索，进一步基于多模板分别建模及结果的整合。对于没有模板的部分则采用从头预测的方法填补，可以预测最多1500个氨基酸的蛋白质分子。需要学术邮箱注册账号，使用简单。

2. QUARK（https://zhanglab.ccmb.med.umich.edu/QUARK/） 该蛋白质预测软件与I-TASSER不同的是，其主要是基于从头算法的结构预测，适用于没有模板的结构预测，但是氨基酸数量需<200个。

3. BAKER-ROSETTASERVER（https://bio.tools/robetta） 其预测分为两个阶段，首先是根据氨基酸序列确定结构域的位置，接着根据结构域的信息再预测蛋白质三维结构信息，但是第二步预测不能自动进行，需用户自己操作，增加了复杂度。在线预测任务一般需要排队，等待一段时间，建议本地安装软件预测。

4. SWISS-MODEL（https://www.swissmodel.expasy.org/） 该工具也需在线使用，其主要原理是同源模建，对模板的同源性要求较高（>30%）。预测速度快，而对同源性低的模板则无法有效地预测。

一般而言，蛋白质结构预测需要通过以下几个步骤。

（1）首先是搜索蛋白质数据库找到目的蛋白质的同源序列，再从一系列同源序列中选择几个或者一个作为模板；目标蛋白会再次与模板序列进行比对，在保守位置补充空位进行对齐。

（2）调整目标蛋白质序列中主链上各个原子的位置，产生与模板相同或者相似的空间结构；利用能量最小化原理，使目标蛋白质的侧链基团处于能量最小的位置，最终确定蛋白质的三级结构。

氨基酸序列信息：
血红蛋白的两个亚基：
>hemoglobin subunit beta
MVHLTPEEKSAVTALWGKVNVDEVGGEALGRLLVVYPWTQRFFESFGDLSTPDAVMGNPKVKAHGKKVLGAFSDGLAHLDNLKGT
FATLSELHCDKLHVDPENFRLLGNVLVCVLAHHFGKEFTPPVQAAYQKVVAGVANALAHKYH
>hemoglobin subunit alpha
MVLSPADKTNVKAAWGKVGAHAGEYGAEALERMFLSFPTTKTYFPHFDLSHGSAQVKGHGKKVADALTNAVAHVDDMPNALSALS
DLHAHKLRVDPVNFKLLSHCLLVTLAAHLPAEFTPAVHASLDKFLASVSTVLTSKYR

（3）打开网址：https://www.swissmodel.expasy.org/，点击 Start Modelling（图3-3）。

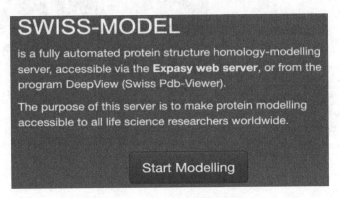

图3-3 开始模型计算示意图

序列输入。可以直接将>hemoglobin subunit beta的氨基酸序列输入，也可以生成txt文本格式上传。需要先在右侧选择Sequence（s）这一项，然后输入序列。这里渐变颜色条表示从N端到C端的氨基酸。将任务命名为"HSB"，可以直接开始建模（图3-4）。

运行一段时间后会出现肽段的三维结构，三维结构是可以旋转的，任意位置可以拍照，而且与渐变的氨基酸序列是一一对应关系，便于查找特殊位置（如连接处或者首尾处）的氨基酸。模板一栏是数据库中已经保存的三维结构信息，建模一栏是建模出来的结果。如果建模不成功的话，可以参考模板的三维结构。简单评价建模好坏可以看GMQE值（全球性模型质量估测），其值在0～1之间，越接近1，建模质量越好。QMEAN也是评价值之一，通过手势判断好坏（图3-5）。

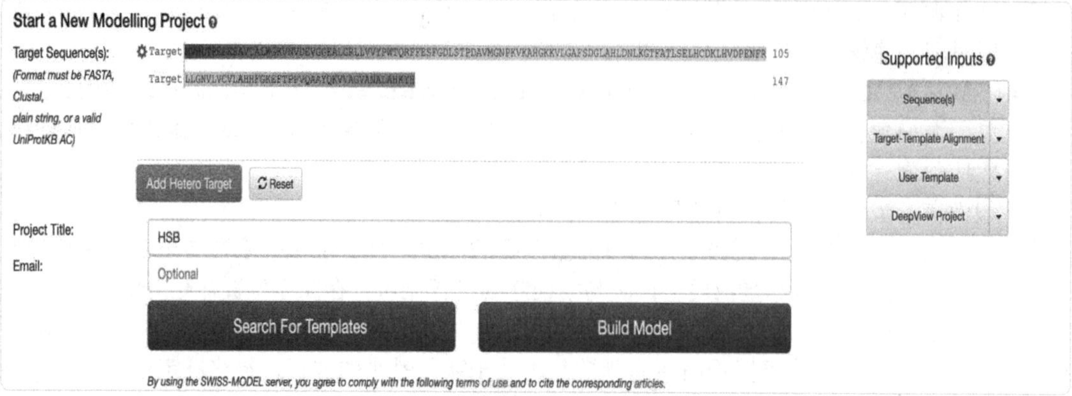

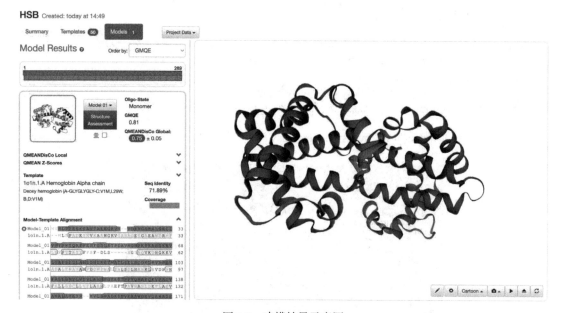

图3-4 开始模型项目示意图

图3-5 建模结果示意图

第三节 蛋白质功能预测

一、功能预测方法

随着大量未知功能的蛋白质序列被测定，以及人工智能、计算机科学等技术的迅速发展，基于计算的蛋白质功能预测已经成为蛋白质功能注释的重要手段，也成为了计算生物学及药物靶标发现领域的前沿研究方向。在蛋白质功能预测研究过程中，研究者们开发了多种不同类型的计算方法。其中，较为传统的方法有序列同源性比对等，它们依据的主要思想是同源蛋白质具有相似功能。序列同源性搜索方法难以起效时，可以使用第二类方法，即基于蛋白质结构相似性进行预测，这类方法的思想是蛋白质结构与功能直接相关，结构相似的蛋白质应当也具有相似的功能。上述两类方法均需要进行蛋白质相似性搜索，存在一定缺陷，例如，它们对于序列结构完全新颖的蛋白质束手无策。随着大量物种基因组水平的序列信息被测定，以及大规模的高通量实验数据积累，蛋白质功能预测方法开始着力于从这些数据中挖掘有用信息（包括氨基酸序列、蛋白质结构、基因表达数据、蛋白质-蛋白质相互作用网络等），从而发展出了第三类基于机器学习的方法。这三类方法是目前蛋白质功能预测领域最主流的策略，目前常用的计算方法见表3-1，下文将对它们分别做介绍。

表3-1　常见的基于同源性或结构相似性的蛋白质功能预测工具总结

计算方法描述	方法名称	网站链接
序列相似性搜索与比对工具	BLAST	https://blast.ncbi.nlm.nih.gov/Blast.cgi
序列同源性搜索工具	HMMER	https://www.ebi.ac.uk/Tools/hmmer/
蛋白质按空间结构进行分类	CATH	http://www.cathdb.info/
依据CATH的蛋白结构域预测	Gene3D	https://bio.tools/gene3d
蛋白质3D结构比对工具	DALI	http://ekhidna2.biocenter.helsinki.fi/dali/
蛋白质结构相似性搜索工具	VAST	https://www.ncbi.nlm.nih.gov/Structure/VAST/
依据图论的蛋白质结构匹配工具	PDB eFold	http://www.ebi.ac.uk/msd-srv/ssm/cgi-bin/ssmserver
蛋白质结构匹配工具	CE	https://www.hsls.pitt.edu/obrc/index.php?page=URL1097771821

（一）基于同源性的方法

给定目标蛋白质，基于序列同源性推断蛋白质功能的方法首先需要找到一个与目标蛋白质具有同源性并且功能已知的蛋白质，然后用该同源性蛋白质的功能注释目标蛋白质功能。运用这种方法的实际研究中，蛋白质同源性通常使用序列相似性比对来确定，比较常用的序列相似性比对工具有 BLAST、HMMER 等。其中，BLAST 是目前最为广泛使用的序列相似性比对工具，它首先使用已知功能的蛋白质建立搜索数据库（如 Swiss-Prot 数据库），然后在整个数据库中比对目标蛋白质，最后将比对结果按相似性高低排序，用与目标蛋白质相似性最高的几种蛋白质的功能推断目标蛋白质的功能。HMMER 是一种 BLAST 的替代工具，该方法内部使用了隐马尔可夫模型，因而其在发现远距离相关蛋白质方面比 BLAST 具有更高的准确性。目前，基于序列同源性推断是蛋白质功能注释领域最为广泛使用的方法，已经在研究中取得了深刻的应用，如表3-1所示。

然而，使用同源性推断并不总是有效的。同源性和蛋白质功能并没有绝对的相关性，两条序列具有同源性只能说明它们具有共同的祖先，但在功能上却并不一定具有相似性。造成这一现象的主要原因要归于直系同源性和旁系同源性的区别，直系同源是指在进化上来自于同一个祖先并且分布于两个以上物种当中的基因组，旁系同源是指由祖先基因组复制而产生的同源基因。研究显示，直系同源基因在功能上的保守性远高于旁系同源基因。因此，研究者通过序列同源性推断蛋白质功能时应当专注于直系同源。已经有研究者提供了专注于鉴定直系同源基因的数据库，如 COG 数据库等，然而，目前推断直系同源性仍然十分困难。并且还需注意的是，直系同源有时候也无法确保功能的相似性，有些在序列上不相似的蛋白质反而可能是功能高度相似的。一般认为，基于同源性推断的方法只有在序列相似度达到60%以上时，其结果才具有一定的可信度。因此，同源性推断虽然是一种广泛使用的方法，但是其仍然具有很多难点需要

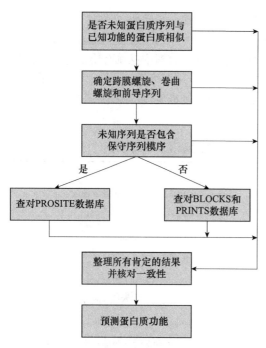

图3-6　根据序列预测蛋白质功能的技术路线

克服。根据序列预测蛋白质功能的技术路线如图3-6所示。

（二）基于结构的方法

蛋白质结构直接决定其功能，具有相同功能的蛋白质通常具有相似的空间结构。这是从结构推断蛋白质功能的理论基础，当基于序列的方法失败时，研究者可以转而从蛋白质三维空间结构推断其功能。基于结构的蛋白质功能预测可分为全局折叠相似性比较和局部结构定义（活性位点特征描述）两种方式。

两条蛋白质序列相似度超过30%时，就会有高度相似的全局折叠，相比于氨基酸序列，空间结构在进化上拥有更强的保守性。因此，利用蛋白质全局折叠相似性来推断其功能可以在一些情况下弥补基于序列相似性推断方法的不足之处。然而，全局折叠相似性和功能相似性并非总是直接相关。具有相似全局折叠的蛋白质可能表现出不同的功能，如铁氧还蛋白折叠等。此外，拥有不同全局折叠状态的蛋白质也可能具有非常相似的功能。因此，通过全局折叠相似性来推断蛋白质功能在很多情况下不是一种可靠的方法。

面对上述情况，全局折叠相似性具有很大局限性，此时可以通过蛋白质局部折叠状态，也就是一些活性位点在结构上的相似性来推断其功能。蛋白质活性位点可以定义为其三维结构上的某一特定结合区域。例如，酶的结合位点就是酶蛋白质结构上的一些可供底物嵌入的凹槽区域，底物可以通过氢键、离子键、范德瓦耳斯力等方式与活性位点周围氨基酸残基结合。酶的功能几乎完全由蛋白质结构上的这些活性位点来决定，在进化过程中，尽管酶蛋白质序列和结构上的其他部位发生了很大变化，但活性位点周围残基却保持着高度的保守性。因此，在这些情况下，通过活性位点结构推断蛋白质功能具有很大的适用性。此外，该方法相比于全局折叠比对计算量更小，可以进行高通量筛选。

目前，已经有大量基于结构预测蛋白质功能的工具被提出。CATH将Protein Data Bank（PDB）数据库中的所有蛋白质按照空间结构信息进行了分类，Gene3D可利用CATH中的分类信息预测蛋白质结构域，从而进一步推断其活性位点和功能信息。DALI是一个web工具，它可将目标蛋白质的空间结构与PDB数据库中的蛋白质进行比对，揭示一些无法通过序列相似性比对得出的生物学信息。CE用于蛋白质结构的比较和对齐，VAST用于搜索与目标蛋白质具有相似空间结构的蛋白质。尽管基于蛋白质结构的功能预测已经取得了一定成果，其预测结果也具有较高的准确性。但是这类方法仍然有很大的局限性，如上文提及某些具有相似结构的蛋白质功能不同。此外，该方法预测结果的可靠性高度依赖于预测模型的准确性，而这需要大量的已知结构和功能的蛋白质进行建模。由于蛋白质结构解析本身是一件复杂的任务，当前积累数据量还无法确保构建足够准确的模型，只有随着结构基因组学的发展，更多蛋白质结构被解析，才能使这类方法更加可靠，但这将是一个漫长的过程。

（三）基于机器学习的方法

基于序列同源性和蛋白质结构预测其功能，都必须依赖于序列相似性或结构相似性比对，假如存在一个蛋白质，在已知结构和功能的蛋白质中没有任何一个具有和它相似的序列或者空间结构，那么此时应该如何确定该蛋白质的功能呢？基于机器学习的方法恰能解决这一问题，它能直接从蛋白质序列和结构信息当中推断功能。功能相近的蛋白质在序列和结构上通常表现出共同的性质，如表面张力、溶剂可及性、极性、疏水性、电荷数等物理化学性质，氨基酸组成，配体性质，结构的可变性等，机器学习非常擅于捕获蛋白质的这些特征与功能之间的关系。与结构比对方法类似，基于机器学习的方法也需要大量已知功能的蛋白质作为训练集，通过学习蛋白质特征与功能之间的特定模式关系建立模型，再运用模型对新蛋白质的功能做出预测。

基于机器学习的蛋白质功能预测较为普遍的应用方法有通过关键残基推断和通过蛋白质亚细胞定位推断。蛋白质关键残基与功能之间存在映射关系，蛋白质不同特征表示方法也会对预测方法产生影响，包括利用物理化学性质特征建模。蛋白质亚细胞定位可以将蛋白质功能缩减到一个很小的集合中，可用于蛋白质功能的推断。此外，机器学习方法还可以从序列、生物医学文本、蛋白质-蛋白质相互作用网络等数据中挖掘功能信息，这些方法通常使用Gene Ontology数据库定义的GO术语描述蛋白质功能，GO术语具有严格等级制度，是目前最为通用的蛋白质功能描述方式。随着机器学习方法层出不穷，基于机器学习的方法在蛋白质功能预测方面取得了诸多优秀成果。

二、蛋白质相互作用预测

作为细胞中最常见的分子之一，蛋白质对于调节细胞中的各种新陈代谢途径及众多生物学过程具有十分重要的意义。一般来说，蛋白质并不是单独发挥作用的，而是通过彼此之间发生相互作用，即蛋白质-蛋白质相互作用（PPI）来完成相应的任务。预测蛋白质之间的相互作用对研究生物体内的各种细胞学机制至关重要，也能够为医学诊断和治疗提供新视角，促进新药的设计及生物医学的发展。因此，预测PPI已成为系统生物学的基础课题，且引起了越来越多的关注，计算学方法能够有效改善传统生物学方法预测蛋白质互作时耗时耗力的问题。

（一）预测蛋白质相互作用的方法

预测蛋白质相互作用的方法主要包括生物学方法和计算学方法两种，在传统的生物学领域，相互作用数据的收集可通过酵母双杂交、蛋白质芯片、合成致死分析等方法完成，然而，这些方法既耗时又费力，导致预测效率不足，且预测结果中经常能观察到该比例的假阴性和假阳性现象。因此，随着计算机技术的高速发展，原本作为辅助手段的计算学方法，目前已经成为预测蛋白质相互作用的主流方法。计算学预测模型可根据使用预测信息的不同被分为以下五种：基于网络结构的模型、基于序列的模型、基于结构的模型、基于基因组的模型、基于基因本体论的模型。其中，第一种模型利用给定的蛋白质相互作用网络，从网络结构中挖掘不同的信息，设计不同的拓扑相似度度量方法，根据已知的相互作用预测未知的相互作用。后四种模型利用蛋白质中的各种生物学信息，如蛋白质序列、结构、基因组、基因本体论等提取能为相互作用预测提供帮助的数据，为蛋白质对构建特征向量，再结合分类器完成预测任务。

（二）蛋白质相关数据库

蛋白质相关数据库包含了蛋白质不同的信息，是计算学预测蛋白质相互作用的重要资源。根据所包含的信息，这些数据库被分为五类：蛋白质相互作用网络、蛋白质序列、高级结构、基因组信息、基因本体论。

1. 蛋白质相互作用网络 蛋白质相互作用网络是由相互作用数据构建而来的，多种常见的数据库都能提供各个物种的相互作用网络信息，如 BIND、DIP、MINT、BioGRID、HPRD、IntAct 和 STRING（表3-2）。由于这些数据库提供的相互作用是通过生物学方法验证的，因此利用这种真实验证过的数据进行预测具有更高的准确性。此外，在这些数据库中，MINT、IntAct 和 STRING 还提供了从不同来源获得的 PPI 分数，用来评估相互作用的可靠性。在实际应用时，也可以通过挑选得分较高的蛋白质对来构建更可靠的 PPI 网络。一般而言，基于网络结构的预测模型会把蛋白质相互作用网络看作图论中的无权无向图。这类模型能够分析网络中潜在的结构信息，然后利用不同的结构信息和度量方法计算两个蛋白质之间的拓扑相似度，从而评估它们发生相互作用的可能性。常见的能够被用于预测相互作用的网络结构信息包括共同邻居、网络路径、全局网络结构和几何嵌入四种。这四类方法能够从局部和全局的角度衡量蛋白质对拓扑相似性，以获取更高的预测性能。

表3-2 蛋白质相互作用数据库

数据库	网站链接	描述
DIP	https://dip.doe-mbi.ucla.edu/dip/Main.cgi	收录经实验验证的二元 PPI
BioGRID	http://thebiogrid.org/	生理和遗传相互作用数据资料库
MINT	https://mint.bio.uniroma2.it/	收录蛋白质物理相互作用
STRING	http://string.embl.de/	收录实验验证和预测得到的 PPI
HPRD	http://www.hprd.org/	人类蛋白质相互作用数据库
3DID	http://3did.irbbarcelona.org/	基于已知三维结构的相互作用域的识别和分类建立
BIND	http://bond.unleashedinformatics.com/	收录已知的生物分子之间的相互作用
Predictome	http://predictome.bu.edu/	预测得到的相互作用数据库

2. 蛋白质序列 蛋白质序列指氨基酸残基在蛋白质肽链中的排列顺序，是蛋白质最基础的结构，也称蛋白质一级结构。相关蛋白质序列信息可从 UniProt、PIR、Swiss-Prot、NRL3D 和 TrEMBL 数据库获得，它们都包括了各种生物的蛋白质序列信息和相关注释信息。基于序列的预测模型主要通过蛋白质序列提取某些能够为预测任务提供支持的信息，如氨基酸的疏水性、亲水性等，然后利用这些信息为每个蛋白质生成唯一特定的特征向量，最后把提取出的蛋白质向量输入到经典的分类器中，如支持向量机（support vector machine，SVM）和随机森林（random forest，RF），对蛋白质对进行二分类处理，由此获取预测结果。此类模型能够基于序列从多种角度预测相互作用，如序列相似性和共同进化信息，并通过不同的方法丰富预测信息，更准确地识别有用的蛋白质序列，进一步提升模型的预测性能。

3. 高级结构 除了上述的一级结构外，蛋白质还有二级、三级和四级三个更高级的结构，它们都是由一级结构决定的蛋白质空间结构。在一级结构序列中，蛋白质肽链是直链状，而二级结构中的肽链分子会通过一定的规律进行卷曲或折叠形成特定的空间结构，如 α 螺旋和

β折叠；三级结构是在二级结构的基础上进一步盘曲或折叠形成的三维（3D）空间结构；四级结构则是具有两条或两条以上三级结构的多肽链组成的蛋白质。其中最常被用于预测的是蛋白质的三维结构，该信息可以从PDB和SCOP数据库获得。由于目前对这些高级结构的认知远不如蛋白质序列那么多，所以，基于此类信息预测蛋白质相互作用的模型数量也大幅度少于基于序列的模型。目前，蛋白质的三级结构是最常见的被用于预测相互作用的高级结构信息，一般基于该信息进行预测的模型是根据以下假说工作的：如果两个蛋白质的相互作用区域能够完美嵌合，那么它们之间很可能存在相互作用。

4. 基因组信息　　由于全基因组测序技术的高速发展，多种现象如基因融合、基因邻接和系统发育图谱可以被很好地观察到，而这些信息已被多项研究证明可用于预测蛋白质间的相互作用。此类信息可在MIPS和CGD数据库中获得，前者更多的是哺乳动物相关的基因信息，后者包括其他多种生物。

5. 基因本体论　　基因本体论（gene ontology，GO）用于描述基因及其产物的功能和联系，而蛋白质就是常见的基因产物。基因本体论包括三部分：细胞成分、分子功能和生物学过程。相关信息可以从GO数据库和QuickGO数据库中下载。

深度学习是近年来兴起的一项新技术，当被应用于预测蛋白质相互作用时，深度学习技术强大的学习能力能够更准确、更自动化地学习蛋白质的特征，从而生成更精确的特征向量，基于深度学习的模型不仅能够在一定程度上提升对于相互作用的预测能力，而且可以进一步减少人力的消耗。该类模型和基于序列的模型原理类似，都是从蛋白质中提取某些和相互作用相关的信息作为特征向量，然后利用这些特征向量结合现有的分类器模型评估两个蛋白质之间存在相互作用的概率。与上述几种类型的预测模型相比，基于深度学习的模型能够发挥深度学习技术的优势，挖掘潜在的有价值的蛋白质特征信息，使得模型的预测性能更好。目前，已经鉴定出的蛋白质相互作用的数据还不到整个相互作用组的20%。随着高通量技术的发展，蛋白质相互作用数据的大小和复杂性也大大增加。大规模预测模型通常采用分布式的方法，并行预测蛋白质相互作用，以提高模型的效率，但由于各类模型所采用技术的局限性，并不是所有大规模预测模型都能保证预测性能优异且预测效率高效。

（三）蛋白质相互作用预测算法

为了实现准确预测蛋白质相互作用，现有的计算模型通常遵循有监督的学习框架，准备相互作用和非相互作用的蛋白质对数据。其中，相互作用数据是阳性样品，非相互作用数据是阴性样品。前者可以从数据库中明确提取，后者可利用随机生成策略、细胞定位策略和从Negatome 2.0数据库获取。一旦获得了实验数据，下一步就是选择合适的方案进行性能评估。通常，实验数据可分为训练集和测试集，前者用于训练模型，后者用于验证模型性能。常被用来划分训练集和测试集的方案包括三种：随机种子抽样验证、K折交叉验证、留一法交叉验证。要定量评估计算模型预测蛋白质相互作用的性能，可以使用四种评估指标：马修斯相关系数（MCC）、F1得分、曲线下面积（AUC）和PR-AUC。其中，MCC是一种平衡度量指标，不仅可以指示预测结果与真实结果之间的相关系数，还可以处理数据集不平衡的情况；F1得分是为了平衡查全率和查准率而被提出的，是它们的调和平均数；AUC是受试者操作特征曲线（ROC曲线）与坐标轴所围面积的值，而ROC曲线是以假阳性率为横轴，真阳性率为纵轴所做；PR-AUC是PR曲线与坐标轴所围面积的值，而PR曲线是以查全率为横轴、查准率为纵轴所做。在线预测工具包括：BIPS、OpenPPI_predictor、PrePPI、PIP、PSOPIA、HIPPIE和MEGADOCK-

Web。这些工具能够通过蛋白质相关数据库以及生物信息对蛋白质相互作用进行预测。除了OpenPPI_predictor需要下载外，其他工具都直接提供了web页面。

运用机器学习相关技术来解决蛋白质相互作用预测问题的流程如图3-7所示，主要包括了从正反例数据集构造完整的数据样本，接着对蛋白质序列进行编码，有时候还需要进行特征选择或者是进行必要的特征向量的降维，然后是机器学习模型的选择和训练，包括模型的评估策略。

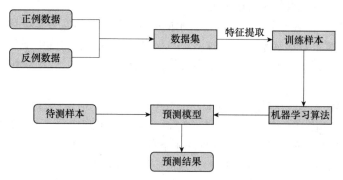

图3-7 蛋白质相互作用预测流程图

案例分析：蛋白质二级结构预测

蛋白质是由肽键连接在一起的氨基酸链。由于氨基酸的多种可能的组合和其沿链的多个位置旋转，这条链的许多构象都是可能的。正是这些构象的改变导致了蛋白质三维结构的不同。蛋白质二级结构是蛋白质局部片段的三维形式。二级结构元素通常是在蛋白质折叠成三维三级结构之前自发形成的中间体。蛋白质和核酸二级结构都可以用于辅助多序列比对。

然而，三级结构尤其有趣，因为它描述了蛋白质分子的3D结构，揭示了非常重要的功能和化学性质，如蛋白质可以参与哪些化学反应。仅从蛋白质的氨基酸序列预测蛋白质的三级结构是一个非常具有挑战性的问题，但使用更简单的二级结构定义是更容易处理的。本案例借助卷积神经网络（convolutional neural network，CNN）通过一级结构来预测蛋白质的二级结构。蛋白质的一级结构是由其多肽链上的氨基酸序列来描述的。

在人体内有20个自然发生氨基酸，一个氨基酸可用一个字母符号表示，分别为：A，C，D，E，F，G，H，I，K，L，M，N，P，Q，R，S，T，V，W，Y。A代表丙氨酸，C代表半胱氨酸，D代表天冬氨酸等。第21个字母 X 可表示未知的或任何氨基酸。与使用一级结构作为判断某一氨基酸是否存在的简单指标不同，这里使用了一种更有力的一级结构表征——蛋白质谱。如图3-8所示，研究基于蛋白质的进化邻居，可以用于建模蛋白质家族和结构域。它们是通过将多个序列对齐转换为特定位置打分矩阵（PSSM）来构建的。排列中每个位置上的氨基酸根据其出现在该位置的频率进行评分。

一个蛋白质的多肽链通常由200~300个氨基酸组成，氨基酸链可以由更少或更多的氨基酸组成。氨基酸可以出现在氨基酸链的任何位置，这意味着即使是由4个氨基酸组成的氨基酸链，也有204种不同的组合。在使用的数据集中，蛋白质平均由208个氨基酸组成。

蛋白质的二级结构决定了蛋白质中氨基酸残基局部片段的结构状态。例如，α螺旋形成一个

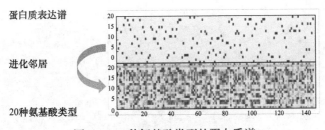

图3-8 20种氨基酸类型的蛋白质谱 彩图

盘绕的形状，而β折叠形成一个锯齿状的形状等。蛋白质的二级结构很有趣，因为它揭示了蛋白质的重要化学性质，而且可以用来进一步预测蛋白质的三级结构。在预测蛋白质的二级结构时，区分了3态SS预测和8态SS预测。对于3态预测，目标是将每个氨基酸分为以下几种：①α螺旋，这是一种规则的状态，用"H"表示。②β折叠，这是一种规则的状态，用"E"表示。③线圈区域，这是一个不规则的状态，用"C"表示。表示上述二级结构的字母，不要与表示氨基酸的字母混淆。

对于8态预测，α螺旋进一步细分为3种状态：α-helix（H）、310 helix（G）和pi-helix（I）。β折叠细分为：β链（E）和β环（B）。线圈区域细分为：高曲率环（S）、β低曲率环（T）和不规则区（L）。

```
E=extended strand,participates in β ladder
B=residue in isolated β-bridge
H=α-helix
G=3-helix(3-10 helix)
I=5-helix(π-helix)
T=hydrogen bonded turn
S=bend
L=loop(any other type)
```

使用的数据集是CullPDB数据集，具体下载地址：http://www.princeton.edu/Ejzthree/datasets/ICML2014/，该数据集由6133个蛋白质组成，每个蛋白质有39 900个特征。6133个蛋白质×39 900个特征可以重构为6133个蛋白质×700个氨基酸×57个特征。氨基酸链用700×57矩阵描述，以保持数据大小一致。700表示肽链，57表示每个氨基酸的特征数。当到达链的末端时，序列向量的其余部分被标记为"No Seq"（应用填充）。在57个特征中，22个是一级结构（20个氨基酸，1个未知或任何氨基酸，1个"No Seq"），26个是蛋白质表达谱（与一级结构相同），9个是二级结构（8个可能状态，1个"No Seq"）。使用蛋白质表达谱来替代氨基酸残基，在第一阶段的研究中，以整个氨基酸序列为例（700×22）预测整个二级结构（标签）（700×9）。在第二阶段，有限数量元素的局部窗口，沿着序列移动，作为例子（cnn_width×21）来预测在每个窗口中心的单个位置的二级结构（8类）（"No Seq"和填充在这个阶段被删除和忽略，因为它不再需要序列具有相同的长度）。将数据集（6133个蛋白质）随机分为训练集（5600个）、验证集（256个）和测集（272个）。构建数据集的脚本dataset.py为：

```
import numpy as np
dataset_path="./dataset/cullpdb_profile.npy"
cb513_path="./dataset/cb513_profile_split.npy"
```

```
sequence_len=700
total_features=57
amino_acid_residues=21
num_classes=8
def get_dataset(path=dataset_path):#获取数据集
    ds=np.load(path)
    ds=np.reshape(ds,(ds.shape[0],sequence_len,total_features))
    ret=np.zeros((ds.shape[0],ds.shape[1],amino_acid_residues+num_classes))
    ret[:,:,0:amino_acid_residues]=ds[:,:,35:56]
    ret[:,:,amino_acid_residues:]=ds[:,:,amino_acid_residues+1:amino_acid_residues+1+
                        num_classes]
return ret
def get_data_labels(D):#获取数据及其标签
    X=D[:,j:,0:amino_acid_residues]
    Y=D[:,j:,amino_acid_residues:amino_acid_residues+num_classes]
    return X,Y
def split_like_paper(Dataset):#划分数据集
    Train=Dataset[0:5600,:,:]
    Test=Dataset[5600:5877,:,:]
    Validation=Dataset[5877:,:,:]
    return Train,Test,Validation
def split_with_shuffle(Dataset,seed=None):#随机划分数据集
    np.random.seed(seed)
    np.random.shuffle(Dataset)
    train_split=int(Dataset.shape[0]*0.8)
    test_val_split=int(Dataset.shape[0]*0.1)
    Train=Dataset[0:train_split,:,:]
    Test=Dataset[train_split:train_split+test_val_split,:,:]
    Validation=Dataset[train_split+test_val_split:,:,:]
    return Train,Test,Validation
def get_cb513():
    CB=get_dataset(cb513_path)
    X,Y=get_data_labels(CB)
    return X,Y
if__name__=="__main__":
    dataset=get_dataset()
    D_train,D_test,D_val=split_with_shuffle(dataset,100)
    X_train,Y_train=get_data_labels(D_train)
    X_test,Y_test=get_data_labels(D_test)
    X_val,Y_val=get_data_labels(D_val)
    print("Dataset Loaded")
```

模型训练的脚本为:

```
import numpy as np
from keras.models import Sequential
From keras.layers import Dense,Activation,Dropout,Conv1D,
AveragePooling1D,MaxPooling1D,TimeDistributed,LeakyReLU,
BatchNormalization,Flatten
```

```
from keras import optimizers,callbacks
from keras.regularizers import 12
import tensorflow as tf
import dataset
do_summary=True
LR=0.0009
drop_out=0.38
batch_dim=64
nn_epochs=35
loss='categorical_crossentropy'#定义损失函数
early_stop=callbacks.EarlyStopping(monitor='val_loss',min_delta=0,patience=1,verbose=0,
        mode='min')
if dataset.filtered:
        filepath="CullPDB_Filtered-best.hdf5"
else:
        filepath="CullPDB6133-best.hdf5"
checkpoint=callbacks.ModelCheckpoint(filepath,monitor='val_acc',verbose=1,save_best_
        only=True,mode='max')#定义回调函数
def CNN_model():#定义卷积神经网络模型
    m=Sequential()
    m.add(Conv1D(128,5,padding='same',activation='relu',input_shape=(data set.n_width,
        dataset.amino_acid_residues)))
    m.add(BatchNormalization())
    m.add(Dropout(drop_out))
    m.add(Conv1D(128,3,padding='same',activation='relu'))
    m.add(BatchNormalization())
    m.add(Dropout(drop_out))
    m.add(Conv1D(64,3,padding='same',activation='relu'))
    m.add(BatchNormalization())
    m.add(Dropout(drop_out))
    m.add(Flatten())
    m.add(Dense(128,activation='relu'))
    m.add(Dense(32,activation='relu'))
    m.add(Dense(dataset.num_classes,activation='softmax'))
    opt=optimizers.Adam(lr=LR)
    m.compile(optimizer=opt,loss=loss,metrics=['accuracy','mae'])
    return m
```

本 章 小 结

　　蛋白质作为细胞中最常见的分子之一，是生物体内生物活动的中心单位，蛋白质功能或功能障碍与多种疾病和药物直接相关。蛋白质结构预测是一个非常具有挑战性的问题，在过去的几十年中已经开发了许多方法。它们可以大致分为两类：基于模板的建模和无模板建模，基于模板的建模通过复制和改进一种或多种相似蛋白质的实验结构来预测蛋白质的结构，而无模板建模方法在预测蛋白质结构时无须从整个模板中明确复制。机器学习以及深度学习方法长期以来一直应用于蛋白质结构预测，但直到最近才开发出有效的基于无模板的深度学习方法。一般

来说，蛋白质并不是单独发挥作用的，而是通过彼此之间发生相互作用，对蛋白质相互作用的研究能够为医学诊断和治疗提供新视角、促进新药的设计，以及生物医学的发展。目前，预测蛋白质相互作用的方法主要包括生物学方法和计算学方法两种，在传统的生物学领域，相互作用数据的收集可通过酵母双杂交、蛋白质芯片、合成致死分析等方法完成。然而，这些方法既耗时又费力，导致预测效率不足，且预测结果中经常能观察到该比例的假阴性和假阳性现象。计算学预测模型可根据使用预测信息的不同被分为以下五种：基于网络结构的模型、基于序列的模型、基于结构的模型、基于基因组的模型、基于基因本体论的模型。除此以外，还出现发展迅速的深度学习技术及MapReduce技术的应用等。

（本章由吴琼编写）

第四章　分子进化的计算生物学分析

第一节　分子进化的基本概念

一、分子进化研究的基础

自19世纪中叶达尔文提出了生物进化论的思想以来，"进化"（evolution）一词深入生命科学研究的各个领域，而且为重建地球上所有生物的进化历史提供了理论依据。

继达尔文之后，海克尔提出的"生命之树"（tree of life）第一次采用系统树来描绘生物进化历史（Dose，1981）。自此之后，进化生物学家开始普遍使用比较生物学（如形态学、生理学等）方法结合化石证据来构建生物系统发生树，并获得了生物进化历史的主体框架。由于形态和生理性状的进化式样具有高度复杂性，以及化石资料的不连续性，难以反映生物进化历史的全貌，因此用比较生物学所构建的系统树存在不少争议。

20世纪分子生物学的快速发展极大地改变了进化生物学的格局。中心法则的提出，揭示了生物遗传信息贮存和表达的规律，奠定了在分子水平上研究遗传、繁殖、进化、代谢类型、生长发育、生命起源、健康或疾病等生命科学领域关键问题的理论基础。核苷酸和氨基酸序列中含有生物进化历史的全部信息成为普遍共识。同时，分子钟的发现与中性理论的提出，极大地推动了进化尤其是分子进化研究，填补了对分子进化即微观进化认识上的空白，推动进化论的研究进入分子水平，并建立了一套依赖于核酸、蛋白质序列信息的理论方法。

（一）分子钟假说

在20世纪60年代初期，研究人员观察到不同物种中蛋白质序列的差异，如血红蛋白、细胞色素c及血纤肽，大致与物种演化时间成正比。通过这些观察，提出了分子进化钟的概念。分子钟假说认为DNA或蛋白质序列的进化速率随时间或进化谱系保持恒定（Kumar，2005）。需要注意的是，分子钟应当被看作是氨基酸或核苷酸突变的随机性所导致的随机钟。它不是以固定时间间隔跳动，而是以一个随机间隔跳动。不同蛋白质间或蛋白质的不同区域间进化速率的差异很大，因为分子钟假说允许不同蛋白质间进化速率不同，或者说每个蛋白质有其自身固有的分子钟，以不同的速率跳动。速率恒定性未必对所有物种适用，很有可能只存在于某一类群中。

（二）中性理论

日本群体遗传学家和进化生物学家在1968年提出了分子进化中性理论，也称为"中性突变随机漂变假说"（Kimura，1968）。其核心观点认为，自然选择对分子水平上的大多数突变呈中性（即它们并没有被淘汰），群体中的中性等位基因是通过随机漂变的平衡来固定的，是随机的结果，而不是自然选择的结果。而所谓的随机漂变，简单地说，就是指基因频率的随机变化，而达尔文的随机变异则是指表型（或性状）的变异。中性理论并不否认自然选择在决定适应进化的进程中的作用，但认为进化中的DNA变异只有很小一部分在本质上是适应的，而大多数是表型上沉默的分子置换，对生存和繁衍不发生影响而在物种中发生随机漂变。

在分子进化的中性学说提出之时，分子进化的"似钟特性"被认为可能是分子钟假说最有力的证据。如果突变率相似而蛋白质功能在同一类群中保持不变，以至于中性突变比例相同，那么根据中性学说的预测，进化速率将是恒定的。

从分子钟-中性理论出发，可以得出进化速率保持每年每个位置恒定的结论。基于此，人们建立了基于群体遗传学的DNA与蛋白质序列进化模型及分析方法，这使得生物学家既能定量描述和预测不同分子随时间变异的模式，也可以区分遗传和环境因子对基因水平变异的影响。由于所有生命都使用DNA或RNA作为自己的遗传物质，因此人们可以通过比较核酸序列来研究生物间的进化关系。分子系统学（molecular systematics）这一新兴的学科就此诞生，这为解决系统与进化生物学中的疑难问题提供了新的方法论工具，已在生物分类学的发展中发挥了至关重要的作用。

随着基因组测序计划的实施和完成，基因组的巨量信息为分子进化研究提供了有力的帮助，分子进化研究再次成为生命科学中最引人注目的领域之一。分子进化研究最根本的目的就是从物种的一些分子特性出发，从而了解物种之间的生物系统发育的关系。通过核酸、蛋白质序列同源性的比较，进而了解基因的进化以及生物系统发育的内在规律。分子生物学和进化生物学的有机结合与经典的比较生物学相比，具有如下优点。

（1）所有生物的DNA均由腺嘌呤（A）、胸腺嘧啶（T）、胞嘧啶（C）和鸟嘌呤（G）这4种碱基组成，因而可以通过分子序列分析来阐明大尺度、跨门类的生物进化关系。目前，分子进化分析已表明，地球上所有的生命体来自大约40亿年前的一个共同祖先。换言之，如同达尔文所推测的，所有有机体在进化历史上都是相互关联的。

（2）DNA的进化演变或多或少是有规律的。人们已经建立与发展了许多描述分子序列间DNA或氨基酸置换（substitution）的数学模型。相比之下，形态性状的进化就要复杂得多，难以精确描述。

（3）一个基因组是一种生物所有基因编码序列及非编码序列的总和。对分子系统学研究而言，基因组所包含的有用信息比形态性状要多很多，这将有助于提高统计推断的精确性。

（4）在生物进化时间估计和速率比较方面，分子数据具有其他性状不可比拟的优势。目前，采用分子序列分析方法可以推测生物类群（物种）间的分歧（起源）时间，并检测不同谱系间的进化速率是否存在显著差异。

二、同源性和类群

（一）同源性

同源在生物信息学中主要是指核酸或蛋白质序列同源，用以说明两个或多个蛋白质或核酸序列具有相同的祖先，同源序列也被称为保守序列，需要注意的是同源序列具有比较高的相似性的序列，反之不一定成立。

同源性是指在分子进化研究中两种或多种核酸序列或蛋白质氨基酸序列之间的相似程度。在物种进化研究中，同源性可以定量描述物种间的亲缘关系，是重构系统发育树的重要手段。同源性常常通过序列的相似性衡量，相似性主要用检测序列与目标序列之间序列一致性来表示。

序列相似性在序列比对中用来描述检测序列和目标序列之间相同核酸碱基或氨基酸残基顺

序占比大小。通常来说，当相似度≥50%时，认为检测序列和目标序列是同源序列；当相似度≤20%时，就难以确定序列间是否具有同源性。同源序列可以被分为直系同源、旁系同源和异同源三类。

直系同源（orthologs）指来自不同物种的同源基因由共同的祖先基因进化而产生，并且典型地保留了与原始基因相同的功能。也就是说，随着进化分支，一个基因进入了不同的物种，并保留了原有功能。

旁系同源（paralogs）指同源基因由基因复制产生，子代基因功能进化出与原始基因相关的功能。

异同源（xenologs）指同源基因通过水平基因转移产生，来源于共生或病毒侵染所产生的相似基因。异同源的产生不是垂直进化而来的，也不是平行复制产生的，而是由于原核生物与真核生物的接触，在跨度巨大的物种间跳跃转移产生的。

如图4-1所示，早期的球状蛋白基因通过基因复制，产生了多个拷贝，而多的拷贝由于受到的选择压力比较小，就会分化出新的功能，如α链基因和β链基因，它们两个基因就是同源基因。直系同源基因，是因为物种的形成而产生的，如蛙、鼠各自都有属于自己的α链基因，称这两个α链基因是直系同源基因，直系同源强调的是在不同的基因组中。旁系同源基因，是由于基因复制产生的，如蛙、鼠的共同祖先里面的球状蛋白基因通过基因复制，产生了α链基因和β链基因这两个基因，那么就说α链基因和β链基因是旁系同源基因。异同源基因，是由水平基因转移产生，如真核细菌基因组中本来没有β链基因，它的产生是由于外来病毒的核酸片段插入。需要注意的是用于分子进化分析中的序列必须是直系同源的，才能真实反映进化过程。同源性是一个二分类指标（定性指标），不能用高低来描述，只能用有无来描述，而相似性可以量化，例如，表述"序列A与序列B的相似度是80%"时，不可以表述为"序列A与序列B的同源性是80%"，而应表述为"序列A与序列B是同源序列"。

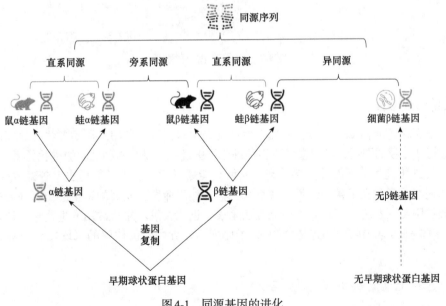

图4-1　同源基因的进化

（二）类群

分类学作为生物学的一个分支，其任务是将生物依据其特征分成不同的类群。然而，受物种不变论影响，人们对生物的分类是根据人的需要划分的，这样一来，很多类群可能仅仅是形态上相似，而亲缘关系甚远。在生物演化思想被系统地提出之后，人们逐渐摆脱物种不变论的影响，开始依据生物间的内在联系来对生物进行分类。

支序分类学特别看重分类类群内各个子类群之间的亲缘关系（系统发育关系）。在支序分类学中，只有由某一共同祖先发出的所有后代构成的类群才是有意义的，其他类群都是没有意义的。为了方便地描述类群的性质，从而确定哪些类群是有意义的，哪些类群是不自然的，并对不自然的类群进行修正，单系群、并系群、复系群这三个概念便应运而生，如图4-2所示。单系群：包含一个共同祖先及其所有后代的集合。并系群：包含一个共同祖先及其部分后代的集合。复系群或多系群：由一些类群组成的集合，但并不包括它们的共同祖先。

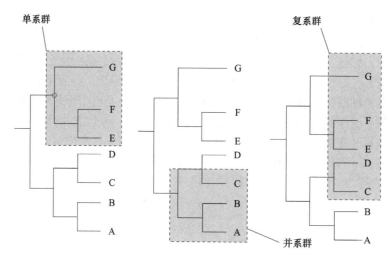

图4-2 类群进化的示意图

三、系统发育树

系统发育树（phylogenetic tree）又称为系统进化树，是一种用来概括各物种之间的亲缘关系，类似树状分枝的图形，可用来描述物种进化历史过程，以及物种之间的进化关系。

生物的进化过程并不能够直接看到，人们只能通过相关线索了解历史上曾经发生的事件，科学家用这些线索建立了各种假说、模型来尝试构建生命发生发展的整个历史。在分类学的研究中，最常用绘制系统发育树的可视化方法来表示进化关系。建树常用的生物学特征包括形态特征和分子特征，其中通过比较生物大分子序列间差异的数值构建的系统发育树称为分子系统树。

（一）系统发育树的基本结构

如图4-3所示，树的最基部为根节点（root node），具有根节点的树，称为有根树，没有根节点的树，称为无根树。从根节点开始生长，每次分出两条枝（branch）。枝生长到一定程度后，再次分枝的点称为内节点（internal node），树的最末端称为叶节点（leaf node）。包含多个叶节点的分枝称为进化枝（clade）。

当赋予该树状结构以生物学意义，才能称其为系统发育树。叶节点代表生物分类群（taxon），如人类。内节点代表假想的祖先（ancestor）。假想的祖先可能在历史中存在，但目前已经灭绝。称为"假想"是因为没有确切的证据去证明这个祖先具体是什么。如图4-3中人类、倭黑猩猩、黑猩猩的汇集内节点代表这三者的共同祖先，这三个分类群称为祖先的后代（descendants）。由于这个内节点距离这三个分类群最近，所以把该节点称为这三个分类群的最近共同祖先（most recent common ancestor，MRCA）。

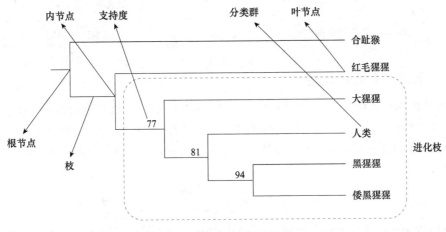

图4-3　系统发育树结构图

枝的长度表示祖先和后代之间的远近。不同的建树方法，枝的长度有不同含义。例如，使用基于距离的方法，枝的长度代表距离；使用进化模型的方法（贝叶斯法或最大似然法），枝的长度代表碱基替换速率。因为用于构建系统发育树的性状、构建系统发育树的方法对枝长影响很大，所以不同的系统发育树之间的距离往往无法直接比较。有些系统发育树的枝长会被忽略掉，此时枝的长度是没有意义的。根节点代表所有分类群的共同祖先。需要注意的是不是所有系统发育树都是有根的，没有根的系统发育树称为无根树。除了以上基础结构，有的系统发育树还包含以下内容。

支持度：内节点有时候会有一个数字，称为支持度（support value），用于代表该分枝结构的可靠程度。值的大小为0～100%。和枝长一样的是，支持度也有不同的计算方法，如bootstrap value、ultra fast bootstrap、后验概率等。值越大，说明越多证据支持该分枝。

外类群（outgroup）：目标分类群之外的分类群。如果目标分类群是人类和黑猩猩，那么可以选用大猩猩作为外类群。外类群一般用于给系统发育树赋根，赋根之后才能从系统发育树上看出演化的先后顺序。

演化时间：如果能够找到明确的历史记录或者化石证据，确切地知道某个已经灭绝的物种曾经存在的时间，就可以用于校正系统发育树的时间。经过校正的系统发育树有时候称为时间树（time tree）。

系统发育树可以随意旋转，从任何一个点发出的枝围着这个点旋转都不改变树的生物学意义，如图4-4所示。

树与网的区别，树上从一点到另一点的路径只有唯一的一条，而网上从一个点到另一个点的路径可以是多条的，如图4-5所示。

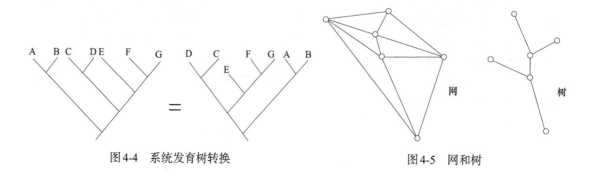

图4-4 系统发育树转换 图4-5 网和树

（二）系统发育树的种类

1. 有根树和无根树 一般用有根树或者无根树来表示基因或生物体的系统发育关系。树的分枝样式形成拓扑结构。对一定的分类群（任何分类单位：属、种、群体和DNA序列等），可能的有根树和无根树的拓扑结构数量庞大。如果一个类群数为m的有根二叉树，其可能的拓扑结构数为

$$1 \cdot 3 \cdot 5 \cdot \cdots \cdot (2m-3) = \frac{[(2m-3)!]}{[2^{m-2}(m-2)!]}, \quad m \geqslant 2 \qquad (4-1)$$

无根树可能的拓扑结构的计算用$m-1$替换公式（4-1）中的m即可。可以通过明显不可能的进化关系或其他信息排除大部分可能的拓扑结构。

2. 基因树和物种树 能够代表一个物种或群体进化历史的系统发育树称为物种树或种群树。因为当某一座位出现等位基因多态性时，从不同物种取样的基因本身分离的时间将比物种分歧时间长，所以用来自各个物种的一个同源基因构建一个系统发育树时，得到的树可能不完全等同于物种树。这种根据基因构建树的分枝结构，称为基因树。同样，检测的氨基酸或核苷酸数目较少，重建的基因树和物种树的分枝式样也可能不同。因此，可以通过取样大量的氨基酸或核苷酸来减少这种错误。

因为区分直系同源和旁系同源基因很困难，所以当研究的基因属于一个多基因家族时，构建的系统发育树有可能会出现问题。构建一个不同物种的系统发育树，应当使用直系同源而不是旁系同源，因为只有直系同源才代表物种形成事件。

3. 期望树、现实树和重建树 在推断系统发育的理论中，经常假设所研究的DNA或蛋白质序列无限长，从中获得的大量核苷酸或氨基酸均是随机取样。用无限长的序列或每一分枝的替代数的期望值构建的树称为期望树。在实际替代数基础上建立的树称为现实树。在所观察到的序列数据的基础上构建的树称为重建树。期望树、现实树和重建树一般是不同的。重建现实树是大多数构建方法的目的，这一类方法包括邻接法、最大简约法和最大似然法等。选择构建树的DNA序列不同，重建树的拓扑结构和分枝长度也将不同，因此，评价物种树或种群树时，应尽量使用多基因。

4. 拓扑距离 通常序列分割的方法可以用来测量两个不同的树之间的拓扑距离（d_T）。对于无根二叉树，这个距离是有差异内部分枝数的2倍。如果2个8序列的树具有相同的拓扑结

构，则$d_T=0$，若所有内部分枝均产生不同的分割，则$d_T=10$。然而，如果比较的2个树具有多歧点，则上述规则不起作用，这种情况下，可以使用安德烈·热茨基（Andrey Rzhetsky）和根井正利（Masatoshi Nei）的普遍性公式计算：

$$d_T=2\left[\min(q_1,q_2)-p\right]+|q_1-q_2| \qquad (4\text{-}2)$$

式中，q_1和q_2分别表示树1和树2的内分枝树；p表示使两树产生相同序列的分割树。当包含多歧点时q_1和q_2可能不同；但对于二叉树，q_1和q_2一般是相同的。

第二节 系统发育树的构建

构建系统发育树的主要步骤是数据准备、序列比对、选择替代模型、选择建树方法、系统发育树的搜索、系统发育树根的确定，以及评估系统发育树和数据，如图4-6所示。

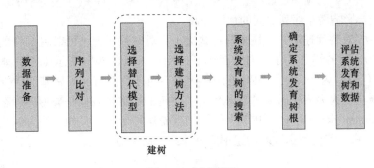

图4-6 建树流程

一、数据准备与序列比对

构建系统发育树是系统发育分析过程中的重要一环，以此来描述不同物种或者基因之间的进化关系。系统发育树可以通过同源DNA的核苷酸序列或者同源蛋白质分子的氨基酸序列实现构建。

通过对原始序列进行比对和校正可以保证序列的同源性和所得系统发育关系的可靠性，使得构建的系统发育树更精确。一般建立一个比对模型的基本步骤包括：①选择合适的比对程序。②从比对结果中提取用于构建系统发育树的数据。其中有效数据的提取，取决于所选择的建树程序如何处理容易引起歧义的比对区域和插入/删除序列。

典型的比对过程包括：首先应用程序比对，然后进行手工比对，最后提交给一个建树程序。这个过程有如下特征选项：部分依赖于计算机，部分需要手工调整；引入先验的系统发育标准，即引入一个前导树；使用先验评估方法和动态评估方法对比对参数进行评估；对基本序列进行比对；应用非统计数学优化。这些特征选项的取舍依赖于系统发育分析方法。目前常用的自动比对序列的软件有ClustalW/X、MAFFT、MUSCLE等。

二、构建系统发育树

构建系统发育树可以通过同源DNA序列或蛋白质分子的氨基酸序列来实现，其具体的步骤是首先选取生物数据（同源DNA序列或蛋白质分子的氨基酸序列数据）与进化距离模型，然后对不同物种DNA或蛋白质的序列进行比对，再应用距离模型和比对结果计算进化距离，最后通过进化距离构建系统发育树。

因此，选择进化距离模型是构建系统发育树的基础，DNA分子中基因的进化距离是通过对核苷酸替代数进行估计获得的。当遗传信息从父代复制到子代时，往往会发生一些改变，这些改变称为突变。突变是DNA进化的动力。常见的突变模式有：替代，即一个核苷酸被另一个核苷酸所替代；插入，即插入一个或多个核苷酸；删除，即删除一个或多个核苷酸。在分析进化时，一般只考虑替代。要估计核苷酸替代数，就必须应用核苷酸替代的数学模型。由于核苷酸替代模型的选择直接影响进化距离的计算，进而对所构建的系统树是否合理起决定作用。

（一）替代模型简介

一般，化学性质相近的碱基之间的替代频率较高。在DNA序列中存在的四种转换（A→G，G→A，C→T，T→C）的频率比颠换（A→C，A→T，C→G，G→T）及它们的反向置换的频率要高。这些偏向会影响两个序列之间的预计分歧。

残基之间的相对替代速率一般用矩阵形式给出：对碱基而言，可以用4×4的矩阵表示，对于氨基酸，用20×20的矩阵表示；对于密码子，用61×61的矩阵表示（这里排除了终止密码子）。以碱基替代模型为例，矩阵中对角元素代表不同序列拥有相同碱基的代价，非对角线元素对应于一个碱基变为另一个碱基的相对代价。固定的代价矩阵就是典型的静态权重矩阵，最大简约法（maximum parsimony，MP）中使用的就是这种矩阵。又如在最大似然法（maximum likelihood，ML）中，代价值由即时的速率矩阵得到，这个矩阵代表了各种替代可能会发生的概率的ML估计值。

1. 核苷酸替代模型　　DNA序列包括多种不同类型的区域，如编码区、非编码区、外显子、内含子、侧翼区、重复序列和插入序列等。由于DNA不同区域受到自然选择的影响程度存在差异，所以DNA不同区段呈现不同的进化模式。即便单独考虑蛋白质编码区，密码子第1、2、3位的核苷酸替代样式也不尽相同。因此，清楚DNA类型和功能就显得尤为重要。这里主要研究蛋白质编码区和RNA编码区，尽管这些区域的进化相对简单，但是通过它们来理解进化的一般规律极为重要。

（1）识别两个序列间的核苷酸序列差异。同一祖先序列传衍的两条后代序列，随时间增长它们的核苷酸差异也随之增加。两条后裔序列中不同核苷酸位点的比例是描述序列分歧大小最简便的测度（$\hat{p}$），并将此测度称为核苷酸间的p距离。

$$\hat{p} = n_d / n \tag{4-3}$$

式中，n_d 表示所检测的两序列间不同的核苷酸数目；n 表示配对的核苷酸总数。

（2）核苷酸替代数的估计。如果序列间亲缘关系较近，可用p距离来估计每个位点上的核苷酸替代数。由于没有考虑回复突变和平行突变，当p距离较大时，估计替代数可能有较大偏差，实际替代数被低估。与氨基酸序列相比，由于核苷酸在序列中只有4种状态，所以该问题对核苷酸序列的估计影响更为严重。

一般应用核苷酸替代的数学模型来估计核苷酸替代数。基于不同的假设，目前提出了不同的替代模型，典型的核酸替代模型有两种：Jukes-Cantor模型、Kimura模型。采用替代率矩阵的形式列在表4-1中。

表 4-1　Jukes-Cantor 模型与 Kimura 模型

Jukes-Cantor 模型	A	T	C	G	Kimura 模型	A	T	C	G
A		α	α	α	A		β	β	α
T	α		α	α	T	β		α	β
C	α	α		α	C	β	α		$\beta\alpha g_c$
G	α	α	α		G	α	β	β	

注：以上替代率矩阵的某一元素（e_{ij}）代表 i 行的核苷酸对 j 列的核苷酸的替代率。g_c 是核苷酸频率。

1）Jukes-Cantor 模型（Jukes et al., 1969）。该模型假定任意位点发生核苷酸替代的频率都是相同的，且每一位点的核苷酸每年转变为其他 3 种核苷酸的概率均为 α。所以，如果 y 为每年每个位点的核苷酸替代率，则每一种核苷酸转变为其他核苷酸的概率为 $y = 3\alpha$。假设每对核苷酸的替代率相同，则 A、T、C 和 G 的期望频率是 0.25。

2）Kimura 模型（Kimura, 1981）。在实际数据中，转换替代速率常高于颠换替代速率。基于此 Kimura 提出一种估计每个位点核苷酸替代数的方法。该模型中，位点转换替代率（α）不同于颠换替代率（2β）。因为 Kimura 模型假设每个核苷酸的平衡频率为 0.25，所以，无论核苷酸初始频率为何，均可应用。这与 Jukes-Cantor 模型类似，使得这两个模型较其他模型应用范围更广。

3）Tajima-Nei 模型。1984 年提出了一种估计替代数的方法。该方法似乎对多种干扰因子均不敏感，其基础之一是等输入模型。等输入模型在 1981 年提出。该方法需要假定核苷酸频率的静态分布，来估计核苷酸替代数。

4）Tamura 模型。如前所述，Kimura 模型中的 4 种不同核苷酸频率最终均将成为 0.25。然而，真实数据中，不同核苷酸频率不等，且 GC 含量常远离 0.5。例如，在果蝇线粒体 DNA 中 GC 含量约为 0.1。考虑到上述情况，1992 年提出了一种估计核苷酸替代数的 Tamura 模型。此模型是将 Kimura 模型扩展到不同 GC 含量的情况。

5）Tamura-Nei 模型（HKY 模型）。这是于 1985 年提出的一种常用于最大似然法构建系统树的数学模型。该模型结合了 Kimura 模型与等输入模型，并考虑转换、颠换和 GC 含量偏倚的情况。然而，该模型中公式十分复杂，故本书不考虑此模型。

除以上 5 种替代模型以外还有：F81、HKY85、F84、TN93、GTR（REV）、UNREST 等模型。下面以人与猕猴的细胞色素 b 基因为例，介绍核苷酸替代数估计。动物线粒体 DNA 中的细胞色素 b 基因是高度保守的，因此常被用于研究亲缘关系较远的动物的进化关系。表 4-2 列出了人与猕猴的细胞色素 b 基因的 10 种不同类型核苷酸对的数目，并分别以密码子第 1、2 和 3 位点列出。

表 4-2　人和猕猴的线粒体细胞色素 b 基因 DNA 序列中观察到的 10 对核苷酸

密码子位置	转换		颠换				相同对				n_d	总数（n）
	TC	AG	TA	TG	CA	CG	TT	CC	AA	GG		
第 1	21	22	5	1	5	4	68	93	100	56	58	375
第 2	20	3	6	1	0	2	140	87	71	45	32	375
第 3	60	16	6	5	49	2	11	122	102	2	138	375
合计	101	41	17	7	54	8	219	302	273	103	228	1125

表4-3列出了4种不同方法得出的核苷酸替代数估计值$\hat{d}$。对第2密码子来说，4种方法所获得的$\hat{d}$值十分接近，$\hat{p}$仅略低于相应的$\hat{d}$值。这表明当$\hat{p}$不大时，不论运用何种方法，同一位点上多重替代是否校正实际上并不影响$\hat{d}$值。虽然第1密码子的$\hat{d}$值已接近第2密码子$\hat{d}$值的2倍，由4种方法获得的估计值$\hat{d}$彼此也差别不大。然而，对于第3密码子，当$\hat{p}$值充分大时，4种方法测得的$\hat{d}$值差别较大，因此多重替代的校正变得尤为重要。

表4-3　人和猕猴的线粒体细胞色素 b 基因中第 1、第 2 和第 3 密码子位置上每位点的核苷酸替代估计值

密码子位置	$\hat{p}$	Jukes-Cantor	Kimura	Tajima-Nei	Tamura-Nei
第 1	15.5±1.9	17.3±2.4	17.8±2.5	18.0±2.6	17.9±2.5
第 2	8.5±1.4	9.1±1.6	9.2±1.7	9.2±1.7	9.3±1.7
第 3	36.8±2.5	50.6±4.9	52.3±5.4	66.5±9.4	87.9±3.9

（3）Γ距离。上述估计进化距离的数学模型都以所有核苷酸位点的替代速率相同作为假设。事实上，位点不同替代速率也会发生变化。例如，在蛋白质编码基因中三个密码子的替代速率是有差异的。相较于其他区，蛋白质活性中心的氨基酸功能制约也会导致氨基酸位点间的替代速率差异。同样，由于RNA功能限制及二级结构的影响，在RNA上也存在替代速率差异的现象。统计分析表明，不同位点替代速率变异近似地服从Γ分布。

因此，适用于核苷酸替代的Γ距离得到了很多学者的重视。普遍意义上，相较于非Γ距离，Γ距离更符合实际，但Γ距离方差更大。所以，要想通过Γ距离来使构建系统树产生结果，需要保证所使用的核苷酸数目非常大，否则Γ距离的效果并不明显。

2. 氨基酸替代模型　　氨基酸替代模型有两种：经验模型、机制模型，两者之间存在差异。经验模型试图描述氨基酸之间的相对替代率，而不考虑影响进化过程的确切因素，通常通过分析从数据库获得的大量序列数据来构建；而机制模型考虑了生物体内的氨基酸替代过程，如DNA中的突变偏差、密码子转化为氨基酸，以及自然选择后对产生的氨基酸的接受或拒绝。机制模型在研究基因序列进化的动力学和机制时更具解释性和实用性。对于重建系统发育树，经验模型似乎也是有效的。

通过在广义时间可逆模型下估计氨基酸之间的相对替代率，建立了氨基酸替代的经验模型。假定从氨基酸i到j的替代率q_{ij}满足平衡条件：

$$\pi_i q_{ij} = \pi_j q_{ji}, \text{对任意} i \neq j \qquad (4-4)$$

式中，π表示平衡氨基酸频率。

（1）经验模型。1979年构建了第一个氨基酸替代的经验矩阵（Barker et al., 1979）。汇集并分析了当时可用的蛋白质序列，用一种简约论证法重建了祖先蛋白质序列并将沿系统发育关系分枝的氨基酸变化制成列表。为了减少多重击中的影响，只使用了与基因座差异小于15%的相似序列。不管长度差异，分枝上的所有推断变异都合并在一起。戴霍夫（Dayhoff）估计了一个称为1个点接受突变（PAM）的转移概率矩阵，用于预期距离，每个位置的平均变化为0.01，这是在瞬时替代率矩阵Q中的符号p（0.01），得到的替代率矩阵称为Dayhoff矩阵。

1992年，Dayhoff矩阵方法分析大量的蛋白质序列数据后，得到了改进。改进后的矩阵称为JTT矩阵（Jones et al., 1992）。

当使用氨基酸交换的经验模型时，分析数据中观察到的频率可以用来取代经验矩阵中的平衡氨基酸频率π_i，这是经验模型的一个变体。

在广义时间可逆模型下，可以使用最大似然法直接从数据集估计替代率矩阵 Q，这与用于估计核苷酸替代模式的方法相同。

（2）机制模型。1998年实施了几个氨基酸替代的机制模型（Yang et al., 1998），这些模型不仅是密码子水平的公式，而且还提供了有关生物过程的见解（即核苷酸之间的不同突变率、密码子三联体到氨基酸的翻译，以及在压力下接受或拒绝氨基酸的蛋白质选择等）。这种基于密码子的氨基酸替代模型称为机制模型。Yang 等提出一种通过计算达到同义状态（即编码相同氨基酸）的同义密码子来构建替代密码子替代模型的马尔可夫过程模型的方法。对20个哺乳动物线粒体基因组的分析表明，这种机制模型比Dayhoff和JTT等经验模型更符合实际数据。部分机制模型与氨基酸的物理化学性质（如分子大小和极性）相结合，假设不同氨基酸之间的交换率较低。使用这些化学物质改善模型适应性的效果并不明显，可能是因为尚不清楚许多化学物质中哪一种最重要，以及它们如何影响氨基酸替代率。为了改进密码子替代模型，需要进行更多的研究来生成更真实的氨基酸替代机制模型。

（3）氨基酸序列进化分析。

1）氨基酸差异和不同氨基酸的比例。蛋白质或肽链的进化研究始于两个或多个氨基酸序列的比较。这些不同的序列来自不同的物种。图4-7显示了人、牛、小鼠、大鼠和鸡的血红蛋白α链的氨基酸序列，不同的氨基酸序列由不同的单字母表示。

人	MVLSPADKTN VKAAW GKVGAH GEYGAEALERMF LSFPTTKTYFP HFDLSHGSAQVKGHGKKV
大鼠	MVLSADDK TN IKNCWGKI GGHGGEYGEEALQRMFAAFPTTKTYFSHIDVSPGSAQVKAHGKKV
鸡	MVLSAADKNNVKGI FTK IAG HA EEYGAETLERMFTTYPPTKTYFPHFDLSHGSAQTKGHGKKV
小鼠	MVLSGEDKSN I KAAWGK I GGHGAEYGAEALERMFASFPTTKTYFPHFDYSHGSAQVKGHGKKV
牛	MVLSAADKGNVKAAWGKVGGHAAEYGAEA LERMFLSFPTTKTYFPHFDLSHGSAQVKGHGAKV

图4-7　不同脊椎动物血红蛋白α链的氨基酸序列

如果所有序列的氨基酸数（n）相同，那么氨基酸差异数（n_d）可以作为比较两个序列之间差异程度的简单度量。事实上，当比较许多序列时，氨基酸序列通常包含插入或删除（图4-7）。在这种情况下，在计算n_d时一定要去掉所有的缺失和插入间隔。否则，在比较不同序列对时计算的n_d是没有意义的。

实际上，不同蛋白质间序列分歧更方便的测度是两个序列间有差异的氨基酸所占的比例。即使n随不同序列而变化，该比例值（p距离，$\hat{p}$）也可用于比较序列间的分歧程度。由于所有氨基酸的位置都以相同的概率替代，因此n_d遵循二项分布。

在图4-7的示例中，去除所有间隙后，可比较氨基酸位置的总数为140。所以在这个例子中$n=140$。n_d值出现在表4-4的上对角矩阵中，很容易计算出$\hat{p}$在下对角矩阵中。如果比较的物种关系密切（如人类和鸡），$\hat{p}$值较大。这表明，随着两个物种的分歧时间的增加，氨基酸的替代数增加，但$\hat{p}$与分歧时间（t）并不严格成正比（图4-8）。

表4-4　不同脊椎动物血红蛋白 α 链中不同氨基酸的数目（上对角矩阵）及不同氨基酸的比例（下对角矩阵）

	人	牛	小鼠	大鼠	鸡
人		16	20	25	42
牛	0.113		19	32	41
小鼠	0.141	0.134		22	41

续表

	人	牛	小鼠	大鼠	鸡
大鼠	0.176	0.225	0.155		50
鸡	0.296	0.289	0.289	0.352	

注：计算排除了缺失和插入，使用氨基酸总数为140。

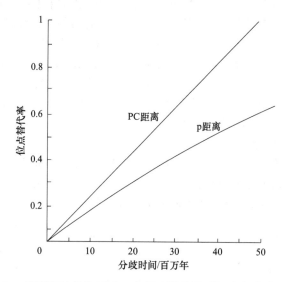

图4-8　p距离和泊松校正（PC）距离随分歧时间（t）变化的关系

2）泊松校正（PC）距离。当多个氨基酸替代发生在同一位点时，$\hat{p}$和t之间存在非线性关系，n_d偏离实际氨基酸的替代数量逐渐增加。泊松分布是用来更准确地估计替代次数的方法之一。r是特定位置氨基酸替代的年速率（为简单起见，假设所有位置的r都相同），t年后，每个位置的氨基酸替代的平均数rt。一个给定位点氨基酸替代数为k（$k=1，2，3，\cdots$）的概率遵循泊松分布，即

$$p(k: t)=\mathrm{e}^{-rt}(rt)^{k}/k! \tag{4-5}$$

因此，氨基酸在特定位置保持不变的概率为$p(0: t)=\mathrm{e}^{-rt}$。如果多肽链的氨基酸为n，则不变氨基酸的预期值为$n\mathrm{e}^{-rt}$。

事实上，祖先物种的氨基酸序列尚不清楚。因此，氨基酸替代的数量只能通过进化比较两个已经分化了t年的同源序列来估计。由于序列中无氨基酸替代的概率为e^{-rt}，因此两个序列中两个同源位点均无替代的概率为

$$q=\mathrm{e}^{-2rt} \tag{4-6}$$

$q=1-p$，所以这个概率也可以通过$1-\hat{p}$来估计。在公式中，$q=\mathrm{e}^{-2rt}$是近似值，因为不考虑反向突变和平行突变（由两个不同进化系的发生引起的同源氨基酸的相同突变）。当然，除非$\hat{p}$相当大（>0.3），否则上述突变的影响通常可以忽略。

如果采用公式（4-7），则两个序列之间每个位点的氨基酸替代总数（$d=2rt$）为

$$d=-\ln(1-p) \tag{4-7}$$

在分子进化研究中，经常需要知道氨基酸的替代率（r）。如果两个序列之间的分化时间t已知于其他生物信息，则该比率的估计值为

$$\hat{r}=\hat{d}/(2t) \tag{4-8}$$

注意这里$\hat{d}$被$2t$除，而不是t，因为速率指的是一条进化线的速率。如果使用$\hat{p}$代替p，则可以获得d的估计值$\hat{d}$。同时，$\hat{d}$的方差为

$$V(\hat{d})=p/[(1-p)\times n] \tag{4-9}$$

上述方法被称为解析法获得方差。

3）自展法的方差和协方差。有几种方法可以估计两个序列之间氨基酸替代的数量。事实上，每个模型都是对真实情况的模拟，只提供氨基酸的近似替代数。因此，上述估计距离方差的分析公式也是近似的。当使用最小二乘法估计由多个序列构建的系统发育树的分枝长度时，还需要获得不同序列之间距离方差和协方差的估计。解决这个问题的一种简便方法是使用自展法来计算各种距离度量的方差和协方差。自展法不需要假设$\hat{d}$值的分布，只需要每个位点独立进化。

假设有3个序列在进化上是相关的，它们都含有n个氨基酸：

$$
\begin{aligned}
&x_{11},\ x_{12},\ x_{13},\ x_{14},\ \cdots,\ x_{1n}\\
&x_{21},\ x_{22},\ x_{23},\ x_{24},\ \cdots,\ x_{2n}\\
&x_{31},\ x_{32},\ x_{33},\ x_{34},\ \cdots,\ x_{3n}
\end{aligned} \tag{4-10}
$$

式中，x_{ij}表示第i个序列的第j个位点上的氨基酸。对序列1、2，序列1、3和序列2、3分别计算$\hat{q}$值，即$\hat{q}_{12}$、$\hat{q}_{13}$和$\hat{q}_{23}$。把$\hat{q}_{ij}$代入公式，便获得序列i和j的PC距离（$\hat{d}_{ij}$）。

当使用自展法计算方差和协方差时，从原始数据集中生成包含n个氨基酸的3个序列的随机样本。使用伪随机数从原始数据集中随机选择随机样本，并用列替换，以形成自展重复采样数据集。一旦获得随机样本，就可以为3对序列中的每一对计算距离估计值。重复此B次以生成B个距离值$\hat{d}$。$\hat{d}_b$表示第b次自展重复采样的$\hat{d}$值，然后使用公式（4-11）计算引导方差：

$$V_B(\hat{d})=\frac{1}{B-1}\sum_{b=1}^{B}(\hat{d}_b-\bar{d})^2 \tag{4-11}$$

式中，$\bar{d}$表示所有重复抽样$\hat{d}_b$的平均值。一般来说，计算$V_B(\hat{d})$可做约1000次重复抽样（$B=1000$）。

自展法通常基于所有基因座都独立进化的假设。当基因座总数较低时，这种假设通常不成立。如果基因座的总数很大（$n>100$），这个假设可以成立，因为大多数以不同速率替代的基因座会出现在每个自展样本上。

自展法的优点是，当没有可用的数学公式时，可以计算方差和协方差，并且可以提供比近似数学公式更好的估计。它可以使用相同的标准统计公式轻松计算任何距离度量的方差和协方差。然而，当原始样本太小且有偏差时，这种偏差无法通过自展消除。在这种情况下，分析方法将产生比自展法更精确的方差和协方差。

表4-5列出了由解析法和自展法算出的PC距离（$\hat{d}$）的标准误，自展法重复了1000次。它们均基于图4-7的血红蛋白α链数据。表4-5列出了上述数据集的$\hat{d}$值。显然，由上述两种方法所获得的标准误基本是一致的。对p和Γ距离，用上述两种方法也可以获得几乎相等的标准误。因此，用自展法估计进化距离的标准误是合适的。

表4-5 解析法估算的PC距离的标准误（下对角矩阵）及自展法估算的PC距离的标准误（上对角矩阵）

	人	马	牛	鲤鱼
人		0.031	0.031	0.082
马	0.031		0.030	0.081
牛	0.031	0.030		0.079
鲤鱼	0.082	0.081	0.079	

（二）模型的选择

在构建系统发育树之前，通常会评估矩阵的最佳替代模型。最佳替代模型并不总是参数最多的模型。因为估计每个参数会引入一个相关变量，从而增加总体可变性，有时甚至会抑制模型。有了估计的替代参数，可以通过比较获得的似然分数和更多或更少的参数来确定简化模型是否合理。目前，选择模型较好的方法是似然比检验。熟悉各种建树模型的优缺点，根据数据的特点使用不同的模型，可以减少建树过程中的偏差。

常用的软件有ModelTest、MrModelTest、jModelTest等。ModelTest包含56个DNA替代模型，MrModelTest包含MrBayes中提供的24个模型，jModelTest包含88个模型。

三、系统发育树的建树方法

四种主要的构建方法是距离矩阵法、最大简约法、最大似然法和贝叶斯法，如图4-9所示。最大似然法检查数据集中序列的多重比对结果，并优化具有特定拓扑和分枝长度的系统发育树。这种系统发育树可以以最大的概率得到经过检验的多重比对结果。距离树检查数据集中所有序列的成对对齐结果，并通过序列之间的差异确定系统发育树的拓扑结构和分枝长度。最经济的方法是检查数据集中序列多重比对的结果，优化的系统发育树可以用最少的离散步骤解释多重比对中的碱基差异。

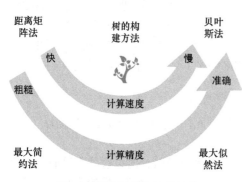

图4-9 四种计算方法的比较

距离矩阵法只是计算两个序列之间的差异数。这个数量被视为进化距离，其确切大小取决于进化模型的选择。然后运行聚类算法，从最相似的序列（即两个序列之间的最短距离）开始，通过距离值的平方矩阵计算实际系统发育树，或者通过最小化系统发育树的总分枝长度来优化。用最大简约法构建系统发育树的基本原理是需要用最小的变化来解释所研究分类群之间观察到的差异。最大似然法评估所选进化模型产生实际观测数据的可能性。进化模型可以简单地假设所有核苷酸（或氨基酸）相互转化的概率相同。该程序将所有可能的核苷酸轮流放置在树的内节点上，并计算每个这样的序列产生实际数据的可能性（如果两个姐妹分类群都有核苷酸"A"，那么，如果假设原始核苷酸是"C"，得到当前"A"的概率比假设原始核苷酸是"A"的概率小得多）。所有可能的再现（不仅仅是比较可能的再现）的概率求和，以产生特定位点的似然值，然后这个数据集所有比对位点的似然值之和就是整个进化树的似然值。

（一）距离矩阵法

距离矩阵法基于每对物种之间的距离，其计算通常很简单，结果树的质量取决于距离尺度的质量。距离通常取决于遗传模型。

首先，通过不同物种之间的比较，根据一定的假设（进化距离模型）导出分类群之间的进化距离，并建立进化距离矩阵构建。系统发育树的构建基于该矩阵中的进化距离关系。这里的遗传距离是所有对运算分类单元（OTU）之间的距离。通过聚类，可以利用这些距离对运算分类单元的表型意义进行分类，这可以被视为识别具有相似运算分类单元群体的过程。根据进化距离构建系统发育树的方法有很多，常用的方法如下。

1. 平均连通性聚类法（UPGMA） 该方法将类间距离定义为两类成员所有成对距离的平均值，广泛应用于距离矩阵中。通过模拟构建系统发育树的不同方法，发现当树的所有分枝的突变率相同时，UPGMA通常会给出更好的结果。必须强调的是，突变率相等（或几乎相等）的假设对UPGMA的应用非常重要。其他建模研究表明，当分枝的突变率不相等时，该方法的结果并不令人满意。当每个分枝的突变率相等时，分子钟就被认为起作用了。

UPGMA法计算原理和过程：根据已求得的距离系数，所有比较的运算分类单元的成对距离构成一个 $t \times t$ 方阵，即建立一个距离矩阵 M。对于一个给定的距离矩阵，寻求最小距离值 D_{pq}。定义类群 p 和 q 之间的分枝深度 $L_{pq} = D_{pq}/2$。若 p 和 q 是最后一个类群，则聚类过程完成，否则合并 p 和 q 成一个新类群 r。定义并计算新类群 r 到其他各类群 i（$i \neq p$ 和 q）的距离 $D_{ir} = (D_{pi} + D_{qi})/2$。回到第一步，在矩阵中消除 p 和 q，加入新类群 r，矩阵减少一阶，重复进行直至达到最后归群。

2. 最小二乘法（LS） 将两两距离矩阵作为给定数据，通过尽可能接近的距离匹配来估计树上的分枝长度，即最小化给定距离差和预测距离差的平方和。预测距离计算为连接两个物种的路径上的分枝长度之和。距离差平方和的最小值是树和数据（距离）之间的相似性度量，可以用作树的分数。

设物种 i 和 j 之间的距离为 d_{ij}，树上物种 i 到 j 间通路的枝长和为 $\hat{d}_{ij}$。根据LS对所有独立的 i 和 j 对求距离差平方 $(d_{ij} - \hat{d}_{ij})^2$ 的最小值，使得这棵树与距离之间的拟合尽可能的近。例如，对线粒体数据在 k80 模型下计算成对距离（表4-6）作为观测数据。现在，考虑人、黑猩猩、大猩猩、猩猩及它们的5个枝长 t_0、t_1、t_2、t_3、t_4（图4-10）。

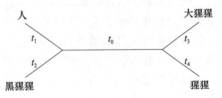

图4-10 估计枝长的最小二乘标准的示意图

表4-6 线粒体DNA序列的成对距离

	人	黑猩猩	大猩猩	猩猩
人				
黑猩猩	0.0965			
大猩猩	0.1140	0.1180		
猩猩	0.1849	0.2009	0.1947	

在这棵树上，人类和黑猩猩之间的预测距离是 $t_1 + t_2$，人类和大猩猩之间的预测距离是 $t_1 + t_2 + t_3$，依此类推。那么距离差的平方和为

$$S=\sum_{i<j}(d_{ij}-\hat{d}_{ij})^2=(d_{12}-\hat{d}_{ij})^2+(d_{14}-\hat{d}_{14})^2+(d_{23}-\hat{d}_{23})^2+(d_{24}-\hat{d}_{24})^2+$$
$$(d_{34}-\hat{d}_{34})^2$$

$$（4\text{-}12）$$

S是5个枝长t_0、t_1、t_2、t_3、t_4的函数。最小S的分枝长度值由LS估计：$\hat{t}_0=0.008\ 840$，$\hat{t}_1=0.043\ 266$，$\hat{t}_2=0.053\ 280$，$\hat{t}_3=0.058\ 908$，$\hat{t}_4=0.135\ 795$。相应的树得分为$S=0.000\ 0354\ 7$。其他两棵树也可以进行类似的计算。另外两棵二叉树往往是星形树，内枝长度估计为0。对于人类、黑猩猩、大猩猩和猩猩来说，S最小的树被称为LS树，这是对真实系统发育关系的LS估计。

由LS确定的树使用相同的准则来估计分枝长度，并在散点图中计算$y=a+bx$的直线。如果分枝长度不受约束，则可通过求解线性方程获得解析解。无约束方法是一种很好的树重建方法，但分枝长度没有很好的定义。一些模拟研究表明，将分枝长度限制为非负值将改善树重建，大多数计算机程序在实现LS时不使用约束。值得注意的是，当估计的分枝长度为负数时，它们在大多数情况下实际上接近于0。

3. 邻接法（neighbor-joining method，NJ） 这种方法通过确定最近的（或相邻的）成对分类群来最小化系统发育树的总距离。相邻意味着两个分类群在一棵无根分叉树中仅由一个节点连接。通过将相邻点顺序合并成新的点，可以建立相应的拓扑树。在重建系统发育树时，它取消了UPGMA方法的假设，即进化分枝中的分歧数量可能不同。目前的计算机模拟表明，它是基于距离数据重建系统发育树的最有效方法之一。它的优点是重建的树相对准确，假设少，计算速度快，只需要一棵树。缺点是序列上的所有位点都被同等对待，并且分析序列的进化距离不能太大。因此，NJ适用于进化距离小、信息位点少的短序列。在远程建树中，常采用邻接连接法。

（二）最大简约法

最大简约法（maximum parsimony，MP）涉及的遗传假设较少，是通过寻求物种间最小数量的变化来实现的。它起源于形态学特征的研究，现已扩展到分子序列的进化分析。最大简约法的理论基础是奥卡姆剃刀哲学原理，该原理指出，解释过程的最佳理论是需要最少假设的理论。计算所有可能的拓扑结构，并计算所需替换数最少的拓扑结构作为最优树。

在尽量减少进化事件的数量时，简约法隐含地假设这样的事件是不可能的。如果进化时间框架中的碱基变化数量很少，那么简约是合理的，在有大量变化的情况下，随着使用更多数据，简约法可能会给出一个实际上更不正确的系统发育树。

最大简约法的优点：在处理核苷酸或氨基酸替换时，最大简约法不需要引入假设（替换模型）。此外，最大简约法还可用于分析一些特殊的分子数据，如插入、删除和其他序列。缺点：当所分析的序列中存在许多反向突变或平行突变，且待检测的序列位点数量相对较少时，最大简约法可能会给出不合理或错误的系统发育树推导结果。

（三）最大似然法

最大似然法（maximum likelihood，ML）的特点是对模型的高度依赖，它计算复杂，但为统计推断提供了基础。在基因频率数据分析中，最早将最大似然法应用于系统发育分析，后来又引入了基于分子序列的分析方法。在最大似然分析中，选择一个特定的替代模型来分析给定的序列数据集，使得到的每个拓扑的似然比为最大值，然后选择似然比最大的拓扑结构为最优树。在最大似然法的分析中，所考虑的参数不是拓扑结构，而是每个拓扑结构的分枝长度，分枝长度是根据似然的球面最大值估计的。最大似然法的树构建过程是一个非常耗时的过程，因为在分析过程中有大量的计算，并且每个步骤必须考虑内节点的所有可能性。最大似然法也是一种相对成熟的参数估计统计方法，具有良好的统计理论基础。当样本量较大时，最大似然法可以得到参数统计的最小方差。为了使用最大似然法推断一组序列的系统发育树，必须首先确定序列进化模型，如Kimura模型和Jukes-Cantor模型。在合理选择进化模型的情况下，ML是符合进化事实的最佳树构建算法。缺点是计算量大且耗时。只要使用合理、正确的替代模型，最大似然法就能得到良好的系统发育树结果。

（四）贝叶斯法

贝叶斯法又称为朴素贝叶斯法（naive Bayes，NB），是近年来发展起来的一种新的系统发育分析方法，它利用贝叶斯推理来预测系统发育史。它大大缩短了计算时间，不仅保留了最大似然法的基本原理，还引入了马尔可夫链蒙特卡罗法（Markov chain Monte Carlo，MCMC）来模拟系统发育树的后期概率分布。贝叶斯方法使用马尔可夫链蒙特卡罗法，根据各种分子进化模型，生成所有参数的后验概率估计，包括拓扑、分枝长度和代理模型参数的估计。该方法不仅可以直接量化模型的参数，还可以分析大型数据集，使用后验概率来表示每个分枝的可信度。

贝叶斯法的优点在于：推导系统发育树，评估系统发育树的不确定性，根据化石记录计算发散时间，以及检测分子钟。贝叶斯法得到的系统发育树不需要自展法进行检验，其后验概率直观地反映了系统发育树的可信度，是一种很好的系统发育分析方法。现有的理论和各种模型利用概率来重建系统发育关系，克服了最大似然法计算速度慢、不适合大数据集样本的缺点。它类似于最大似然法，它选择一个进化模型，然后通过程序搜索与模型和序列数据一致的最佳系统发育树。但二者的基本区别在于，贝叶斯法通过对数据和进化模型的最大拟合概率得到系统发育树，而最大似然方法通过观测数据的最大概率拟合系统发育树。贝叶斯法给出了模型的概率，而最大似然方法给出了数据的概率；贝叶斯法给出一组似然近似相等的系统发育树，最大似然方法搜索一个最可能相似的系统发育树。此外，贝叶斯分析结果在系统发育树分枝上的数值表明了分枝的概率，通过贝叶斯法，可以使用复杂的碱基替代模型快速有效地分析大型数据。

（五）四种计算方法的比较

从计算速度来看，最快的是距离矩阵法，几十个序列可以在几秒钟内完成。第二是最大简约法，最大似然法要慢得多，最慢的是贝叶斯法。然而，就计算精度而言，最慢的贝叶斯法是最准确的，最快的距离矩阵法是最粗糙的。从实用角度来看，建议采用最大似然法，因为这种方法在速度和精度方面相对温和。

四、系统发育树的搜索、根的确定及评估系统发育树和数据

（一）系统发育树的搜索

系统发育树的数量随着分类群的增加呈指数级增长，这是一个庞大的数字。由于计算能力的限制，通常只能搜索一小部分可能的系统发育树。搜索的数量主要取决于分类群数量、优化标准、参数设置、数据结构、计算机硬件和计算机软件。

要找到最优系统发育树，有两种方法可供选择：穷举和分枝跳跃（BB）。但对于非常大的数据集来说，这两种方法都是不切实际的。穷举法会对每一棵可能的系统发育树进行评估，而BB方法则通过逻辑方法来确定哪些系统发育树值得评估，从而提供了比穷举法更快的搜索速度。通常来说，超过20个分类群的数据集很少采用BB方法。大多数分析方法使用启发式搜索，即搜索类似的次优系统发育树组合，然后从中找出最优解。不同的算法在搜索这些次优组合时具有不同的精度。效率最高的算法只检查相邻终端的较小重排列，因此倾向于找到最接近最优解的组合。

为了降低搜索成本，最佳方法是减少数据集的规模。选择优化搜索策略的因素非常复杂，涉及数据量、数据结构、时间限制、硬件和分析目的等多方面的考虑。因此，搜索的用户必须对数据非常熟悉，有明确的目标，并了解各种搜索程序以及自己使用的硬件设备和软件的能力。

除了上述常用方法外，还有许多其他用于构建和搜索系统发育树的方法。其中包括Wagner距离方法和邻接法（距离转换方法）、Lake的不变方法（基于特征码的方法，选择包含重要正数的拓扑结构以支持横向转换）、Hadamard结合法（对距离数据或观察到的特征符进行修正的精细代数方阵方法）、分解法（该方法确定数据中的哪种基于距离的可选拓扑结构）、四重奏迷惑（quartet puzzling）方法（可以应用于最大似然树构建方法，是一种较快的系统发育树搜索算法）。

（二）确定系统发育树的根

评估系统发育树时，通常需要确定系统发育树的根（即发育树的进化极性）。上述提到的建树方法得到的是无根树，因此需要进行根的确定，这是一个比较复杂的问题。确定发育树的根有多种方法。其中一种常用的方法是在分析中引入一个重复的基因。如果来自大多数或所有物种的平行基因都被包含在分析中，那么从逻辑上讲，可以将树的根放在平行基因树的交叉点上，前提是发育树中没有过长的枝条。这种方法能够帮助确定根的方向和位置，从而为进一步评估发育树提供了基础。然而，树的根的准确性仍然取决于数据集的特点和分析的假设。

（三）评估系统发育树和数据

现有一些程序可用于评估数据中的系统发育信号以及发育树的稳健性。在评估系统发育信号方面，最常用的方法是通过比较原始数据与随机数据的结果来进行对比实验（如倾斜实验和置换实验）。倾斜实验和置换实验可以帮助确定原始数据中的系统发育信号是否与随机噪声不同。通过这种比较，我们可以评估数据中存在的真实系统发育信号的可靠性。在评估发育树稳健性方面，常用的方法是对观察到的数据进行重采样，以进行系统发育树的支持实验。这些实验通常使用非参数的自助法和折叠方法。自助法和折叠方法可以通过重新抽样观测数据集的方式来评估发育树的支持程度。通过对重采样数据集构建多个发育树，并将它们与原始树进行比较，我们可以得到对发育树支持度的估计。此外，似然比实验也可以用来评估替代模型和发育树之间的比较。通过比较不同模型和发育树的似然值，我们可以确定最佳的模型和发育树解释数据的能力。

第三节 系统发育树的应用

一、常用构建系统发育树的软件

根据建树方法的不同可以将系统发育树分为NJ树、MP树和ML树。根据不同的系统发育树可以选择对应的软件（表4-7）。

表4-7　常用分子进化与系统发育的软件

软件	网址	说明
ClustalX	http://www.clustal.org/	图形化的多序列比对工具
ClustalW	http://www.clustal.org	命令行格式的多序列比对工具
GeneDoc	http://nrbsc.org/gfx/genedoc/	多序列比对结果的美化工具
MEGA	http://www.megasoftware.net/	图形化、集成的进化分析工具，不包括ML
PAUP	http://paup.csit.fsu.edu/	商业软件，集成的进化分析工具
PHYLIP	http://evolution.genetics.washington.edu/phylip.html	免费的、集成的进化分析工具
PHYML	http://atgc.lirmm.fr/phyml/	较快的ML建树工具
PAML	http://abacus.gene.ucl.ac.uk/software/paml.html	ML建树工具
Tree-puzzle	http://www.tree-puzzle.de/	较快的ML建树工具
MrBayes	http://mrbayes.sourceforge.net/	基于贝叶斯方法的建树工具
MAC5	http://www.agapow.net/software/mac5/	基于贝叶斯方法的建树工具
TreeView	https://treeview-x.en.softonic.com/	进化树显示工具

构建NJ系统发育树，可以使用PHYLIP或MEGA软件。MEGA是一款图形软件。操作界面非常友好。虽然多重序列比对工具ClustalW/X也附带了一个NJ树构建程序，但该程序只有一个p距离模型，而且构建的树不够精确，因此通常不用于构建系统发育树。

构建MP树的最佳工具是PAUP，但该程序是一个商业软件，不能免费用于科学研究。MEGA和PHYLIP也可用于构建MP树。

构建ML树推荐使用PHYML，运行速度相较于其他软件更快。构建ML树也可以使用PAUP、Tree-puzzle、PHYLIP（或BioEdit）构建。

二、基于序列数据构建发展树

通常，系统发育树可以通过核酸序列或蛋白质序列来构建。如何确定要选择的序列？通常，当两个核酸序列之间的相似性大于70%时，选择该核酸序列。如果小于70%，则可以选择蛋白质序列。

（一）基于基因序列构建系统发育树

基于基因序列构建系统发育树的方法已在上文介绍，这里不再赘述。

（二）基于全基因组SNP和全基因组核心基因构建系统发育树

使用全基因组水平上不同样本的SNP绘制一棵树。优点：包括基因区和基因间区；绘制的树分辨率高，稳定性好；缺点：排除InDel变更。

步骤：①数据下载及转化；②参考基因组选择；③识别SNP；④构建系统发育树。

（三）基于蛋白质氨基酸序列构建系统发育树

蛋白质作为生物功能的物质承担者，其序列中隐含生物表型的信息，且氨基酸序列比DNA序列更为保守，能为物种的进化提供更为有用和稳定的信息。基于氨基酸序列建树的步骤如下。

1. 蛋白质序列获取　在 GenBank（http://www.ncbi.nlm.nih.gov/genbank/）、UniProt（https://www.uniprot.org/）数据库上检索蛋白质序列，获取蛋白质序列。

2. 多序列比对　通过序列比对软件，对蛋白质氨基酸序列进行多序列比对，去除两端不对齐的部分。例如，利用ClustalW软件，使用默认参数，对蛋白质序列进行多序列比对。

3. 构建系统发育树　将序列比对软件比对后的数据，导入建树软件，选择合适的建树方法，生成系统发育树。例如，利用IQ-TREE构建系统发育树。使用最大似然法，设置自动测试546种替代模型，选用最优替代模型。

4. 绘制系统发育树　将建树软件生成的文件，导入系统发育树绘制软件中，可完成可视化、剪枝等操作，生成最终结果。例如，利用iTOL，绘制系统发育树，删除自展值低于70的分枝。

案例分析：基于全基因组序列的新型冠状病毒 （SARS-CoV-2）多算法系统发育树分析

新型冠状病毒（SARS-CoV-2）作为一种RNA病毒，具有高突变率的特征，自2019年新型冠状病毒肺炎（COVID-19）（现称为新型冠状病毒感染）发生以来，病毒基因组已出现了一定程度的突变。

SARS-CoV-2属于β-CoV属，其引起的新冠疫情被认为是过去20年来继严重急性呼吸综合征（SARS）和中东呼吸综合征（MERS）之后的第三次重大冠状病毒疫情。冠状病毒是单链RNA病毒，可引起呼吸道，胃肠道和神经系统疾病。SARS-CoV-2基因组中的适应性突变可以改变其致病潜力，同时会增加药物和疫苗开发的难度。通过进化分析对其进行分类，可以辅助分析病毒传染源。

一、SARS-CoV-2 基因组序列获取

用于分析的SARS-CoV-2基因组序列全部从GenBank获取。以此前报道的与SARS-CoV-2相似度最高的蝙蝠病毒RaTG13基因组序列作为外类群。

二、SARS-CoV-2 系统发育树构建

利用BioEdit和ClustalX对45个SARS-CoV-2基因组序列和蝙蝠RaTG13病毒基因组序列进行比对分析，删除头尾不整齐片段。分别用PAUP采取最大简约算法，MrBayes采取贝叶斯算法，MEGA-X采取邻接法（NJ）构建系统发育树，比对分析所有系统发育树中的相同或相似分枝结构如图4-11所示。

三、SARS-CoV-2 系统发育树分析

从图4-11中可以看出，由于病毒进化时间较短，序列差异较小，用不同算法所构建的系

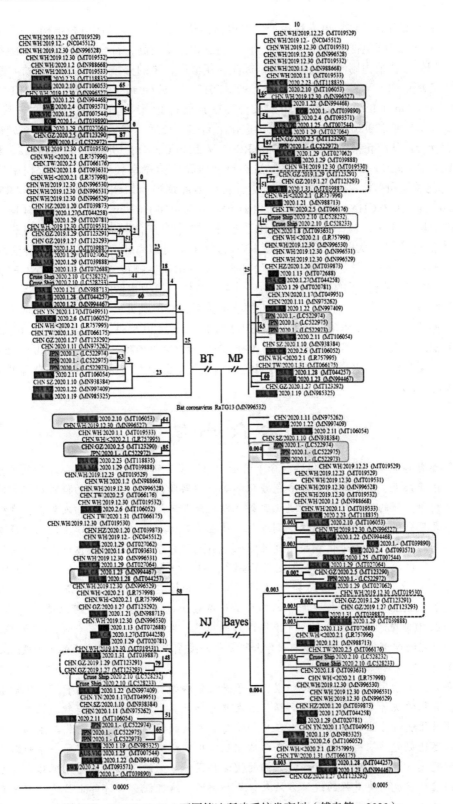

图4-11　SARS-CoV-2不同算法所建系统发育树（傅奇等，2020）

统发育树中大部分分枝结构可靠性较低，但也存在部分自展值较高的分枝结构。4个系统发育树中，大部分武汉病例样本均聚合在同一枝，病毒相似度较高，符合传染规律。各系统发育树中相同或相似分枝结构用同一颜色背景框标注，相似度较高的分枝有7簇。日本的4例病例中，2019-nCoV/Japan/TY/WK-501/2020（LC52297）、2019-nCoV/Japan/TY/WK-521/2020（LC522975）和2019-nCoV/Japan/TY/WK-012/2020（LC522973）很好地聚合在一枝，与另一病例2019-nCoV/Japan/KY/V-029/2020（LC522972）进化距离相对较远，表明前3例感染关系较近，与编号规则相吻合。从邮轮乘客采集的样本SARS-CoV-2/Hu/DP/Kng/19-020（LC528232）和SARS-CoV-2/Hu/DP/Kng/19-027（LC528233）虽然自展值和后验概率较低，但在4棵树中均聚合在一枝，进化关系可靠，表明感染关系较近，符合实际情况。广州2例感染样本SARS-CoV-2/IQTC02/human/2020/CHN（MT123291）和SARS-CoV-2/IQTC03/human/2020/CHN（MT123293）在4棵树中均聚合在一枝，且PAUP所建系统发育树中自展值较高，分类结构可靠，感染关系与样本信息相符。从以上感染源相近样本的分类中可以看出，用不同算法构建系统发育树，筛选相似结构的方法存在可行性。除可通过美国国家生物技术信息中心（NCBI）信息明确判断存在较近感染关系的样本外，另有5个在4棵树中结构相似的分类群，且部分分类簇自展值或后验概率相对较高，可能存在相近的感染关系，有待验证。其中，韩国、瑞典、澳大利亚的首例感染者样本（SNU01、SA-RS-CoV-2/01/human/2020/SWE、Australia/VIC01/2020）与美国加利福尼亚州第2例感染者样本（2019-nCoV/USA-CA2/2020）序列在BT（bootstrap tree）、MP、Bayes树中较好地聚合在一枝，在NJ树中进化关系也较近，表明这4例感染者可能存在交集（傅奇等，2020）。

本 章 小 结

在20世纪60年代，蛋白质化学和分子遗传学的进步为研究生物进化提供了新的手段。氨基酸测序、核酸杂交、区域凝胶电泳和免疫化学等一些实验技术，为进化的模式和机制的研究带来了新的视角。新的概念，如分子进化时钟，以及意想不到的分子现象的发现，如真核生物基因组中重复序列的存在，使人们认识到进化可能在有机体和分子水平上以不同的速度发生，并且基于不同的机制。随着进化相关研究的深入，引发了分子进化和有机体进化的对抗，其中最激烈的对抗集中在灵长类动物和人类之间的关系，以及分子进化的中立理论上。到20世纪80年代和20世纪90年代，大型蛋白质和DNA序列数据库的构建，以及基于计算机的统计工具的发展，促进了分子生物学和进化生物学的结合。虽然分子进化的当代形式可以追溯到过去50年，但该领域在20世纪的实验生命科学中有着深厚的根基。对于科学史学家来说，分子进化的起源和巩固为研究科学探讨、技术进步与科学知识之间的关系以及科学与更广泛的社会关注之间的联系开辟了一个重要的领域。

近年来，由于序列数据的快速积累，分子进化领域经历了爆炸式的增长。大规模基因组数据也需要更强的统计方法来分析和解释，这在概念和计算上都是非常具有挑战性的。本节包括经典分子进化统计方法。与此同时，在生物信息学发展的推动下，分子进化与生物信息相结合的领域也迅速崛起。基因表达进化、蛋白质相互作用网络进化、协同进化等一系列新概念是该领域的研究热点。近年来，由于序列数据的快速积累，分子进化领域经历了爆炸式的增长。大规模基因组数据也需要更强的统计方法来分析和解释，这在概念和计算上都是非常具有挑战性的。本节包括了经典分子进化统计方法。与此同时，在生物信息学发展的推动下，分子进化与生物信息相结合的领域也迅速崛起。基因表达进化、蛋白质相互作用网络进化、协同进化等一系列新概念是该领域的研究热点。从对一种蛋白质进化的单一研究，发展到了与该蛋白质相关的各个网络或表达的进化的研究。蛋白质的进化速度显然与其重要性显著相关。从蛋白质相互作用网络的角度来看，网络中的程度也与其重要性有关。比较基因组学还提供了有关网络动力学的新数据，为理解分子进化的定量进化提供了新的方向。当然，这也需要更多关于网络动力学和结构的新理论。

（本章由张帆编写）

第五章　计算表观遗传学

第一节　基因组的DNA甲基化及数据分析

一、DNA甲基化

（一）DNA甲基化与CpG岛

DNA甲基化（DNA methylation）是一种发生在DNA序列上的化学修饰，可以在转录及细胞分裂前后稳定地遗传。DNA甲基化是重要的表观遗传修饰之一。

1. DNA甲基化　在哺乳动物中，60%~90%的CpG二核苷酸是甲基化的，其中的p代表连接脱氧胞嘧啶核苷和脱氧鸟嘌呤核苷的磷酸基团。非甲基化的CpG二核苷酸聚集成簇形成所谓的CpG岛（CpG island，CGI）。在哺乳动物细胞中，DNA甲基化主要发生在CpG二核苷酸中胞嘧啶的第五位碳原子上，这样的胞嘧啶也叫作5-甲基胞嘧啶（5mC），其化学式如图5-1所示。

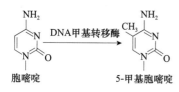

图5-1　DNA甲基化的机制

在植物中，胞嘧啶可以在CpG、CpNpG和CpNpN环境中发生甲基化（这里N代表除鸟嘌呤外的其他碱基）。在真菌中，胞嘧啶的甲基化水平较低，大部分只有0.1%到0.5%，有证据表明真菌的DNA甲基化可能控制状态特异的基因表达。由于甲基化最早是细菌用以识别自身的化学修饰，这种表观遗传代码可能是古细菌感染其他生物后的持续遗留产物。

2. 催化DNA甲基化的生物酶　DNA甲基化修饰发生时，甲基基团的添加主要由两类酶参与：甲基化维持酶和从头甲基化酶。在每个DNA复制周期中，DNA甲基化的保持是维持甲基化活性所必须的。如果没有DNA甲基转移酶（DNA methyltransferase，DNMT），复制结束后，子链甲基化修饰将会被动缺失。DNMT1是一种甲基化维持酶，它负责DNA复制过程中子链甲基化模式的保持。DNMT3a和DNMT3b是从头甲基化酶，它们负责在发育早期建立DNA甲基化模式。DNMT3L并没有催化活性，通过与DNA的结合来辅助从头甲基化酶。

3. CpG岛与DNA甲基化的关系　CpG二核苷酸倾向于聚集成簇，这样的区域称为CpG岛。CpG岛的主要特点是GC的含量及CpG的含量非常高且大部分是处于非甲基化状态。CpG岛覆盖了人类基因组大约0.7%的区域，但是却包含了所有CpG二核苷酸的7%。CpG岛主要分布在基因的5′非编码区、启动子和第一外显子区域，大约60%的基因的启动子含有CpG岛。这些区域的CpG二核苷酸的富集表明它们处于非甲基化状态（至少在生殖细胞中），因此可以避免甲基化CpG带来高的突变率（这种突变是由于基因组的错配修复系统可以精确地识别并修正胞嘧啶碱基的脱氨基产物，而甲基化胞嘧啶的脱氨基产物则不被识别而发生缓慢的突变，转变为胸腺嘧啶，如果这种突变发生在生殖细胞中则是可遗传的）。尽管有研究认为CpG岛就应该是非甲基化状态，但是也有一些CpG岛在发育过程中被选择性地甲基化。哺乳动物基因组范围的研究表明大量CpG岛在终末分化细胞中是甲基化的。此外，大量的CpG二核苷酸处于重复元件中，但是它们在体细胞中被高度甲基化。

（二）DNA甲基化对转录的调控

现已明确DNA甲基化的发生与转录沉默有关。DNA甲基化参与的许多生物学过程都可以影响转录，其中一个公认的观点是DNA甲基化可以直接阻挡转录因子结合到DNA序列的靶点上而阻碍转录（图5-2）。

1. DNA甲基化阻碍转录因子的结合　　许多转录因子倾向于结合包含CpG的序列，这些序列的CpG甲基化会阻止转录因子的结合（图5-2）。c-Myc是在细胞生长和分化过程中负责调控的转录因子，凝胶电泳实验表明DNA甲基化阻止c-Myc与它亲和的序列结合。此外，在缺失染色质或甲基结合蛋白的情况下，DNA即使被甲基化也可以正常转录，这表明其他一些机制也可能导致基因沉默。

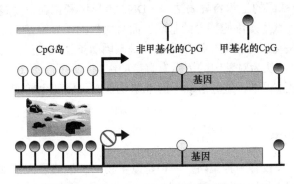

图5-2　CpG岛甲基化和转录的关系

2. DNA甲基化识别染色质标记　　DNA甲基化可以通过识别活性染色质标记而阻止转录的进行。通过H3K4甲基转移酶家族的催化，沉默的基因可以通过H3K4的甲基化而得以激活。一些H3K4甲基转移酶被认为靶向到包含CpG二核苷酸富集的区域。这些区域的甲基化通过阻止甲基转移酶的结合而阻碍基因的转录，这个机制使得DNA甲基化可以保持基因的沉默状态。

3. DNA甲基化募集其他蛋白引起染色质沉默　　除了直接抑制转录因子的结合外，DNA甲基化还可以募集甲基化CpG结合蛋白（methyl-CpG binding protein，MBP）特异性地结合到甲基化的CpG位置上，它们在甲基化发生后的转录沉默过程中扮演着重要的角色。MBP这类蛋白质家族有5个成员，均包含一种同源的甲基化CpG结合区（methyl-CpG binding domain，MBD）。MBP可以结合沉默子以及组蛋白去乙酰酶，这是其导致染色质结构沉默的主要原因。

4. DNA甲基化影响核小体定位　　启动子区域内的CpG甲基化会通过影响基因转录起始位点附近的核小体定位（nucleosome positioning），进而影响这些基因的转录。核小体定位可阻碍转录因子和RNA聚合酶Ⅱ的结合。实验研究发现在转录起始位点附近，无核小体缠绕的DNA区域容易吸引转录激活因子和RNA聚合酶Ⅱ与DNA的结合。*MGMT*和*MLH1*基因启动子的研究表明DNA甲基化缺失影响体内无核小体区域的核小体定位。此外，一种DNA甲基转移酶DNMT3a被发现和染色质重构物结合，表明染色质重构物可能直接和DNA甲基转移酶结合。

（三）DNA甲基化的意义

1. DNA甲基化与重复元件　　沉默哺乳动物细胞必须保有使遗传元件沉默的机制才能使

基因组达到长期稳定的目的，DNA甲基化行使的即是这样的功能，而且在细胞分裂前后可以保持不变。哺乳动物基因组较低等生物基因组更复杂，主要是因为其不仅包含编码蛋白质的元素，还包含转座子和其他寄生元件，其中包括多种重复元件。许多重复元件包含长末端重复启动子，它可以使这些序列发生转录。由于这些序列的表达会导致基因组的寄生元件在基因组中游动，因此通过DNA甲基化使其持久地沉默以保持基因组的完整性。

2. DNA甲基化与染色体的选择性沉默　　DNA甲基化除了具有沉默重复元件的作用外，还在X染色体失活及基因印记的维持中发挥作用。X染色体失活及基因印记均是非孟德尔遗传方式的一部分，从父本或母本得到的一个等位基因发生甲基化而导致单等位表达。在胚胎形成过程中，两条X染色体中的一条发生失活也表现出单等位表达，而在失活的X染色体上CpG富集的启动子甲基化使相应基因的抑制状态得到稳定。

3. DNA甲基化与基因的组织特异表达　　DNA差异甲基化在发育过程中扮演着重要的角色。DNA甲基化可以沉默生殖细胞特异的基因，而且大量的差异甲基化基因只是生殖细胞特异的基因，因此DNA甲基化通过抑制生殖细胞的关键基因而迫使细胞进入分化过程。在人类基因组中，CpG岛的甲基化被认为对基因的沉默有直接的影响，然而大约60%的基因包含非CpG岛启动子。在发育和分化过程中，这些启动子的甲基化状态可能发生转变，从而介导基因的组织特异表达。

二、CpG 岛识别方法

对CpG岛的识别，大致有两种策略。一种是以生物信息学算法为基础开发的预测方法；一种是以限制性内切酶酶切法为代表的实验方法。CpG岛最初是在对小鼠基因组DNA使用甲基化CpG敏感的限制性内切酶*Hpa* II进行酶切时发现的。

（一）CpG 岛识别的准则

1. 最初的CpG岛定义　　CpG岛的原始定义是加德纳嘉顿（Gardiner-Garden）和弗洛默（Frommer）于1987年提出的长度≥200bp，GC含量≥50%，CpG O/E≥0.6的一段序列。CpG岛的这种定义方式看起来有些武断，许多启动子缺乏严格定义的CpG岛，但是却有组织特异的甲基化模式，与基因的转录活性有密切联系。例如，*Oct-4*和*Nanog*启动子的甲基化状态和基因表达的相关性很高，尽管它们的启动子都没有CpG岛。

2. 改进的CpG岛定义　　一直以来，对CpG岛的定义主要是基于序列特征，目前有许多CpG岛定义发生改变，包括长度、GC含量和CpG O/E值的一个或全部阈值的变化。为了降低非CpG岛序列的错误引入，增加最短长度、GC含量和CpG O/E值分别到500bp、55%和0.65。通过确定更加严格的阈值，最大程度地排除Alu重复元件，却排除了占原来数量10%的CpG岛，这表明一些真正的CpG岛可能也被排除。重复元件（如"年轻"的限制性内切酶Alu元件）的碱基组成和CpG岛的特点十分类似，显著地增加了鉴别CpG岛的假阳性率。大多数的多拷贝序列可以通过Repbase数据库中已知的重复类型得以剔除。

NCBI的说明中包含两套不同的参数组合方式用来分别提供宽松的和严格的识别CpG岛的标准，如表5-1所示。

表5-1　常见的CpG岛预测算法

预测方法	长度/bp	GC含量	CpG O/E	重复元件屏蔽	备注
Ensembl	≥400	≥50%	≥0.6	否	严格的参数限制
NCBI宽松	≥200	≥50%	≥0.6	否	总CpG岛数目307 193
NCBI严格	≥500	≥50%	≥0.6	否	总CpG岛数目24 163
UCSC	>200	≥50%	>0.6	是	总CpG岛数目28 226
EMBOSS	指定	指定	指定	否	参数可调
CpGProD	>500	>50%	>0.6	是	总CpG岛数目76 793
CpGcluster	无限制	无限制	无限制	否	总CpG岛数目197 727
CpG_MI	≥50	无限制	无限制	否	总CpG岛数目40 926

　　NCBI严格的标准预测了24 163个无重复的CpG岛，而宽松的标准识别了307 193个CpG岛。这种巨大的差异取决于以下因素：①长度、GC含量和CpG O/E值的任意阈值的应用；②没有考虑到CpG岛的异质性；③基于DNA序列的预测方法忽略了DNA甲基化状态。

　　3. 基于窗口滑动法的CpG岛预测算法　窗口滑动法是与最初CpG岛准则有很大不同的算法，它的一般步骤如图5-3所示。首先准备通过实验方法得到的候选CpG岛集合或全基因组序列，然后设定窗口宽度的大小。接着考察窗口内的序列片段是否满足CpG岛定义中的长度、GC含量和CpG O/E值中的一个或几个阈值。一旦发现窗中的序列片段满足了CpG岛的定义，该片段就被选为候选CpG岛，同时扫描窗右移1bp。如果扫描窗中的序列片段不满足CpG岛的定义，扫描窗右移1bp。如果扫描得到的CpG岛区域有重叠，则将重叠部分合并。通过这一过程，得到了各种长度的CpG岛集合。然而，这种依赖于长度、GC含量和CpG O/E值的一个或全部阈值的CpG岛识别算法有显而易见的缺陷：①由于这三个阈值的使用使得参数空间变得很大。②预测的CpG岛的长度和数目取决于窗口的长度和步长的预设值，存在主观任意性。③CpG岛的起始点一般不是CpG二核苷酸。④预测和筛选过程依赖于相同的参数。⑤方法经常需要针对特定物种进行调整。⑥算法运行时间长，预测效率低。

　　基于相邻CpG二核苷酸距离的CpG岛预测算法预测的CpG岛总数是随着使用的序列参数而高度可变的。CpGcluster是一种独特的方法，它并不依赖于任何CpG岛定义的阈值，并且由于只涉及算术运算，计算速度较快。它的工作原理是计算基因组范围的相邻CpG二核苷酸之间的距离。该算法利用几何分布估计出该距离的理论分布，从而计算出CpG二核苷酸进行汇聚的统计学阈值（40bp）。最终，该算法得到197 727个CpG岛。这些CpG岛的特点

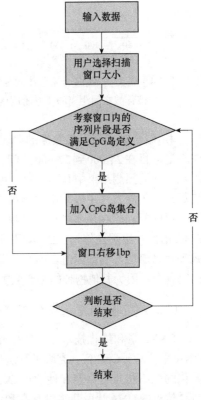

图5-3　基于窗口滑动法的CpG岛预测算法框图

是短而多，但其中包含大量的重复元件。该算法具体的工作原理如下。

假设有如下一条序列：

TTGCGGGTCCTAGAAGTCGCCTCCCCGCCTTGCCGGCCGCCCTTGCAGCCCCGAGCCG AGCAGC。

CpGcluster首先找到所有的CpG二核苷酸（粗体）：

TTG**CG**GGTCCTAGAAGT**CG**CCTCCC**CG**CCTTGC**CG**GCC**CG**CCCTTGCAGCCCC**CG**AGCC**G**AGCAGC。

然后得到CpG二核苷酸的位置4；18；26；34；38；52；57，通过公式$d_i = x_{i+1} - x_i - 1$计算相邻二核苷酸之间的算术距离：13；7；7；3；13；4。假设CpG是伯努利试验的结果，这里设成功为CpG，失败为non-CpG。伯努利试验的概率p可以通过大量的序列算出。令序列的长度为L，N为CpG的数目，则$p = N/(L - N)$。所以邻近的CpG二核苷酸的距离服从几何分布，距离d等于失败的次数。绘制长度（d）分布和几何分布的直方分布图（图5-4）。从中可以发现观测值分布和理论分布差别很大，短距离出现的概率较大，中位数值恰好可以作为CpG二核苷酸富集的阈值。

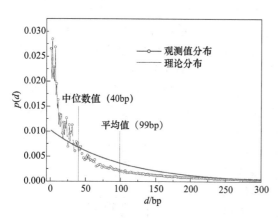

图5-4　人类基因组1号染色体的相邻CpG二核苷酸之间距离的概率密度函数

为了计算之前步骤找到的CpG簇是CpG岛的概率，需要给出统计学p值，该p值可由负二项分布给出。基于典型的无监督式CGI识别算法CpGcluster的原理，存在比随机出现CpG二核苷酸之间距离更短的CpG簇，通过合并重合的簇，最终得到的簇就被认为是CpG岛。

彩图

4. 结合功能基因组数据的CpG岛定位方法　大多数的预测算法和序列选择技术鉴别的CpG岛数目在24 000到27 000之间。尽管这些方法之间的差别不大，但是许多鉴别出来的CpG岛在不同的预测结果中并不一致，可以将包括DNA甲基化状态和染色质修饰在内的不同类型信息添加到预测方法中以减小预测结果的差别。在CpG岛预测算法中融合表观遗传信息和基因组属性可能有利于在预测过程中排除人为因素设置的不合理阈值。例如，博克（Bock）等使用了DNA结构、组蛋白修饰、DNA甲基化、转录因子结合谱、重复元件、进化保守、DNA序列模式等信息定位人类基因组CpG岛，是目前较好的CpG岛定位方法。但该方法很难扩展到非人类的物种中，因为其他物种的注释数据并不全面。

（二）实验方法寻找CpG岛

CXXC亲和纯化技术（CXXC affinity purification，CAP）通过提取非甲基化的CpG聚集的DNA片段识别CpG岛，克服了算法带来的假阳性等问题。该技术使用了半胱氨酸富集的对非甲基化的CpG位点有高亲和性的CXXC结构域。CXXC结构域对只包含甲基化的CpG位点或缺乏CpG位点的DNA片段几乎没有亲和性。从小鼠MBD1中得到的重组CXXC结构域对非甲基化的CpG位点有高结合特异性，并被用于从全基因组DNA中提取CpG岛。使用这种方法从人类血液中提取了超过17 000个CpG岛。

（三）CpG岛的定位有助于发现新基因

CpG岛是重要的转录调控元件，是基因起始的标志，可用于新基因的发现。同时，CpG岛通常是不被甲基化的，可作为管家基因的重要标志之一。为了更好地认识和发现基因功能，需要开发定位CpG岛的新方法，以快速识别新测序物种的CpG岛，这有助于快速进行新基因组的注释。并不是所有CpG岛都在已知基因的转录起始位点附近，如可以位于基因的5′区域、内含子，以及基因间区（图5-5）。然而，基因内的CpG岛可能表明这段区域存在未发现的新基因。

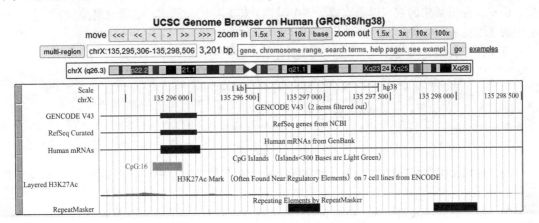

图5-5　UCSC数据库的截图（chrX：135，295，306-135，298，506）展示了一个CpG岛
RefSeq Curated 为参考基因组，绿色表示CpG岛

彩图

三、DNA 甲基化测序数据的分析

（一）DNA甲基化的定量分析

1. DNA甲基化定量分析的原理　甲基化芯片的原理基于亚硫酸盐处理后的DNA序列杂交的信号探测。亚硫酸盐处理可将非甲基化的胞嘧啶变成尿嘧啶，而甲基化的胞嘧啶则保持不变，然后再将尿嘧啶转化为胸腺嘧啶，最后进行芯片杂交。Illumina的450k芯片采用两种阵列：Infinium Ⅰ和Infinium Ⅱ，前者有两种磁珠（bead），分别是甲基化M型和非甲基化U型，后者则是一种磁珠（不区分甲基化和非甲基化）。

Infinium Ⅰ在未甲基化的CpG位点，Infinium Ⅰ的U型磁珠尾部为A，与未甲基化CpG位点相匹配，能够成功进行单核苷酸延伸并被检测到（U型磁珠发光），而M型磁珠尾部为G，与未甲基化位点不能匹配，没有信号产生。在甲基化的CpG位点，M型磁珠能与甲基化CpG位点相匹配，单核苷酸延伸并产生信号（M型磁珠发光），而U型磁珠则不匹配，不产生信号。Infinium Ⅱ探针则不区分M和U，探针尾部为C，配对后只加入单个碱基（ddNTP-BioT，ddNTP-DNP），然后根据荧光颜色判断加入碱基的类型，进而确定该位点是否被甲基化。探针长度为50bp，基于假设在50bp内的CpG位点具有相同的甲基化状态，具有区域相关性。通过计算甲基化和非甲基化位点的荧光信号比例，可确定某位点的甲基化水平，用 β 值表示，即

$$\beta = 甲基化读段/（甲基化读段＋未甲基化读段）$$

β 的范围在0到1之间，0为完全未甲基化，1为全甲基化。基于以下标准移除不适于后续分析的探针：①在超过70%的样本中均未确定DNA甲基化水平的探针；②位于性染色体上的探

针；③单核苷酸多态探针；④对应多个基因的探针；⑤不在基因启动子区域的CpG位点（启动子区域为转录起始位点上游2kb到下游0.5kb）。

2. DNA甲基化定量分析的R语言实现

（1）R包的安装。目前DNA甲基化芯片分析有不少R包实现，如minfi、lumi、ChAMP等。在本节中使用ChAMP包作为学习对象，使用R语言分析。ChAMP R软件包是为分析Illumina的甲基化芯片数据（EPIC和450k）而设计的，它提供了一个分析DNA甲基化的管道，整合了目前可用的450k和EPIC分析方法，同时支持多种不同的数据导入方法、质量控制分析、功能归一化、识别差异甲基化区域，以及集成了多个其他R包的功能。例如，基因组富集分析、挖掘网络中的基因模块、探索探针的连锁不平衡等功能。

首先，安装ChAMP包：

```
##### 安装包，并加载
if(!require("BiocManager",quietly=TRUE))
install.packages("BiocManager")
BiocManager::install("ChAMP")
library(ChAMP)
```

（2）使用R脚本实现DNA甲基化的定量分析。在安装好R包并确认正确后，进入数据分析流程。

第一步：数据导入和筛选。在本节中，使用测试数据集，导入需要分析的450k数据。

```
##### 首先找到测试数据的位置
testdir=system.file("extdata",package="champdata")
#### champ.load加载数据，8个样本：4个肺癌，4个正常
myload<-champ.load(testdir,arraytype="450k")
##      failed cpg fraction.
##c1          0.0013429122
##c2          0.0022162171
##c3          0.0003563249
##t1          0.0003831007
##t2          0.0011946152
##t3          0.0014953286
```

导入数据的步骤主要包括2个模块。模块1：①section1：读入表型信息文件（.pdata）。②section2：读入.IDAT文件（包括计算p值、M值矩阵等）。③section3：注释探针成为甲基化位点。模块2：①section1：查看输入的数据是否正确。②section2：进行筛选，包括排除具有高失败比例的探针样本、筛查p值、筛查SNP等。

接下来可以在命令中设置自己的筛选标准，比如：

```
myLoad<-champ.load(testDir,
                   arraytype="450k",
                   filterDetP=TRUE,
                   autoimpute=TRUE,
                   filterBeads=TRUE,
                   filterSNPs=TRUE,
                   filterMultiHit=TRUE,
                   filterXY=TRUE)
```

```
###########################################################################
####查看数据集的pdata，分组信息等
myLoad$pd
##     Sample_Name Sample_Plate Sample_Group Pool_ID Project Sample_Well     Slide
##1            C1           NA            C      NA      NA         E09 7990895118
##2            C2           NA            C      NA      NA         G09 7990895118
##3            C3           NA            C      NA      NA         E02 9247377086
##4            C4           NA            C      NA      NA         F02 9247377086
##5            T1           NA            T      NA      NA         B09 7766130112
##6            T2           NA            T      NA      NA         C09 7766130112
##7            T3           NA            T      NA      NA         E08 7990895118
##8            T4           NA            T      NA      NA         C09 7990895118
##    Array
##1 R03C02
##2 R05C02
##3 R01C01
##4 R02C01
##5 R06C01
##6 R01C02
##7 R01C01
##8 R01C02
##Sample_Group包含两个表型：C和T，在这个数据集中，C表示"对照"，而T表示"肿瘤"。
```

第二步：数据质控。

```
#####数据质控#####
champ.qc()
###qc质控
###可视化
cpg.gui(cpg=rownames(myload$beta),arraytype="450k")
qc.gui(beta=myload$beta,arraytype="450k")
```

在champ.qc中，可以得到三个图，分别是MDS图（图5-6）、密度图和树状图。在MDS图中，对照组（C）与肿瘤组（T）是明显分开的。四个对照组样本聚在一起，而肿瘤组样本分得很开，这可能与肿瘤具有极高的异质性相关。

第三步：标准化。在Illumina珠链上，两种不同的设计探针有不同的杂交化学反应，会表现出不同的分布。这是一种技术效果，与Ⅰ型和Ⅱ型探针的生物学特性（如CpG密度）差异造成的变化无关。Ⅰ型和

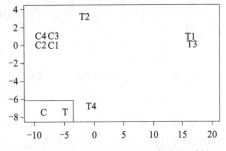

图5-6　MDS图显示肿瘤的高度异质性

Ⅱ型甲基化分布之间最明显的区别是Ⅱ型分布的动态范围较小。在监督分析中，这可能导致Ⅰ型或Ⅱ型探针的选择出现偏差。对于差异甲基化的检测，Ⅰ型和Ⅱ型探针可能落在同一区域，因此需要使用标准化来调整Ⅱ型探针的偏差，ChAMP包中可以使用champ.norm()函数来执行标准化。

在champ.norm()中，提供了四种方法来进行对Ⅱ型探针的标准化：BMIQ、SWAN、PBC和

FunctionalNormalization。每种方法之间都有一些关键的区别,其中BMIQ和PBC算法都是只针对探针的beta矩阵进行归一化,而SWAN和FunctionalNormalization则需要在数据导入阶段采用minfi的算法,用户可以阅读相关的论文来选择最适合他们分析的方法。

R程序如下:

```
#######标准化,这里使用的是β,并允许有5个线程一起计算
###默认使用的是BMIQ方法
myNorm<-champ.norm(beta=myLoad$beta,arraytype="450K",cores=5)
#标准化后得到新的数据
##标准化之后,可以将QC.GUI()函数中β参数设置为"myNorm"再次检查结果
##使用champ.QC来查看标准化后数据的质量
champ.QC(myNorm)
```

第四步:批次校正。ComBat是在ChAMP包中专门用于校正批处理效应的函数。ComBat算法使用经验贝叶斯方法来修正技术上的变化。为保证输出结果在0和1之间,ChAMP logit在ComBat调整前对β值进行转换,然后在ComBat调整后计算反向logit转换。但是如果分析中选择使用M值,则需要指定logitTrans=FALSE。在champ.runCombat()函数中,程序会自动检测所有可能被修正的有效因素并在屏幕上列出,这样用户可以检查是否有想修正的批次。如果用户指定的批次名称是正确的,该函数将开始进行批次校正。

基于ChAMP包2.8.1版本,champ.runCombat()还将检查用户的批次和变量是否相互影响。批次和变量间存在混杂影响意味着某个变量的表型在所有样本中都来自同一批次,如果纠正批次,该变量所包含的信息也会消失。

```
####使用ComBat对数据进行批次校正####
####在此之前需要把所得批次改成因子格式
myLoad$pd$Slide=as.factor(myLoad$pd$Slide)
###占用大量内存,运行时间较长
myCombat<-champ.runCombat(beta=myNorm,pd=myLoad$pd,variablename="Sample_Group",
    batchname="Slide")
##~Sample_Group
##<environment: 0x000000005cc63698>
##Found 1 genes with uniform expression within a single batch(all zeros);these will not be
    adjusted for batch.
#####注意事项####
####如果有大量的样本,ComBat函数可能非常耗时。在校正之后,可以使用champ.SVD()函数来检查校正后的
    结果。
```

第五步:差异分析。在挖掘疾病与正常间显著差异的DNA甲基化基因时,同样可以使用ChAMP包进行差异分析。可以使用champ.DMP()函数来计算差异甲基化,并使用DMP.GUI()来检查结果。champ.DMP()函数基于limma软件包使用线性模型计算差异性DNA甲基化的p值。2.8.1版本的champ.DMP()函数将支持数字变量(如年龄),以及包含两个以上表型的分类变量(如"肿瘤""转移""对照")。如果函数检测到数字变量,将对每个CpG位点进行线性回归,以找到与协变量相关的CpG。当检测到分类变量时,champ.DMP()将在协变量中对每两个表型进行对比。每个比较将会返回一个数据框,其中包含有明显差异的甲基化探针。champ.DMP()的输出包括两组之间的p值、t统计量和平均甲基化差异(被标记为log2FC,类似于基因表达分析中的log fold-change,仅用于分类协变量)。输出结果中还包括每个探针的注释、样本组的平均

β 值，以及两组的 $\Delta\beta$ 值（Δ 值与 log2FC 相同）。

```
######差异分析#####
myDMP<-champ.DMP(beta = myCombat,pheno=myLoad$pd$Sample_Group)
##       Contrasts
## Levels pT-pC
##     pC    -1
##     pT     1
####GUI的可视化
#DMP.GUI(DMP=myDMP[[1]],beta=myCombat,pheno=myLoad$pd$Sample_Group)
####差异甲基化区域, DMR
myDMR<-champ.DMR(beta=myCombat,pheno=myLoad$pd$Sample_Group,method="Bumphunter")
#查看差异甲基化区域
head(myDMR$BumphunterDMR)
##      seqnames     start        end width strand     value       area cluster
##DMR_1    chr12 115134148 115136308  2160      * 3.050049 152.50247   51386
##DMR_2    chr 7  27224343  27226329  1986      * 2.664508  85.26425  179533
##DMR_3    chr 6  32115964  32117401  1437      * 2.541977  83.88523  167665
##DMR_4    chr 7  45961289  45962236   947      * 3.322501  79.74003  180997
##DMR_5    chr17  46655289  46656093   804      * 4.971320  79.54112   88509
##DMR_6    chr 6  30094947  30095802   855      * 2.644733  74.05253  166933
##      indexStart indexEnd  L clusterL p.value fwer   p.valueArea fwerArea
##DMR_1      24376    24425 50       50       0    0 4.998001e-05    0.012
##DMR_2      84217    84248 32       35       0    0 9.996002e-05    0.016
##DMR_3      77405    77437 33       36       0    0 9.996002e-05    0.016
##DMR_4      84867    84890 24       29       0    0 1.499400e-04    0.020
##DMR_5      38745    38760 16       16       0    0 1.499400e-04    0.020
##DMR_6      74017    74044 28       28       0    0 2.165800e-04    0.028
####差异甲基化模块, DMBlock
###运行时间较长
myBlock<-champ.Block(beta=myCombat,pheno=myLoad$pd$Sample_Group,
                     arraytype="450K")
#查看差异甲基化模块
head(myBlock$Block)
Block.GUI(Block=myBlock,beta=myCombat,pheno=myLoad$pd$Sample_Group,
          runDMP=TRUE,compare.group=NULL,arraytype="450K")
```

（二）DNA甲基化的定性分析

不同于定量甲基化检测技术，定性甲基化检测技术并不能精确定量DNA片段上的甲基化状态，即无法得到单碱基分辨率的甲基化水平。常用的定性甲基化测序技术包括两大类：①基于免疫亲和纯化的甲基化测序技术，如MeDIP-seq（Weber et al.，2005）、MBD-seq（Serre et al.，2010）、MethylCap-seq（Brinkman et al.，2010）。②基于限制性内切酶的甲基化测序技术，如Methyl-seq（Brunner et al.，2009）、HELP-seq（Oda et al.，2009）、McrBC-seq。此外，还有基于甲基化限制性内切酶（*Hpa*Ⅱ、*Hin*6Ⅰ和*Aci*Ⅰ）结合二代测序识别未甲基化片段的MRE-seq技术。尽管两类定性甲基化测序技术在建库方法上有所差异，但二者产生的数据都是基于读段富集信号来反映DNA甲基化状态，因此在数据处理流程上是类似的，数据分析流程如图5-7。

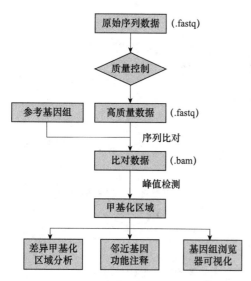

图 5-7 定性甲基化测序数据分析流程

大多数的定性甲基化测序数据的原始序列数据存储在 NCBI 的 SRA 数据库中，从 SRA 数据库中获取到原始序列数据（FastQ）后，可以经过一系列的数据处理分析流程得到基因组范围的甲基化图谱。以 NCBI SRA 数据库中甲基化序列数据 SRR354047 为例，该样本为人类 NTera2D1 细胞系的 MeDIP-seq 数据，数据处理过程如下。

（1）使用 FastQC 软件检查数据质量。FastQC（Andrews et al.，2010）为二代测序的序列质量检测工具，能够针对输入序列数据进行读段碱基质量、接头污染情况、碱基比例等分析。用户可以根据 FastQC 的官方文档对数据质量进行判断，对于未通过的选项进行针对性过滤。FastQC 官方文档：https://www.bioinformatics.babraham.ac.uk/projects/fastqc/Help/。

```
$fastqc SRR354047.fastq.gz
```

（2）使用 TrimGalore 默认参数修剪低质量读段、接头序列等。

```
$ trim_galore --phred33 --fastqc SRR354047.fastq.gz
```

参数说明：--phred33——序列碱基以 Phred33 编码。

（3）序列比对：使用 Bowtie2 将质量控制后的读段比对到参考基因组上。Bowtie2 为流行的短序列比对工具，比对质控后的读段需要两个步骤。

1）为人类基因组（hg19）建立基因组索引（对于某个物种的特定基因组版本，只需建立一次索引）。

```
$bowtie2-build hg19.fa hg19
```

2）将修剪后的读段比对到人类基因组上。

```
$bowtie2 -p 30 -q -x hg19 -U SRR354047_trimmed.fq -S SRR354047.sam
```

参数说明：-q——输入文件为 FastQ；-x——基因组索引路径；-U——单末端读段文件路径（注：SRR354047 为单末端）；-S——输出 SAM 文件路径。

（4）去除由于 PCR 产生的冗余读段。使用 SAMtools（Li et al.，2009）对 SAM 文件排序，然后再使用 Picard 去除 PCR 产生的冗余读段。

```
$samtools view -Sb -h SRR354047.sam | samtools sort -o SRR354047.sort.bam
$picard MarkDuplicates INPUT=SRR354047.sort.bam OUTPUT=SRR354047.dedup.bam METRICS_
FILE=SRR354047.metrics.txt ASSUME_SORTED=true REMOVE_DUPLICATES=true
```

参数说明：INPUT——输入文件路径；OUTPUT——序列输出文件路径；METRICS_FILE——指标输出文件路径；ASSUME_SORTED——输入文件是排序的；REMOVE_DUPLICATES——移除冗余 PCR 读段。

（5）使用MACS2（Zhang et al., 2008）识别甲基化区域。在MeDIP-seq等定性甲基化测序技术中，若一个基因组位置上为甲基化状态，则该位置上读段富集程度较高。反之，非甲基化的基因组位置上几乎不会覆盖读段。因此使用峰值检测工具识别到的读段富集区域即为甲基化区域。

```
$macs2 callpeak -t SRR354047.dedup.bam -g hs --nomodel --extsize 200 -n SRR354047 --outdir MeDIP-seq/peak
```

参数说明：-t——输入BAM文件；-g——可映射的基因组大小；--nomodel——不需要MACS2构建模型；--extsize——延伸片段大小；-n——样本名；--outdir——输出目录路径。

（6）下游分析。在识别甲基化区域之后，可以根据研究需要进行分析，常见分析包括实验组、对照组的差异甲基化区域分析，邻近基因的功能注释，以及对特定基因组位置的可视化等。

在胚胎发育和疾病发生发展相关的研究中，定性甲基化测序技术经常被应用于检测实验组与对照组（或疾病组与正常组）中的全基因组DNA甲基化状态，其中应用最广的定性甲基化测序技术是MeDIP-seq。2012年在一项人类胚胎发育过程中谱系特异性基因的转录维持的研究中，应用MeDIP-seq检测了全反式视黄酸（RA）处理后的EC细胞系（NT2）及未处理的EC细胞系的全基因组甲基化状态。如图5-8所示，发现在*HOXA1*位置附近，RA处理后的EC细胞系中甲基化水平较对照组低，而这对应于羟甲基化信号的增强。*HOXA*簇前部富含CpG的区域在RA诱导的*HOXA*激活过程中显示出甲基化-羟甲基化转换模式，并在NT2细胞中遵循共线性基因表达模式。而在RA诱导过程中，小分子干扰RNA介导的*TET2*耗竭削弱了*HOXA*活性的维持并部分恢复了5mC基因组水平。

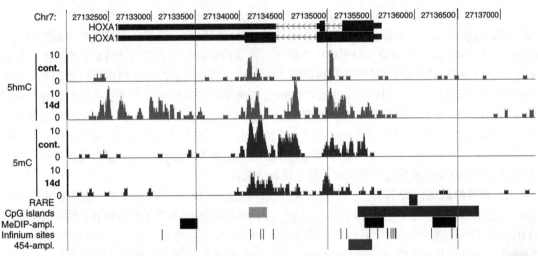

图5-8　未处理的NT2细胞系的*HOXA1*位置甲基化信号

5hmC：5-羟甲基胞嘧啶；RARE：视黄酸反应元件；MeDIP-ampl.：MeDIP-seq检测区位置；
Infinium sites：探针位置；454-ampl.：罗氏454测序检测位置

彩图

2015年一项中间甲基化区域与基因活性定量关系的研究中，将MeDIP-seq技术和MRE-seq技术应用于25个人类细胞样本中（Elliott et al., 2015）。基于这两种技术分别检测甲基化区域与非甲基化区域，定义了 18 452 个处于中间甲基化状态的基因组区域。研究者发现这些中间甲基化区域显著富集在增强子、脱氧核糖核酸酶 I（DNase I）超敏位点等活性调控区域上，且在个体之间及物种之间存在保守性，并进一步表明了中间甲基化区域的建立和维护在基因调节上的重要功能和潜在的共享机制。

第二节 组蛋白修饰及数据分析

一、组蛋白的翻译后修饰

（一）核小体与组蛋白修饰

1. 核小体 与组蛋白组成染色质的基本单位是核小体（nucleosome）。每个核小体均由 5 种组蛋白共同构成。组蛋白是指所有真核生物的细胞核中，与 DNA 结合的碱性蛋白质的总称。在这些碱性蛋白质中，含精氨酸和赖氨酸等碱性氨基酸特别多，其总数为氨基酸残基总数的 1/4 左右。组蛋白与带负电荷的双螺旋 DNA 结合成复合物。组蛋白通常包括 H1、H2A、H2B、H3、H4 等 5 种。除 H1 外，其他 4 种组蛋白均分别以二聚体（共八聚体）的形式相结合，共同组成核小体的核心。DNA 完全缠绕在核小体的核心上。而 H1 则与核小体间的 DNA 结合。核小体间的 DNA 也叫连接 DNA（linker DNA）。DNA 缠绕在组蛋白核心上。组蛋白缠绕 DNA 的松紧程度对基因表达乃至 DNA 损伤修复和 DNA 复制重组都有精确而动态的调节作用。鸟类、两栖类等含有细胞核的红细胞中，含有一种叫 H5 的特殊组蛋白。组蛋白可受到甲基化、乙酰化、磷酸化、ADP 核糖基化，以及泛素化等几种类型的修饰。组蛋白修饰扮演着十分重要的表观遗传调控作用。

2. 组蛋白修饰与转录 关于组蛋白修饰在转录中的作用，已经有许多模型（如电中性模型、组蛋白密码及信号通路模型）被提出来。在电中性模型中，组蛋白乙酰化和磷酸化带的负电荷可以中和 DNA 的正电荷。根据电中性模型，组蛋白修饰可以使染色质纤维松弛。组蛋白密码假设指出多种组蛋白修饰可以协同地调节下游功能。信号通路模型假设组蛋白修饰利于酶和染色质结合并发挥功能，而不同的组蛋白修饰可以使生物学信号的传导更加鲁棒和特异。不同的组蛋白修饰类型的作用不尽相同。组蛋白乙酰化主要促使基因表达和 DNA 复制，使组蛋白乙酰化定位的基因得到动态的调控。组蛋白去乙酰化则使基因沉默。组蛋白的磷酸化可以改变组蛋白的电荷，对基因转录、DNA 修复和染色质凝聚等过程起调控作用。组蛋白的泛素化在细胞有丝分裂前后发生显著变化，被认为是信号传导的关键。

3. 组蛋白修饰的命名法 一个组蛋白修饰的精确表示由三部分组成：组蛋白名称＋组蛋白尾巴上的位点＋修饰类型和个数。例如，基因转录起始位点富集普遍存在 H3K4me3 修饰，H3K4me3 表示组蛋白 H3 上，具体的位置为第 4 个位置即赖氨酸（lysine，K），该位置存在 3 个甲基基团。又如 H3K9ac，代表组蛋白 H3 上第 9 个位置即赖氨酸上发生的乙酰化修饰。当忽略组蛋白修饰的一部分时，如 H3ac，则表示组蛋白 H3 上的乙酰化修饰，并没有指定位点信息；再如 H3K9me，则表示组蛋白 H3 上的第 9 个位置上的甲基化修饰，但并没有指定甲基基团的数目，泛指组蛋白甲基化修饰，这些模糊记法已被广泛地使用。目前，利用高通量实验技术广泛测量的组蛋白修饰类型如表 5-2 所示。

表5-2 高通量实验测定的组蛋白修饰类型

组蛋白类型	组蛋白修饰
H2A	H2AK5ac，H2AK9ac，H2AZ
H2B	H2BK120ac，H2BK12ac，H2BK20ac，H2BK5ac，H2BK5me1，UbH2B*
H3	H3K14ac，H3K18ac，H3K23ac，H3K27ac，H3K27me1，H3K27me2，H3K27me3，H3K36ac，H3K36me1，H3K36me3，H3K4ac，H3K4me1，H3K4me2，H3K4me3，H3K79me1，H3K79me2，H3K79me3，H3K9ac，H3K9me1，H3K9me2，H3K9me3，H3R2me1，H3R2me2，H3ac*
H4	H4K12ac，H4K16ac，H4K20me1，H4K20me3，H4K5ac，H4K8ac，H4K91ac，H4Kac，H4R3me2，H4ac*

*表示没有使用特异的抗体。

（二）激活性和抑制性的组蛋白修饰

根据对基因起到激活还是抑制作用，组蛋白修饰可以大致分为两类：激活性的组蛋白修饰和抑制性的组蛋白修饰。激活性的组蛋白修饰中最常见的就是H3K4me。H3K4me包括三种甲基化状态，且都是激活性的修饰。H3K4me的三种修饰在基因组的分布差别较大，H3K4me3的修饰主要在基因5′端的转录起始位点上下游附近。H3K4me2和H3K4me1分别分布在H3K4me3的上下游外沿，强度比H3K4me3稍弱，沿着转录起始位点呈对称状分布，且下游的强度较上游更强。除了定位活性基因外，H3K4me1还被发现定位基因的增强子。抑制性的组蛋白修饰中最常见的是H3K27me。H3K27me包括三种甲基化状态，但三种状态的组蛋白修饰都是抑制性的修饰。H3K27me的分布波动较H3K4me要平坦许多，在活性基因中分布较少。H3K9me的三种修饰和H3K27me具有类似的分布模式，对基因的调控功能也较为类似。

（三）组蛋白密码

1. 动态而又稳定的组蛋白密码 组蛋白的氨基酸残基可以接受许多种化学修饰，包括甲基化和乙酰化等修饰。质谱分析检测到组蛋白H2A有13个可以接受修饰的位点，H2B、H3和H4则分别有12个、21个和14个可以接受修饰的位点。每个氨基酸残基位点可以发生至少一种化学修饰。例如，一些赖氨酸残基可以发生甲基化和乙酰化修饰，对于甲基化而言，最多可以同时接受3个甲基基团的修饰。组蛋白修饰可能受到细胞生理状态的改变和外界信号的刺激而发生瞬时的变化。在细胞周期的循环中，组蛋白修饰能够稳定地进行遗传。一个对人类肝脏组织的细胞周期过程中组蛋白修饰模式的研究发现，*HNF-1*、*HNF-4*和白蛋白基因启动子的H3K4me2/me3、H3K79me2、H3和H4乙酰化保持稳定。此外，在有丝分裂过程中这些活性组蛋白修饰并没有促使转录的发生，但染色质状态在细胞间得以稳定地保持。这说明组蛋白修饰在细胞分裂过程中的细胞间传递以表观遗传的方式进行。

2. 细胞分化过程中的组蛋白密码 组蛋白修饰的调控在许多生理过程中起到重要作用，其中包括细胞分化。研究发现组蛋白乙酰化对维持细胞的未分化和多能状态十分重要。使用组蛋白去乙酰酶抑制剂有助于维持干细胞的多能性（pluripotency）。相反，用去乙酰酶抑制剂刺激人类成熟细胞或癌细胞会诱导分化的进行。因此，表观遗传调控对于细胞成熟至关重要。到底是什么类型的组蛋白修饰或组蛋白修饰组合控制分化呢？如前所述，组蛋白乙酰化有助于保持细胞的多能性。此外如图5-9所示，H3K9me3和H4K20me3也有类似的作用。H4K20甲基化和转录沉默有关，它可以控制DNA修复过程。然而，H4K20甲基化被认为在细胞分化过程中

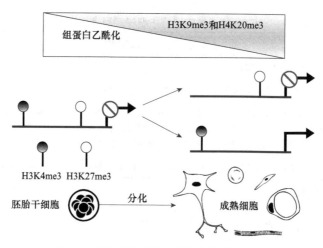

图 5-9 细胞分化过程中的组蛋白修饰变化

高度变化。在从小鼠胚胎干细胞向多能神经前体细胞的分化过程中，H4K20me1 水平较高，而 H4K20me3 较低。随着分化的逐步进行，H4K20me3 的水平开始增加。在小鼠干细胞中，许多具有分化调控作用的基因都有二价结构域（bivalent domain），这些基因的结构中包括具有转录抑制作用的 H3K27me3 和转录激活作用的 H3K4me3，拥有该结构域的基因不会表达，看上去这是 H3K27me3 在发挥作用；在细胞分化过程中，二价结构域消失而只保留 H3K27me3 和 H3K4me3 中的一种修饰。在胚胎干细胞状态，基因都有 H3K4me3 标记，不管基因转录与否。这样看来，H3K4me3 是一个活性染色质修饰，但并不一定引起转录。拥有二价结构域的基因尽管受到 H3K27me3 的抑制不会转录，但 H3K4me3 和 H3K27me3 的平衡状态一旦被打破，基因就有可能倾向表达。

二、组蛋白修饰的测定与数据分析

（一）测定组蛋白修饰的高通量技术

从开始研究组蛋白修饰到现在，已经过去了几十年。但过去的几年却是发现组蛋白共价修饰的功能信息最多的几年，这得益于测定组蛋白修饰的高通量技术的不断成熟。这些高通量技术提供了全面的表观遗传修饰图谱。随着基因组范围的数据不断增多，结合计算表观遗传学的分析技术会增进对组蛋白修饰的理解。

1. ChIP-chip 在基因组范围上，检测组蛋白修饰的最流行技术就是染色质免疫沉淀（chromatin immunoprecipitation，ChIP）与微阵列的结合，即 ChIP-chip。简要地说，染色质片段被特异性的抗体（如针对 H3K4me3 的抗体）所沉淀，接着分离得到片段，并进行扩增和荧光标记，最后使用 DNA 微阵列进行杂交检测。目前，该技术已被应用于啤酒酵母及哺乳动物等众多物种的组蛋白修饰测定中。

2. ChIP-SAGE 另外，针对 ChIP-chip 进行改进的技术正在日趋流行，其中之一是 ChIP 结合基因表达系列分析（serial analysis of gene expression，SAGE）的 ChIP-SAGE。也就是需要先进行 ChIP 实验，再进行 SAGE。从 SAGE 得到的测序文库中可以取得 21bp 的短序列标签，通过标签可以映射到基因组上。在某一基因组区域检测到的标签数据（tag）和该区域的修饰强度呈正相关关系。因为该改进技术没有探针杂交过程，该技术被认为比 ChIP-chip 更加定量化。

3. ChIP-seq 染色质免疫沉淀测序（ChIP-seq）是近来快速兴起的一项新技术，可以以高通量并行的方式分析ChIP DNA。简单地说，ChIP得到的DNA片段的两头被加上衔接子（adapter），并且进行有限次的扩增产生大量的DNA。接下来，使加上衔接子的序列在与之共价互补结合的固相载体上杂交。通过桑格测序法确定结合到载体上的DNA片段其末端的25～50bp碱基。因为ChIP-seq不需要太多的PCR扩增循环，所以无须考虑探针杂交的效率问题，这使得ChIP-seq标签是可以直接比较的，而ChIP-chip通常不能这么做。三种技术的比较见表5-3。

表5-3 ChIP-chip、ChIP-SAGE和ChIP-seq的比较

检测技术	ChIP-chip	ChIP-SAGE	ChIP-seq
定量性	受杂交效率影响	定量	定量
分辨率的影响因素	染色质长度及探针密度	酶切效率	染色质长度及测序深度
全基因组范围实验花销	多	多	少
实验对于测定区域的局限性	局限于预设的基因组区域	受酶切位点的限制	可覆盖大部分基因组区域

（二）分析基因组范围的组蛋白修饰数据

在进行全基因组范围的组蛋白修饰的ChIP实验后需要关注的一个问题就是如何从大规模的数据中抽取出有意义的生物学解释。通常，这些技术首要关注的是找出对应于特定基因组区域的信号尖峰以及确定它的统计学水平。

1. 高通量组蛋白修饰分析工具 分析瓦式微阵列实验数据的分析工具中最有用的是TileMap（瓦式微阵列的染色体图谱识别）和基于模型的瓦式芯片分析算法（model-based analysis of tiling-array algorithm，MAT）。这两个软件优于其他工具的地方在于它们支持多个样品的比较以及同一样品重复测量的比较。序列标签分析和汇报工具（sequence tag analysis and reporting tool，START）是一个可以分析许多物种基因组的ChIP-SAGE产生的数据的工具。START以SAGE文库的序列作为程序输入，运行后报告标签附近的基因，miRNA和预测的转录因子结合位点的信息。

ChIP-seq数据分析工具中，目前最实用的是CisGenome。CisGenome还支持ChIP-chip数据的分析。作为一个全面的整合分析平台，CisGenome支持峰值探测以及下游的基因注释、发现从头基序、保守性分析，以及基因组尺度的可视化。由于Solexa系统进行的ChIP-seq实验测出的标签长度通常不超过32bp，将这样的短片段对应到参考基因组上并且控制错配的碱基数小于2是比较困难的。ELAND（Efficient Large-Scale Alignment of Nucleotide Databases）程序可以对这样的数据进行处理，输出的标签对应到基因组上的精确位置。CisGenome支持ELAND程序的输出文件分析。除了ELAND格式，CisGenome也支持一种更为精练的BED格式。除了CisGenome外，MACS（Model-Based Analysis of ChIP-seq）也是不错的峰值探测工具。得到一组精确的组蛋白修饰定位信息后，如何进行有效的显示也是较为困难的。目前，UCSC、CisGenome、整合基因组浏览器（Integrated Genome Browser，IGB）均可以进行ChIP-seq数据的可视化。这类可视化工具有助于从基因组角度解释表观遗传学修饰。

2. 组蛋白修饰峰值探测 与其他基于ChIP的高通量技术一致的是，从ChIP-seq标签数据鉴别出可靠的组蛋白修饰谱，等价于寻找一段基因组区域内统计学显著的组蛋白修饰标签的峰。一个最直接的想法是，对于一段长度一定的基因组区域来说，需要包含R个序列标签才可以从统计学水平支持这段区域被组蛋白修饰所定位。要固定这个数值，需要同时考虑几个参数的影响，即有效的基因组长度（gsize）、期望的标签数（λ，为总标签数和与 gsize 的比值）、超声波降解得到的片段长度（bandwidth）、标签偏移（d）和倍数富集（mfold）。通过构造泊松模型（$1-\sum_{n=0}^{R-1}e^{-\lambda}\lambda^n/n!$），可以在一定统计学水平下（如 $p=0.01$）进行标签数估计，使得这个数值保证错误呼报（即窗口本不包含组蛋白修饰却被认为包含组蛋白修饰）的概率低于统计学水平。如果同时伴随 ChIP-seq 实验数据还有实验控制数据的话，可以考虑使用实验控制数据对显著的标签数进行估计。即使没有实验控制数据，前述的两种分析程序也可以通过前面描述的统计模型构造背景模型。下面以 MACS 软件为例，解释影响 ChIP-seq 峰值探测的一些因素。

（1）有效的基因组长度（gsize）。由于人类基因组有些区域无法使用较短的序列进行唯一匹配，因此有效的基因组长度要小于期望值 3.2Gb。MACS 默认 gsize 为 2.7Gb。该值影响基因组水平的 λ 计算，即 λ_{BG}。

（2）标签偏移（d）。由于 ChIP-seq 的标签对应于染色质片段的末端，标签对应到参考基因组的位置距离真正的组蛋白修饰中心还有一定的偏差，所以需要对染色质标签进行位置调整以精确地反映组蛋白修饰的中心。通常的做法是将标签按给定测序方向的反方向移动 75bp，即差不多半个核小体 DNA 的长度。MACS 会随机挑选 1000 个高质量的峰，将沃森链和克里克链分开，分别计算两类链标签的中点位置。如果沃森链在克里克链的左边，那么就将两类链向中心移动，形成混合的标签分布。如果沃森链和克里克链标签分布的中心距离为 d，那么两类链各自移动的距离为 $d/2$。

（3）倍数富集（mfold）。给定一个 bandwidth 和 mfold 值，MACS 在基因组范围内生成 $2\times$ bandwidth 大小的众多窗口，以发现相对于背景分布的多于 mfold 倍数的富集标签区域。MACS 默认设置 mfold 为 32。

MACS 与其他算法相比进行峰值探测有一些不同之处。去除冗余标签时，相同的标签可能被重复地测序，这样的标签可能是 ChIP DNA 扩增和测序文库准备中所带来的偏差，这可能对最终的探测结果产生噪声。因此，MACS 去除了重复的标签。

目前，大多数的 ChIP-seq 峰值探测算法均使用泊松分布进行建模。这个模型的优势在于只有一个参数：λ_{BG}，它既代表均值也代表方差。在 MACS 移动每个标签 $d/2$ 的距离后，就滑动 $2\times$ bandwidth 的长度寻找显著标签富集的可能的峰（泊松分布默认 p 值为 10^{-5}）。交叠的峰值应当合并。最终的标签（tag）叠加后最高处即最可能为抗体的结合区域。

在控制样本中，经常观测到标签分布具有摆动和偏差的特点，这可能是局部染色质结构、DNA 扩增和序列偏好合力造成的结果。因此，使用 λ_{BG} 作为唯一的 λ 值是不合理的。MACS 因而使用一种动态的参数 λ_{local} 来估计局部的 λ。λ_{local} 被定义为 max（λ_{BG}，[λ_{1k}]，λ_{5k}，λ_{10k}）。其中，λ_{1k}、λ_{5k}、λ_{10k} 分别是以控制样本中的峰值位置为中心的 1kb、5kb 和 10kb 窗口范围估计的 λ。当没有控制样本时，λ_{1k} 不需要计算。λ_{local} 侧重于局部偏差的刻画，对于小区域标签数目较少的情况亦有效。MACS 使用 λ_{local} 计算每个候选峰的 p 值，并去除由于局部偏差导致的潜在错误峰（即在 λ_{BG} 情况下满足，而使用 λ_{local} 则不满足）。p 值小于预设值（默认是 10^{-5}）的候选峰则被认为是真实的峰，真实数据的标签数与 λ_{local} 的比值则为倍数富集值，在结果文件中随峰一起展示。

对于一个有对照的 ChIP-seq 实验来说，MACS 可以为每个探测的峰估计错误发现率（FDR）的经验值。在每个经验 p 值下，MACS 使用相同的参数来发现相对于控制样本的 ChIP 峰和相对于 ChIP 峰的控制峰（交换）。经验 FDR 被定义为控制峰数目与 ChIP 峰数目的比值。MACS 也可以应用于两个条件下的差异结合位点，即将一个样本当作对照。因为任何一个样本均有生物学意义，所以不能使用交换计算FDR。取而代之，需要选择一个真正的对照来评估每个样本的质量。

3. ChIP-seq实验的精简　　特异性ChIP-seq：由于ChIP-seq技术产生的标签集过大，如果考虑到特定的生物学需求，如只对某个基因座感兴趣，可以通过特异性的方法筛选感兴趣的基因组区域，随后进行ChIP后的测序即特异性ChIP-seq（图5-10），这样会大大减少标签数、降低分析的难度和节约成本。

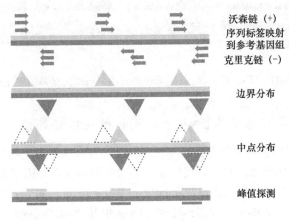

沃森链（+）
序列标签映射
到参考基因组
克里克链（-）

边界分布

中点分布

峰值探测

图5-10　对ChIP-seq数据进行峰值探测的原理

三、组蛋白修饰与DNA甲基化存在协同调控关系

（一）DNA甲基化和组蛋白修饰的相互作用

DNA甲基化对细胞分裂过程前后组蛋白修饰模式的保持起到作用。在转录过程中，复制叉附近的染色质结构完全被破坏，因此在复制叉经过后，应该有一定的机制可以使染色质状态得到很好的复原。DNA甲基化模式应该是细胞分裂后重建染色质状态的主要标记。包含甲基化的CpG区域在转录后重新组装为紧致的结构，而非甲基化的区域倾向于重新形成开放的染色质构象。使用ChIP技术发现，非甲基化的DNA倾向于和包含乙酰化修饰的组蛋白共存，而这种组蛋白正是开放染色质的标志；然而甲基化基团的出现和包含非乙酰化的组蛋白H3和H4的组装相关，这会导致紧致的染色质结构。DNA甲基化和组蛋白修饰之间的关系可以部分受甲基化胞嘧啶结合蛋白（如MECP2或MBD2）的调节。有证据表明DNA甲基化会抑制H3K4的甲基化。因此，发育过程中形成的DNA甲基化模式可能作为模板以维持许多代细胞分化的转录抑制模式，而无须识别DNA复制周围的序列或基因。

组蛋白修饰对DNA甲基化的影响研究表明发育早期的DNA甲基化基础状态的建立可能受到组蛋白修饰的调节。根据这个模型，H3K4甲基化的模式可能在DNA从头甲基化之前形成。H3K4甲基化受RNA聚合酶Ⅱ（PolⅡ）的指导，因为RNA聚合酶Ⅱ募集特定的H3K4甲基转移酶。在早期胚胎基因组中，RNA聚合酶Ⅱ大多结合在CpG岛，所以只有这些区域被H3K4甲基化标记，而其他基因组区域就不能被H3K4甲基化所标记。从头DNA甲基化是DNA甲基转移酶DNMT3a和DNMT3b所行使的功能。由于H3K4me的干扰，胚胎中的从头甲基化只在基因组中的CpG位点发生，但是可能在CpG岛受到阻止。

H3K36me2在基因和基因间区都有富集。在基因间区，H3K36me2也可以招募DNMT3a来调节DNA甲基化的建立和维持（图5-11）。此外，对H3K36me2的抑制可以将DNMT3a从基因间区重新分配到富含H3K36me3的基因，导致基因间区的DNA甲基化减少。

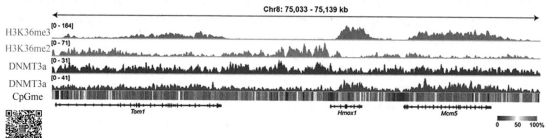

图5-11　DNMT3a、CpG甲基化和H3K36me2的全基因组定位

彩图

（二）通过贝叶斯网络重构DNA甲基化和组蛋白修饰协同调控基因表达网络

DNA甲基化和组蛋白修饰之间存在相互作用，且二者对基因表达都有直接的影响。贝叶斯网络是一种概率图形化的网络。目前，贝叶斯网络对于解决复杂多因素的关联研究已有广泛应用。首先计算全基因组范围的组蛋白修饰和DNA甲基化的含量，然后，借助贝叶斯网络软件就可以进行表观遗传学网络的重构。在图5-12中，DNA甲基化和H3K4me3之间存在密切的关系，

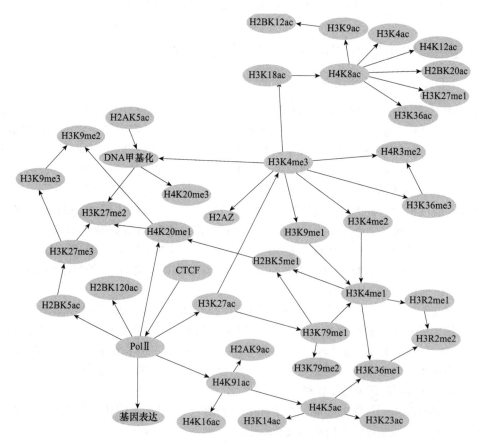

图5-12　组蛋白修饰、DNA甲基化和基因表达的贝叶斯网络

而H3K4me3受到RNA聚合酶Ⅱ间接的影响。此外，基因表达只受到RNA聚合酶Ⅱ的直接影响。大部分属性的关系可以得到生物学证据的支持，另一部分新发现的关系为进一步的组蛋白密码的研究提供了很好的线索。

本 章 小 结

　　计算表观遗传学使用计算生物学方法来补充表观遗传学的实验研究。由于高通量测序技术的飞速发展，表观基因组数据集呈现爆炸性增长，计算方法在表观遗传学研究的所有领域发挥着越来越大的作用。计算表观遗传学的研究包括开发和应用生物信息学方法来解决表观遗传学问题，以及在表观遗传学的背景下进行计算数据分析和理论建模。这包括对组蛋白和DNA CpG岛甲基化的影响进行建模。

　　本章介绍了多种类型的表观遗传学数据的处理和分析方法，为理解全基因组的表观遗传信息图提供了实验技术支持。计算表观遗传学在癌症中也有着广泛的应用，为癌症的诊断和治疗提供了新的机会，为理解分子间的相互作用提供了新的见解。

（本章由顾悦编写）

第六章 计算癌症生物学

第一节 癌症生物标记亚型鉴定方法

一、基因突变信息标记

全基因组测序（WGS）将癌症基因组学带入了新的领域。每个癌症患者中存在数千个突变，研究者已经能够辨别在肿瘤发生过程中出现的通用突变模式，称为"突变特征"。这些突变特征为个体癌症的病因提供了新的见解，揭示了影响癌症发展的内源性和外源性因素。

突变特征的概念是在2012年提出的，研究者发现对一组21个WGS乳腺癌中所有替代突变的分析可以揭示肿瘤间一致的诱变模式。这些模式是在肿瘤发生过程中发生的DNA损伤和修复过程的生理印记，可以将*BRCA1*-null和*BRCA2*-null肿瘤与散发性乳腺癌区分开来。随后，一项具有里程碑意义的研究将这一原理应用于30种癌症类型的约500个WGS和约6500个全外显子组测序（WES）的肿瘤，并揭示了21个不同的单碱基替代（single-base substitution，SBS）突变特征。最近，对约4600个WGS和约19 000个WES样本的更新分析将已知SBS的数量提高到49个。进一步的复杂性，包括某些突变特征的可能组织特异性，也已得到证实。今天，突变特征分析已成为基因组研究的标准组成部分，因为它可以揭示每个肿瘤中诱变的环境和内源性来源。事实上，这个新兴领域正在获得突出地位，并正朝着具有临床意义的方向发展（图6-1）。

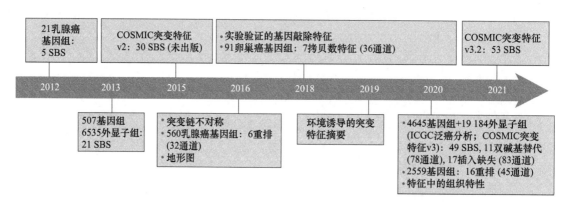

图6-1 随时间演变的突变特征（Koh et al.，2021）

突变的标记一般分为：碱基替代标记（base substitution signature）、插入缺失标记（InDel signature）、重排标记（rearrangement signature）和拷贝数标记（copy number signature）。对于碱基替代标记来说，不管用于识别的算法如何，在大多数检查的队列中，常见的标记往往是一致的，如*SBS1*由5-甲基胞嘧啶的脱氨基作用引起。同样，与环境暴露相关的特征往往可以立即证明（如与紫外线相关的*SBS7*和*DBS1*）。特定DNA修复途径的缺陷会产生显著的诱变，如错配修复缺陷相关的*SBS26*和*SBS44*，并且一些内源性特征非常独特且易于辨别，如载脂蛋白BmRNA编辑酶、

催化多肽样相关的 *SBS2* 和 *SBS13*。此信息可从各种在线资源（如COSMIC或Signal）访问，其中确切内容可能会随时间而变化。分析中经常使用的参考集是COSMIC v2的30个标记集合。2020年发布的COSMIC v3.1集合使标记总数达到49个。相对于COSMIC v2集合（如 *SBS1* 和 *SBS16*），一些特征被注意到与治疗相关（如 *SBS31* 和 *SBS35* 与铂相关；*SBS90* 与多卡霉素相关）。但是还不清楚这些更新的标记信息在生物学上是真实的还是仅仅是数学结果，有待独立验证。

与替代相比，由于难以获得高质量的插入缺失数据，小插入缺失（小于100bp）标记未被充分开发。然而，插入缺失在癌症中很常见，发生频率约为替代发生频率的10%，并且它们的基因组位置和序列组成是非随机的。因此，插入缺失也可以表示为具有生物学洞察力的标记。插入缺失不能始终以与替代相同的精度固定到定义的坐标，因为不可能精确定位多核苷酸重复区域中缺失或插入位置。因此，根据插入缺失的类型（缺失、插入或复杂）、大小及插入缺失连接处是否存在可以揭示生物学基础的特征，对插入缺失进行了更简单的分类。例如，重复片段中出现的1bp插入缺失通常是由于复制过程中的链滑脱引起的，而与侧翼序列共享微同源序列的插入缺失被认为是通过替代末端连接过程对双链断裂进行不完美修复的疤痕。这种简单的分类构成了鉴定具有错配修复（MMR）缺陷和同源重组缺陷（HRD）的癌症的基础（图6-2）。

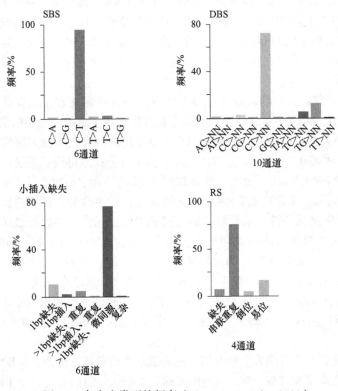

图6-2　各突变类型的频率（Skvortsova et al.，2019）
DBS：双碱基替代；RS：重排

彩图

另一类重要的体细胞突变是结构变异或重排，在染色体上可能发生千碱基到兆碱基尺度的缺失、复制或重新组装。通过使用非负矩阵分解框架，提出了32个分类通道，用于从560个WGS乳腺癌的局部分析中提取推定的基因重排特征。通道考虑了重排断点如何区域聚集、重排类型［如缺失、串联重复（TD）、倒位或易位］和重排大小。六种已鉴定的基因重排特征中的三种与肿瘤HRD相关：具有*BRCA1*但没有*BRCA2*突变的癌症显示大量基因重排特征短TD（小于10kb），而具有*BRCA1*或*BRCA2*突变的癌症显示大量基因重排特征缺失（小于10kb），与HRD相关的基因重排特征长TD（超过100kb）的原因尚不清楚。重排标记的数量最近扩展到15个。32通道分类方案也已用于报告肝癌和卵巢癌队列中的特征。

离散的突变过程可以驱动DNA的得失（即癌症中的拷贝数改变）。迄今为止，在使用不同方法对卵巢癌、前列腺癌和软组织癌进行局部分析时，很少报道拷贝数特征。提取前的拷贝数特征分类使用基于分布的特征，并且是复杂的和特定于队列的。拷贝数可以从低通量浅层测序或微阵列数据中推断出来，并且可能是一种成本较低的肿瘤分类和疾病结果预测方法。然而，拷贝数标记的分辨率有限，因为它们报告的是染色体而不是核苷酸尺度的基因组变化，因此不具备替代和插入缺失表型所提供的准确性。

二、表观修饰标记

表观遗传可以在不改变DNA序列的情况下产生可遗传的表型变化。由表观遗传控制的基因表达模式的破坏可能导致自身免疫性疾病、癌症和各种其他疾病。表观遗传的机制包括DNA甲基化（和去甲基化）、组蛋白修饰和非编码RNA，如miRNA。与专注于遗传学领域的众多研究相比，表观遗传学研究是相当新的。与难以逆转的遗传变化相比，表观遗传畸变在药物学上是可逆的。新兴的表观遗传工具可用作预防、诊断和治疗标志物。随着针对特定表观遗传机制参与基因表达调控的药物的开发，表观遗传工具的开发和利用是一种合适且有效的方法，可应用于临床治疗各种疾病。

作为最丰富和研究最充分的表观遗传修饰之一，DNA甲基化在正常发育和细胞生物学中起着至关重要的作用。DNA甲基化景观的全局变化有助于转录组的改变和细胞通路的失调。特别是在肿瘤发生期间，以单碱基分辨率检测DNA甲基化的测序技术助力研究人员观察疾病状态下全基因组DNA甲基化景观。最近，DNA羟甲基化分析技术得到了发展，该技术允许区分5mC和5-羟甲基胞嘧啶（5hmC）分布，并为DNA甲基化动力学和肿瘤发生中的重塑提供了进一步的见解。众所周知，癌症中的DNA甲基化模式经常发生改变，包括逆转录元件、着丝粒和癌基因的DNA低甲基化事件，以及与抑制关键基因调控元件（如远端增强子和启动子重叠转录起始位点）相关的局灶性DNA高甲基化。此外，易位（TET）酶可将5mC氧化为5hmC这一发现引起了人们对5hmC在重塑甲基化景观中可能发挥的作用的广泛兴趣。TET蛋白进一步将5hmC氧化为5-甲酰基胞嘧啶（5fC）和5-羧基胞嘧啶（5caC）的能力，可在碱基切除修复（BER）途径中碱基被胸腺嘧啶DNA糖基化酶（TDG）切除并替换为未经修饰的胞嘧啶提供了一种机制，该机制可能有助于了解早期胚胎、正常细胞生物学和疾病过程中的DNA甲基化模式动态（图6-3）。

正常的表观遗传过程在肿瘤发生的开始和进展过程中被破坏，包括正常DNA甲基化模式的整体变化。癌症中普遍存在着整个基因组范围内的低甲基化伴随CpG岛启动子区域的高DNA甲基化。CpG岛的高甲基化很常见，并且经常与肿瘤抑制基因、控制细胞生长的基因和下游信号通路的沉默有关。事实上，许多对特异位点或全基因组范围的DNA甲基化分析研究共同揭示了多个启动子相关的CpG岛，这些岛在肿瘤细胞中始终经历异常的高DNA甲基化。例如，约90%的前列腺癌中的谷胱甘肽S-转移酶P基因（*GSTP1*）、细胞周期蛋白依赖性激酶抑制剂和约20%的肺癌中的*p16INK4a*和约12%的乳腺癌和卵巢癌中的*BRCA1*都发生了异常的高甲基化。虽然CpG岛易受DNA甲基转移酶活性的影响，但CpG贫乏的区域在肿瘤发生过程中往往会发生低甲

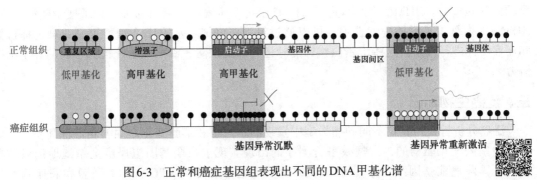

图6-3 正常和癌症基因组表现出不同的DNA甲基化谱

（ICGC/TCGA Pan-Cancer Analysis of Whole Genomes Consortium，2020）

彩图

基化，导致肿瘤DNA甲基化特征整体降低。该现象由费恩伯格和沃格斯坦首先在结肠腺癌和小细胞肺癌中发现，后来在前列腺癌和慢性淋巴细胞白血病中观察到。这种癌细胞中缺乏CpG的低甲基化模式的例外是缺乏CpG的增强子元件。这些区域在正常细胞中是未甲基化的，而在癌细胞中经常甲基化。此外，CpG岛海岸也具有较低的CpG密度，其两侧的CpG岛距离可达2kb，可在癌症中发生DNA高甲基化。这首先在人类结肠癌中观察到，在乳腺癌、肺癌、甲状腺癌和肾母细胞瘤中也有表现。

记录癌症中甲基化标记的数据库有很多，如MethDB、PubMeth、MethyCancer、DiseaseMeth、MethHC等。这里以MethHC为例进行说明。目前MethHC已更新到了2.0版本。它是一个基于网络的综合资源，专注于人类疾病，特别是癌症的异常甲基化组。MethHC2.0的更新数据来源于多个公共存储库的额外DNA甲基化组和转录组，包括33种人类癌症、来自TCGA和GEO数据库的超过50 118个微阵列和RNA测序数据，并从累计多达3586个手动管理数据中收集具有实验证据的已发表文献。MethHC2.0还配备了增强的数据注释功能和用户友好的网络界面，用于数据呈现、搜索和可视化。提供的特征包括临床病理数据、突变和拷贝数变异、信息的多样性（基因区域、增强子区域和CGI区域）和循环肿瘤DNA甲基化谱，可用于生物标志物组设计、癌症比较、诊断等研究。

组蛋白修饰在染色质重塑、基因转录调控、干细胞维持和分化中发挥重要作用。通过将DNA包裹在核心组蛋白（H2A、H2B、H3和H4）周围，将真核DNA包装到包含重复核小体的染色质中。在哺乳动物细胞中，组蛋白的N端尾部受到许多化学修饰，如甲基化、乙酰化、泛素化、磷酸化和ADP核糖基化。组蛋白修饰为组蛋白甲基转移酶和乙酰转移酶等效应子提供了可访问的靶标，并且对染色质结构和基因转录有不同的影响，具体取决于修饰的类型和位置。目前，主要通过基于ChIP的技术研究各种修饰类型中的甲基、乙酰基和泛素基。组蛋白的精氨酸和赖氨酸N端尾部的特定位点，最多可以添加三个甲基。不同位置的组蛋白甲基化类型归因于激活或抑制功能，例如，H3K4me3与基因表达呈正相关，而H3K9me3与异染色质形成和基因沉默有关。组蛋白修饰的正常模式对于染色质稳定性和转录调控至关重要。组蛋白修饰的紊乱变化可能与癌症有关。RARB2启动子通过H3K27me3的富集在没有DNA高甲基化依赖性的前列腺癌中特异性沉默。包括ChIP-seq、ChIP-chip和qChIP在内的基于ChIP的实验在探测组蛋白修饰方面非常有效，并产生了大量的组蛋白修饰数据。拥有此类数据的数据库非常有用，可以执行深入的数据挖掘。癌症生物标志物鉴定仍需要用组蛋白修饰数据整合和分析的工具。人类组蛋白修饰数据库（HHMD）专注于从实验中获得的组蛋白修饰数据集的储存和整合。HHMD数据库储存人体43个特定位置的组蛋白修饰。为了便于数据提取，HHMD中内置了灵活的搜索选项，可以通过组蛋白修饰、基因ID、功能类别、染色体位置和癌症名称进行搜索。这些组蛋白修饰的标记为癌症预防、诊断和治疗提供了新的分子筛查潜力。

三、泛癌生物标记

泛癌分析旨在检查在不同肿瘤类型中发现的基因组和细胞变化之间的相似性和差异。癌症是由基因变化驱动的，大规模平行测序的出现实现了在全基因组尺度上系统地记录这种变异。国际癌症基因组联盟（ICGC）的全基因组泛癌分析（PCAWG）联盟和癌症基因组图谱（TCGA）对38种肿瘤类型的2658个全癌基因组及其匹配的正常组织进行了综合分析。PCAWG资源的生成得益于计算云的国际数据共享。当结合编码和非编码基因组元件时，癌症基因组平均包含4～5个驱动突变；然而，在大约5%的案例中，没有发现驱动因素，这表明癌症驱动因素的发现尚未完成。许多聚集的结构变异出现在一个单一的灾难性事件中，通常是肿瘤进化的早期事件。例如，在肢端黑色素瘤中，这些事件先于大多数体细胞点突变，并同时影响几个癌症相关基因。具有异常端粒维持的癌症通常起源于具有低复制活性的组织，并显示出几种防止端粒磨损至临界水平的机制。常见和罕见的种系变异会影响体细胞突变的模式，包括点突变、结构变异和体细胞逆转录转座。PCAWG联盟的一系列论文识别了导致碱基替代、小插入和缺失，以及结构变异的突变过程的新特征；分析肿瘤进化的时间和模式；描述了体细胞突变对剪接、表达水平、融合基因和启动子活性的不同转录后果；并评估癌症基因组的一系列更专业的特征。

来自各个ICGC和TCGA工作组的全基因组测序研究的扩展提供了对跨肿瘤类型的基因组特征进行荟萃分析的机会。技术工作组通过汇总来自不同个体肿瘤类型的原始测序数据，将序列与人类基因组对齐，并提供一组高质量的体细胞突变检测以进行下游分析，从而实施了信息学分析。鉴于最近对来自TCGA泛癌图谱的外显子组数据进行的荟萃分析，科学工作组将他们的精力集中在全基因组测序数据的最佳分析上（图6-4）。

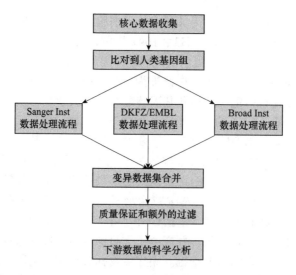

图6-4 PCAWG基因组分析的关键步骤（Danaher et al., 2018）

目前已经有很多高影响力的工作是以泛癌为基础完成的。例如，"由肿瘤炎症特征（TIS）定义的泛癌适应性免疫抗性"［Pan-cancer adaptive immune resistance as defined by the tumor inflammation signature（TIS）：results from The Cancer Genome Atlas（TCGA）］（Robichaux et al.，2019）。TIS是一种仅供研究使用（IUO）的18个基因特征，可测量肿瘤内预先存在但被抑制的适应性免疫反应。TIS被证明在对抗程序性细胞死亡蛋白1（PD-1）药物帕博利珠单抗有反应的患者中发生富集。为了探索肿瘤类型内和肿瘤类型之间的这种免疫表型，研究者将TIS算法应用于从癌症基因组图谱（TCGA）下载的超过9000个肿瘤基因表达谱。正如基于先前证据所预期的那样，对抗PD-1阻断具有已知临床敏感性的肿瘤具有更高的平均TIS评分。此外，TIS评分在肿瘤类型内比在肿瘤类型之间变化更大，并且在每种肿瘤类型中，尽管与每种肿瘤类型相关的患病率不同，但可以识别出分数升高的患者子集，后者与观察到的抗PD-1临床反应一致封锁。值得注意的是，在大多数肿瘤中，TIS评分与突变负荷的相关性极低，按TIS评分中位数对肿瘤进行排序，显示与对PD-1/PD-1配体1（PD-L1）阻断的临床敏感性的关联。TIS算法的基因表达模式在肿瘤类型中是保守的，在大多数癌症中TIS的低评分与较差预后相关。TIS的患病率和变异性特征将增加对未治疗肿瘤的免疫状态的了解，并可能改进免疫治疗药物的适应症选择（图6-5）。

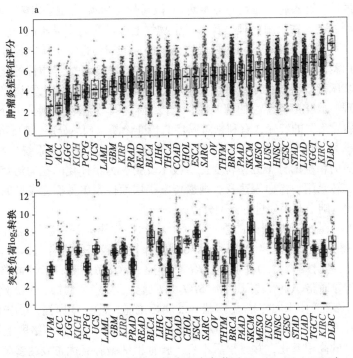

图6-5　泛癌中的TIS评分和肿瘤突变负荷（Cheng et al.，2021）

彩图

单基因在泛癌领域的研究也是目前科研的热点之一。研究者描述了癌症中*ERBB2*（*HER2*）突变的景观和药物敏感性。在11个数据集（*n*=211 726）中，*ERBB2*突变热点在25种肿瘤类型中有所不同。常见的*HER2*突变体在体外对11种*EGFR/HER2*酪氨酸激酶抑制剂（TKI）产生了不同的敏感性，分子动力学模拟显示，药物结合袋体积减小的突变体与对TKI的亲和力降低有关。总体而言，波齐替尼是测试过的最有效的 *HER2* 突变选择性TKI。*ERBB2* 外显子20突变型非小细胞肺癌的 II 期临床试验在前12名可评估患者中确认客观缓解率为42%。在临床前模型中，波齐替尼上调 *HER2* 细胞表面表达并增强药物 T-DM1 的活性，通过联合治疗导致肿瘤完全消退。*TREM2* 是免疫球蛋白超家族的跨膜受体，也是介导免疫的多种病理途径的关键信号枢纽。研究者旨在探索 *TREM2* 在33种癌症类型中的预后价值，并研究潜在的免疫功能。基于来自癌症基因组图谱和癌细胞系百科全书、基因型组织表达、cBioPortal 数据库和人类蛋白质图谱的数据集，采用了一系列生物信息学方法来探索 *TREM2* 的潜在致癌作用，包括分析 *TREM2* 之间的关系和预后、肿瘤突变负荷（TMB）、微卫星不稳定性（MSI）、DNA甲基化和不同肿瘤的免疫细胞浸润。结果表明，*TREM2* 在大多数癌症中高度表达，但在肺癌中的表达水平较低。此外，*TREM2* 与不同癌症的预后呈正或负相关。在12种癌症类型中，*TREM2* 表达与TMB和MSI相关，而在20种癌症类型中，*TREM2* 表达与DNA甲基化之间存在相关性。研究表明，由于 *TREM2* 在肿瘤发生和肿瘤免疫中的作用，它可以作为各种恶性肿瘤的预后标志物。

四、肿瘤亚型分类标记

肿瘤分子分型（molecular classification）由美国国立癌症研究所首次提出，通过分子分析技术为肿瘤进行分类，使肿瘤分类从传统的形态学转向以分子特征为基础的分子分型。现代肿瘤学认为肿瘤不再是一种疾病，而是一类疾病。对于同一种癌症类型（以癌灶器官命名）而言，由于肿瘤发病机制复杂，在组织病理学及分子生物学上都具有高度异质性的肿瘤通常是多基因参与的复杂疾病，不同阶段具有不同基因表达谱，癌症的遗传性、个体差异性和分子机制的复杂性，因此需要由基因群或基因簇来描述其特征。另外，由于肿瘤异质性的显著，不同患者之间在疾病进展、临床疗效、放化疗敏感性及预后等方面差异巨大，深入探讨癌症分子生物学特征及其与临床表现、放化疗敏感性的相关性，从传统形态学分型转变到分子分型，实现从"异病同治"到"同病异治"的转变，有利于对癌症的精准诊断、预后分层、肿瘤分期、指导治疗、复发监控及药物研发。随着基因芯片、二代测序等分子生物学技术及系统生物学的不断发展，为形态学分型向更为精准的分子分型转变提供技术支持，为个体化的靶向治疗提供了基础。从染色体、基因组、转录组、蛋白表达及表观遗传学等层面探索单种癌症类型的发生发展机制和内在特性，并在此基础上对癌症进行亚型分类。

肿瘤分子分型一直是癌症研究的重点之一。在2016年澳大利亚胰腺癌研究中心对胰腺癌患者进行了胰腺癌分子分型研究。通过对456例胰腺导管腺癌的综合基因组分析确定了32个反复突变的基因，它们聚集成10种通路：*KRAS* 通路、*TGF-β* 通路、*WNT* 通路、*NOTCH* 通路、*ROBO/SLIT* 信号传导通路、G1/S 转换通路、*SWI-SNF* 通路、染色质修饰、DNA修复和RNA加工。表达分析定义了4个亚型（图6-6）：①鳞状；②胰祖细胞；③免疫原性；④异常分化的内外分泌亚型（ADEX）。鳞状肿瘤富含 *TP53* 和 *KDM6A* 突变、*TP63ΔN* 转录网络的上调、胰腺内胚层细胞命运决定基因的高甲基化，并且预后不良。胰腺祖细胞肿瘤优先表达参与早期胰腺发育的基因（*FOXA2/3*、*PDX1* 和 *MNX1*）。ADEX肿瘤显示参与 *KRAS* 激活、外分泌（*NR5A2* 和 *RBPJL*）和内分泌分化（*NEUROD1* 和 *NKX2-2*）网络的基因上调。免疫原性肿瘤上调的免疫网络包含参与获得性免疫抑制的通路。这些数据推断出胰腺癌亚型分子进化的差异，有助于治疗方法的选择和生存时间的评估。

除了基因表达的数据可以对癌症进行亚型分类，DNA甲基化的数据也可用于对癌症进行亚型分类。DNA甲基化是基因表达的重要调节因子，因此通过表观遗传特征表征肿瘤异质性可以

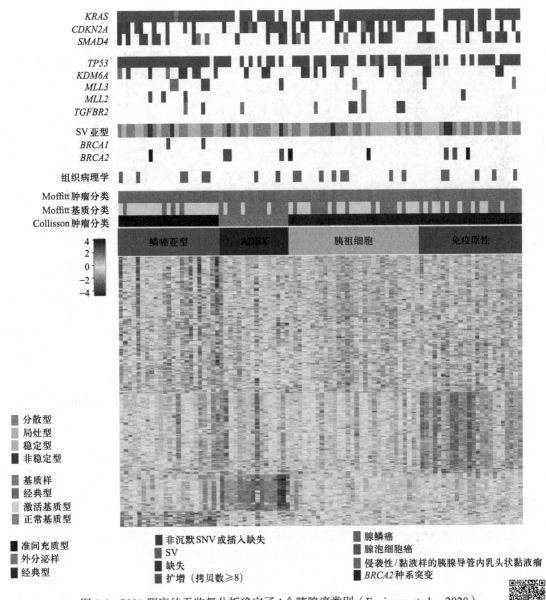

图6-6 RNA测序的无监督分析确定了4个胰腺癌类别（Espinoza et al., 2020）

彩图

提供临床信息。研究者使用来自TCGA数据库的669例乳腺癌，探索了基于DNA甲基化状态的特定预后亚型。通过使用3869个显著影响生存率的CpG探针聚类来区分9个亚组。不同的种族、年龄、肿瘤分期、受体状态、组织学类型、转移状态和预后反映了特定的DNA甲基化模式。与使用基因表达聚类的PAM50亚型相比，DNA甲基化亚型更加精细，并将基质样亚型分为两个不同的预后亚组。此外，1252个CpG（对应于888个基因）被鉴定为每个特定亚组的特定高/低甲基化位点。最后，构建基于贝叶斯网络分类的预后模型，将测试集分类为DNA甲基化亚组，与训练集的分类结果相对应。这些通过DNA甲基化进行的特定分类可以解释乳腺癌分子亚群的异质性，并将有助于开发针对新的特定亚型的个性化治疗（图6-7）。

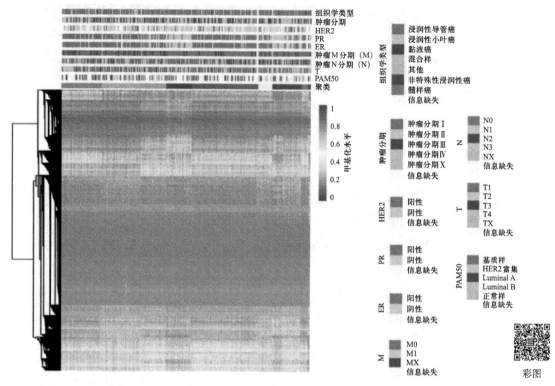

图6-7 DNA甲基化分类的共识矩阵和相应的热图（Cancer Genome Atlas Research Network，2013）

第二节 癌症预警和风险评估模型

一、癌症筛查

癌症是人类健康的重大威胁。我国癌症发病数前5位依次为肺癌、结直肠癌、胃癌、肝癌和乳腺癌，占癌症总新发病例的57.3%（图6-8），而死亡数前5位的癌症为肺癌、肝癌、胃癌、结直肠癌和食管癌，占全部癌症死亡的69.3%。根据我国癌症的流行病学特征并结合我国国情，常见的8个癌种被纳入国家级癌症筛查项目，分别为肺癌、胃癌、结直肠癌、食管癌、肝癌、乳腺癌、宫颈癌和鼻咽癌。目前，我国癌症筛查仍多聚焦于高危人群，对筛查出疑似癌症或癌前病变的患者需要进行进一步确诊。

癌症早期筛查与诊断是公认的降低癌症死亡率的有效方法。但是，不断恶化的癌症形势与专业人员的相对紧缺是当前癌症形势下所面临的一对尖锐矛盾。而癌症的智能筛查与诊断为解决这一矛盾提供了有效途径。近年来，人工神经网络特别是深度神经网络算法，在人工智能的各个领域取得了引人注目的成绩。而这种以数据为驱动的机器学习算法需要从大量的数据中进行学习。随着医疗信息化的不断深入，医疗行业数据量增长迅速。医疗数据的不断积累与人工神经网络的不断发展为癌症的智能筛查与诊断提供了有力的材料和工具。肿瘤标志物是在一些癌症患者的血液、尿液或组织中发现的高于正常水平的物质。这些物质也被称为生物标志物，可由肿瘤产生，也可以由健康细胞为了响应肿瘤而产生。检查肿瘤标志物，即了解体内是否存

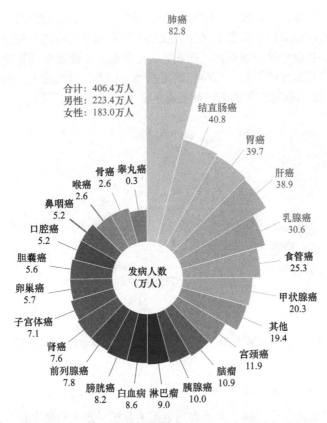

图6-8 2021年全国癌症报告统计（引自国家癌症中心）

在这些物质，以及含量如何。肿瘤标志物往往是蛋白质。此外，某些基因变化现在正被用作肿瘤标志物。

　　癌症的智能筛查与诊断可以分为基于结构化数据的模型和基于非结构化数据的模型。从是否有症状的角度来讲，可以将其分为基于症状的模型和基于无症状的模型。结构化数据无论何时都是不可或缺的，也是基于无症状癌症筛查的基础。而深度卷积神经网络使得通过医疗图像来提高癌症智能筛查与诊断性能成为了可能。从数据角度来讲，将多种数据结合起来研究是提高癌症筛查与诊断性能的有效途径。然而，由于对数据完备性要求比较高，目前很难将结构化数据和非结构化数据联合起来进行研究，这还需要对数据进行长期的储备和整理。但是，对多种医疗数据进行研究对癌症智能筛查和诊断是必要的。

　　医疗影像在医疗数据中占据的比重越来越大，是癌症早期筛查与诊断的重要工具。在20世纪90年代末，有监督的机器学习技术在医疗影像分析中变得越来越流行，并且形成许多成功的医学影像分析系统的基础。这种系统设计中的关键步骤是从图像中提取判别特征。这个特征提取器的设计仍然由人工完成，因此，这样的系统也往往称为人工设计特征的系统，如尺度不变特征变换、局部二值模式等。与人工设计的特征提取器不同，人工神经网络的特征提取是从数据中学习得到的。医疗影像识别与检测领域使用的神经网络模型与其在计算机视觉领域的发展基本保持一致。在深度神经网络发展初期，医疗影像识别侧重于无监督的预训练。医疗影像中的分类任务通常指的是将医学影像的某个局部分为两个或更多个类别。对于这类任务，往往需要结合关于病变出现的局部信息和关于病变位置的全局上下文信息以更加精确地分类。

癌症的智能筛查与诊断已经取得了飞速的发展，但是依然还有很长的路要走。人工神经网络的崛起引发了人工智能的又一次热潮（图6-9）。这无疑对于癌症智能筛查和诊断的发展也是巨大的机遇。如何结合医疗数据与人工神经网络模型的特点，对当前人工神经网络模型的相关技术进行改进使其癌症智能筛查与诊断性能提高是当下一个重要的课题。

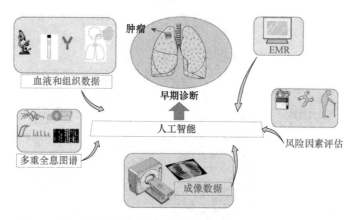

图6-9　人工智能在癌症早期诊断中的应用（Edgar et al.，2002）

二、癌症预后

精准医学概念的提出，使得基于基因表达数据的分析受到人们越来越多的关注，大大推进了临床相关的研究，旨在使医疗更具有特异性与可预见性。基因组学作为一门数据驱动的学科，需要从大规模的基因组数据中发现新的特性，其常见应用包括：发现基因型和表型之间的关联、分析患者高低危分层的生物标志物、预测基因的功能等。随着二代测序技术的发展，产生了大量来源于基因组学的数据，推动精准医学、生物学、生物化学的发展。特别是在临床领域出现的高通量RNA测序等，为医生与研究人员提供大量基因表达数据，可以从分子角度更精确地对患者进行诊断并确定其状态。由于癌症是一种由不同基因组改变驱动的异质性疾病，患者的基因表达数据中包含与疾病发展和进化相关的信息，如果能有效提取与分析这些信息，就可以对患者采用更精确的治疗方法，改善其预后。现如今，有多种存储大量组学数据的公开数据库可供研究人员使用，其中，最著名的两大公共数据库是TCGA和GEO。TCGA是目前最大的存储癌症相关组学信息的数据库，是癌症相关研究中包含资源最丰富、数据最权威的数据库。它存储大量样本的基因表达数据、拷贝数变异数据、DNA甲基化数据等。GEO是一个存储大量高通量测序数据的数据库。这些公开的基因表达数据库吸引了生物学、计算机科学、医学等大量研究人员的关注，大大推动基因组数据分析的发展。基因组数据复杂性较高，很难直接从特征中发现模式，需要用计算机技术来辅助发现特征中的规律，从而提出假设并建立模型。在过去的数十年间，涌现大量使用机器学习算法来解决基于基因表达数据的预测问题。然而，传统的机器学习技术无法直接处理原始数据特征，在建模前需要特征选择步骤来进行预处理。构建一个模式识别或机器学习模型往往需要专业领域知识构建特征，从而将原始数据转换成与目标问题高度相关的特征形式，使得模型系统可以根据输入特征进行分类。随着深度学习技术在以计算机视觉为代表的领域中大放异彩，研究人员逐渐开始使用深度学习解决基因组学中的预测问题。

深度学习是一种基于表示学习策略的方法，它将多个功能各异的非线性组件进行组合，从输入层开始，逐渐抽象出更高级别的特征表示，从而学习到比较复杂的函数。这也是深度学习技术的特点：模型中的特征表示不是人为设计的，它们是由通用学习程序从数据中学习的。故尽管基因表达数据的高维度小样本以及非结构化特性给深度学习技术的应用带来了一定程度的局限性，它在基因组学中仍然取得许多令人满意的研究成果。

精准针对患者基因组信息，结合临床症状等多种数据源，进行预后估计、制定针对个体的治疗方法，有助于改善癌症的治疗，从而提高患者的生存率；对癌症预后的研究有助于对疾病的发展与风险进行评估，有利于改善临床管理。此外，在复杂的癌症基因组数据生物信息学分析领域，由于基因组数据集的庞大与复杂性，大多数癌症生物学家和临床研究人员没有能力和专业知识来直接使用这些数据。因此，计算机技术人员与生物学研究人员通力配合，各自发挥所长，通过算法、建模等技术手段，探索复杂基因组数据中的异常基因表达值，找到可能的致病基因（图6-10A和B），即计算出与疾病相关的潜在生物标志物；接着通过实验了解这些候选基因的分子作用机制并验证其致癌活性（图6-10C），证明其与人类癌症的相关性等；如此配合，可能找到与癌症相关的新的生物标志物或者治疗靶点（图6-10D），对疾病的诊断与治疗等具有指导性意义。基于基因表达数据的癌症预测任务通常包括：正常与患病分类、亚型分类、预后

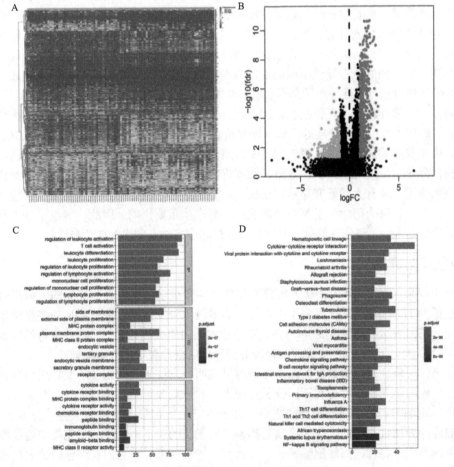

图6-10　癌症预后相关风险基因挖掘　　　　　　　　　　彩图

预测、疾病进展时间估计等，由于基因表达数据集的特征维度较高而样本量较少，进行准确预测具有一定的困难。在过去的几十年里，许多机器学习方法被用来解决基于基因表达数据的疾病诊断与预测问题，并取得一定成果。随着深度学习技术的提出，鉴于其在以计算机视觉为代表的领域中优于传统机器学习算法的突出表现，研究人员也逐渐开始使用深度学习技术解决基因组学的问题。

　　癌症基因组学的研究目标之一是寻找与癌症重要临床表现有显著关联性和预测作用的基因分子特征。这些临床表现包括患者的生存时间、癌症转移状态、手术切除肿瘤后的复发情况、对治疗手段的反应及对药物的敏感性等。癌症分型及预后研究中的临床表现指生存时间。生存时间具有两个维度，第一个维度表示生存时长，是从研究起始点（初始诊断患癌、术后或服药后）开始到发现患者达到研究兴趣的终结点（因病死亡、癌症复发等）或者最后一次追踪到病人状态的时间长度。第二个维度表示患者的状态，表征患者最终是否到达观测到终结点或者删失。造成删失的情况可以是在调查期间患者突然失踪，无法进一步确认其生存状态，或者在研究期结束时依然没有观测到患者达到终结点。换言之，删失情况下无法精确地知道患者的生存时长，只能知道其生存时长大于从研究开始到上一次的观测时间节点。

　　预后，从广义上是指预测疾病可能的病程或结局，而本节所述的癌症预后具体指的是对癌症患者生存时间长短的预测，即对患者死亡风险高低的预测。通常将生存时间较长的癌症患者称为死亡低风险组，而将生存时间较短的癌症患者称为死亡高风险组，生存时间的长短是通过选定一个合理的阈值来划分的，如五年生存。因此，癌症的预后即生存期预测是机器学习中的一个二分类问题，即预后的目标是将癌症患者准确地划分到高低风险两组群体，进而有针对性地为生存期长短不同的患者提供不同的治疗方案。随着癌症发病率逐渐升高，癌症死亡率居高不下，对癌症患者进行精准的预后是当前所面临的重要癌症问题之一。

　　目前，对于癌症预后主要包括临床预后和分子预后两种方法。临床预后方法是指临床医生利用年龄、肿瘤大小、癌症分期等临床数据并结合自己的临床经验来判断癌症患者的生存时间。临床预后由于受到临床技术及主观影响而不可避免地降低对患者生存期预测的准确性。与临床预后不同，分子预后是对基因表达等分子数据进行预后相关性分析并通过合理的预测算法建立生存期预测模型。现有大量研究显示，相比于单分子疾病，癌症的发生和发展过程往往由多种组学分子参与，且每个组学分子都会对癌症的预后产生重要影响。因此，多组学分子预后研究能够更好地帮助人们了解癌症的分子机制并有效提高癌症患者的生存期预测性能。

三、癌症风险评估

　　近十年以来，TCGA致力于从大规模的癌症样本多组学数据中揭开癌症的致病机制，一共收录了包括34种癌症的大约1万多个患者样本的多组学分子数据。目前常见的多组学数据有体细胞突变、基因表达、拷贝数变异、DNA甲基化和蛋白质表达数据等。这些宝贵的癌症数据为从多个不同的分子组学层面建立癌症的精准分型和预后模型奠定了数据基础。

　　近年来，对癌症基因组数据的测序分析结果表明，癌细胞之间在分子变异层面存在着巨大的异质性。癌细胞是由多种含有不同分子变异类型的子克隆细胞群体构成的。在癌症的发生发展过程中，癌细胞经过多次分裂增殖之后，其子克隆细胞在形态与表型上会呈现出不一致性，这就是癌症的异质性。不同个体的癌细胞都是独一无二的。不同类型的子克隆细胞在细胞外部表现出不同的生理特性，如细胞形态、生长速度、转移潜力等；它们在细胞内部表现出在不同分子水平上的明显差异，这种情况直接导致癌症发生发展过程的分子机制不尽相同；另外，它们对治疗手段的敏感程度不同，同一疗法可能不会杀死全部的癌细胞，而只是对一部分子克隆细胞群敏感，这导致了癌症治疗的复杂性。因此，癌症异质性是癌症治疗面临的一个重要难题，对癌细胞异质性的研究有助于深入地了解致癌过程，以及对设计有效的综合治疗方案有着重大的临床应用价值。

由于癌细胞高度异质性的本质，同种癌症类型的患者往往表现出差别迥异的临床特点，如生存时间、疾病发展速度及对治疗方案的应答等。例如，乳腺癌的患者对同一种疗法的反应会截然不同，通过探究他们术后的癌症组织可以发现他们的癌细胞表现出差异很大的分子组学特性，甚至可以将他们归属于不同"类型"的癌症。将同种癌症按照不同的发生发展的分子机制分成不同子类的过程就叫作癌症的分型，这些被分属为不同"类型"的癌症称为癌症的亚型。由于癌症的分型是一个探索癌症内部差异分子机制的过程，并没有固定的标准答案，因此，癌症分型通常使用机器学习中的无监督聚类方法来实现。癌症分型研究体现了同一组织类型的癌症之间存在巨大基因组层面的异质性，有助于医生针对不同类型的患者给予合适的治疗方案，对癌症的精准治疗具有相当重要的意义。

由于聚类属于无监督机器学习方法，没有确定的聚类结果作为参考标准，因此如何定义癌症亚型结果的评价指标是基于组学数据的癌症亚型识别研究中的一个重要问题。针对生物学上对癌症分型的目的在于识别与生存或复发相关的亚型（生物学上称此亚型为临床上有意义的亚型）这一特点，现有的研究常用生存分析的生存曲线分析（Kaplan-Meier，KM）和对数秩检验（Log-rank test）来评价分型聚类所得到的亚型对于患者之间的生存趋势是否有显著不同，从而判断分型的有效性。

生存分析是一种生物统计学方法，其将事件的结果与其经历的生存时间相联系。生存分析主要探究生存时间、生存的事件与其他协变量间的关联。生存分析中，常用KM估计法对生存函数进行估计，KM估计法是一种非参数估计的方法。KM估计法在每个事件点计算生存概率，由KM估计法可以绘制一组患者的生存曲线。如图6-11所示，该曲线以随访时间作为横坐标，以患者生存率即存活患者的比例作为纵坐标。生存曲线是一条下降的曲线，患者的生存率随时间的增长不断地减小，曲线下降的程度可表示患者生存率的高低，平缓的生存曲线表示生存期较长，陡峭的生存曲线表示生存期较短。此外，由于KM估计法只计算死亡或删失发生时的生存率，该生存曲线是阶梯状的形态。

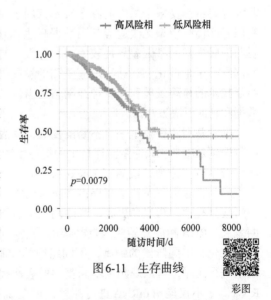

图6-11　生存曲线

彩图

另外，在生存分析中，常用对数秩检验（Log-rank test）来比较几组癌症样本的生存曲线之间是否存在显著的差异性，它是一种非参数卡方检验。关于两组样本的Log-rank检验，假设的描述如下：①原假设H0：两组样本的生存曲线没有明显的差异。②备择假设H1：两组样本的生存曲线有明显的差异。构建统计量公式：

$$\chi^2 = \sum_k \frac{A_k - T_k}{T_k}$$

（6-1）

式中，A_k表示第k组死亡事件的样本数，删失数据不计入；T_k表示第k组死亡事件发生的期望值。卡方统计量χ^2的自由度等于组数$k-1$，可以通过查表获得Log-rank检验的显著水平的p值，当$p<0.05$时，拒绝原假设H0，接受H1，表示两组样本的生存曲线有明显差异；否则，不拒绝原假设H0，表示两组样本的生存曲线没有明显差异。在统计学中，$p<0.05$表示所得亚型样本的生存曲线差异具有一定的统计学意义，即各个亚型之间的生存状态具有显著的差异性。

第三节 癌症个性化治疗

一、药物治疗

近年来随着医疗技术的不断发展，越来越多的患者在患癌早期被发现确诊，一些常见癌症的死亡率逐年下降。由于癌症的治疗并不适用普适性治疗，同样的药物对于不同的患者而言有着不同的治疗效果。个性化癌症药物反应预测需求应运而生。围绕着机器学习技术开发新的模型以解决药物反应预测，已经成为人们关注的新热点。

在癌症的治疗上，癌症患者的治疗方式在过去的二十年里也发生了转变：从使用广泛作用的细胞毒性药物转向为使用针对不同肿瘤的独立治疗方法。不同于常见疾病，由于癌症是一种基因突变引起的疾病，同一种药物在临床治疗上针对不同基因类型的患者会有不同的治疗效果，如果能够预测药物在患者身上的治疗反应，就能选出适合的最佳治疗方案，提高患者的生存概率。个性化癌症药物反应预测的意义就在于此。一直以来，个性化癌症药物反应预测都面临着几大障碍：①受限于基因的测序技术，用于模型训练和学习的基因数据以及药物治疗反馈数据有限。②传统模型无法适应基因数据高达几万的特征维度。③癌症患者之间的异质性较高，患者与患者之间的基因差异性较大，训练数据与临床数据之间存在着数据偏移的问题。这些问题共同导致了个性化癌症药物反应预测的发展进展缓慢。幸运的是，近些年随着高通量生物基因组学技术的显著发展和深度神经网络的出现，为癌症药物治疗效果预测提供了大规模的基因组数据和新的解决方法。

随着基因测序技术一直不断的发展，基因组测序的成本大幅下降，基因库积累的基因组测序数据越来越多。高通量测序技术的提出使得人类基因组测序的成本下降为1/50 000，这些基因测序技术被统称为二代测序（next-generation sequencing，NGS）技术。这样的技术并不是十全十美的，高通量测序技术在提供海量基因组测序数据的同时质量却并非十分理想，在基因序列的拼接过程中，错误率更高，测序的长度也更短。忽视这些可以容忍的缺点，借助着测序技术的发展，RNA测序开始成为近些年的一个热点。相对于静态的DNA序列而言，RNA转录组在不断变化，不同阶段的细胞，不同组织的细胞，其RNA转录组的组成也不同。通过对RNA转录组进行测序，可以观测到不同基因的表达程度，反映不同细胞在不同时间节点的状态。此外RNA测序不仅能对mRNA进行测序，还能观测全体RNA包括miRNA、tRNA等。而随着RNA转录组测序技术的发展成熟，一些原本因为缺失数据支持而进展缓慢的任务也开始有了新的进展。在癌症药物反应预测任务上，不少医学组织如肿瘤药物敏感性基因组学数据库（Genomics of Drug Sensitivity in Cancer，GDSC），开始免费提供大量的病变细胞基因组数据以及不同药物在这些病变细胞上的治疗反馈。这些数据不仅极大地推动了人们对病变细胞的了解，也为个性化癌症药物反应预测任务的开展提供了数据基础。越来越多基于基因组数据的模型算法被提出以准确预测癌症药物治疗反馈。

尽管有了基因库数据的支持，但是由于癌症数据的私密性以及获取的困难，在样本数受限的情况下基因数据也带来了新的问题。最普遍的一个问题就是数据的维度爆炸。细胞的表达基因可以高达几万个，这对于算法模型来说并不友好。当使用计算模型来解决个性化药物反应预测时，过大的特征维度经常会导致模型难以关注到重要基因特征。同时随着维度的变大，训练时还容易出现过拟合。这种现象特别容易出现在样本数较少、特征数却较多的场景。另一个常见的问题是算法模型的可解释性。机器学习的可解释性一直是机器学习研究者关心的问题。越来越多的机器学习算法和模型只是关注于模型最终的指标，却放弃了对模型可解释性的追求。缺少了可解释性的算法和模型，就像是一个黑盒子，人与模型之间的信任无比脆弱。特别是在对安全性要求较高的领域，缺少可解释的模型，机器学习只能成为辅助手段。例如，精准医疗领域的智能问诊系统，当模型结果与医生判断出现冲突时，医生很难去相信模型的结果。随着越来越来越多的研究者的关注，也出现不少对特征进行降维的算法和模型。在模型的可解释性方面，尽管不能保证整个模型是完全可解释的。但是通过对特征权重的追踪，以及通过对模型输入进行敏感性分析，能一定程度上对模型和算法做出解释。

二、靶向治疗

靶向治疗或靶向分子治疗是一种以干扰癌变或肿瘤增生所需的特定分子来阻止癌细胞增长的一种药物疗法，而非一般的干扰所有持续分裂细胞的传统化疗法。癌症靶向治疗被认为是比当今其他疗法更加有效，并且对正常细胞伤害更小的疗法。靶向治疗可以治疗乳腺癌、多发性骨髓瘤、淋巴癌、前列腺癌、黑色素瘤、甲状腺癌，以及其他一些癌症。

靶向治疗的发展标志着一个激动人心的癌症疗法的诞生。美国食品药品监督管理局已经批准了一小部分靶向治疗药品，而还有一些靶向疗法药品正在临床试验的过程中。在2017年8月，科罗拉多大学癌症中的研究员们进行了一项针对肺癌患者的实验。他们评估了总体生存率和无恶化生存率，后者也可理解为肿瘤复发所需的时间。研究员们发现，"免疫疗法有更好更深层的响应，但是与针对 ALK 阳性肿瘤的靶向治疗的方法仍有不同。"研究表明，在该研究的肺癌患者群体中，数据显示更深层的响应更长效。这也指出，疗法的响应深度可以为患者和医师提供比较治疗方案的更好依据。目前最有前景的有针对性的癌症药物开发主题就是定位癌细胞特有的活动。因为这些药物并没有直接毒性，而且只对癌细胞有效，他们希望这样有针对性的方法能够减少副作用。不过目前这些药物的特异性有一个缺点：只抑制一条癌细胞通信通道，可能减缓癌细胞生长，但是通常不能直接杀死癌细胞。因此，许多特异性癌症治疗药物正与传统化疗药物联合用药。这种方法可能是一个极佳的癌症治疗手段，因为特异性癌症药物能攻击癌症的弱点，标准化疗药物能够强有力地打击癌症。

癌细胞和正常细胞在内部活动机制中有许多相同之处，而这些机制能够允许细胞进行生存必需的活动。化疗药物针对癌细胞中生长、分裂必需的过程，如DNA复制。然而，许多正常细胞，如消化道内的细胞，同样需要进行DNA复制。简而言之，化疗药物对癌细胞有毒性，它们也影响健康细胞。标准化疗药物会产生很多，甚至很严重的副作用。而且，这些副作用有时会阻碍患者接受足够剂量的药物。由于化疗对于很多种癌症都十分有限，研究者们积极地探索能够攻击癌症，而保护健康细胞的特异性疗法。通过对癌细胞和正常细胞不同特性的知识积累，靶向疗法诞生了。癌细胞最重要的一个特征就是细胞生长基因（癌基因）的变异。这些变异基因所生产的缺陷蛋白质是靶向治疗的首选目标。例如，一些癌症是由于蛋白质变异，导致一直输送细胞分裂的信息。若某药物只抑制这些变异蛋白质而不影响正常蛋白质的生理活动，其就能只针对癌细胞而不会对健康细胞造成影响。另一方面，许多癌症的发生是由于阻止细胞生长的基因（肿瘤抑制因子）变异失活。能够修复这些基因的药物能够修复癌细胞，理论上来说不会影响正常细胞活动。

从作用的部位或针对的靶点可以将药物分为两大类型：①单克隆抗体：某些表面抗原主要存在于恶性细胞而较少存在于周围正常细胞，这些肿瘤的相关抗原可成为特异性抗体结合的靶点，针对这些靶点的单克隆抗体与之结合并在肿瘤细胞上引发特异性免疫反应而阻断肿瘤发展。这类药物单用大多有一定疗效，与其他化疗药物联合应用可以明显提高疗效。该类药物有针对B细胞淋巴瘤的利妥昔单抗，有用于治疗慢性淋巴细胞白血病的阿仑单抗和针对乳腺癌 *HER2* 基因的曲妥珠单抗，以及针对肺癌等肿瘤组织内血管生长的贝伐单抗等。②小分子化合物：某些非细胞毒性小分子化合物具有明确的攻击靶点作用，根据靶点的多少分为单靶点药物和多靶点药物。该类药物通过阻断异常活化的激酶、生长因子和信号转导通路等途径来抑制肿瘤生长，达到治疗目的。这类药物有伊马替尼、埃罗替尼、索拉非尼、吉非替尼和苏尼替尼等。两种分类在治疗中是可以互相包容的。

三、基因编辑治疗

20世纪70年代，科学家在研究细菌如何防御噬菌体过程中发现，限制性内切酶可以保护细菌免受噬菌体的侵害，这个发现具有里程碑式的意义，科学家发现可以对基因组进行编辑。20世纪80年代，史密斯和坎贝奇发现，可以通过同源重组将外源DNA整合到哺乳动物的基因组中。但这种方法有很大的局限性，不仅整合效率极低（整合效率取决于细胞的状态和类型），而且容易脱靶；针对基因组中的不同位点都需要重新设计新的蛋白质，操作烦琐，技术门槛高，限制了应用和推广。经过科学家的不懈努力，规则间隔短回文重复序列（clustered regularly interspaced short palindromic repeat，CRISPER）技术应运而生，它的出现彻底弥补了以上各种基因编辑技术的缺陷，因其系统简单、精准、快速，极大降低了技术门槛，一出现就风靡整个生物界。CRISPER原本只是原核生物中一种比较特殊的DNA重复元件。1987年，石野等最早在大肠埃希菌中发现CRISPR，当时还没有将这些重复的序列命名。2002年，詹森等将这些重复的序列正式被命名为CRISPR。CRISPR重复序列簇中间隔着非重复DNA序列，非重复DNA序列间隔区来自于病毒或者其他可移动的遗传元件，并且CRISPR与保守的相关蛋白（CRISPR-associated protein，Cas）基因相邻。巴兰古（Barrangou）等发现，在病毒攻击嗜热链球菌后，嗜热链球菌会将噬菌体基因组序列整合到新间隔区，这段新间隔区决定了Cas酶的靶向特异性，铸建了对噬菌体的防御系统。

基于全基因组的CRISPR技术敲除筛选可用于功能基因组学研究，通过该技术能够检测细胞耐药性的基因组位点，明确细胞如何诱导宿主免疫反应，阐明某些病毒如何诱导细胞死亡。利用基因编辑技术发现功能性元件为研究人类基因组的结构和进化、药物靶标的筛选提供了一种新的手段。基因编辑技术的成熟加速了转基因动物的出现，如转基因斑马鱼、转基因小鼠、转基因大鼠、转基因猴子和转基因猪，这些转基因生物加速了人类疾病的建模，为发现新的治疗方法奠定基础。

基因编辑技术在疾病治疗、动植物品种改良、抗病育种、医药生产、工业生产等领域取得了不同程度的进展，但是基因编辑技术本身及其应用也呈现出复杂性和不确定性的特征，这给传统伦理学与相关伦理准则的制定带来了巨大的冲击与挑战。

本 章 小 结

　　癌症是由基因变化驱动的，大规模平行测序的出现使在全基因组尺度上系统地记录这种基因变异成为可能。肿瘤样本的高通量测序数据促进了计算生物学在癌症领域的发展。本章主要介绍了肿瘤相关的基因突变信息标记、表观修饰标记、泛癌生物标记和肿瘤亚型分类标记，这些癌症中的生物标记是目前癌症研究的热点领域。肿瘤相关的基因突变信息标记和表观修饰标记可用于癌症的早期诊断和靶向治疗；泛癌生物标记可用于发现癌症中基因的共有变异和特异变异，并通过对特定靶点进行评估发现新的联合用药，改善患者的预后状态；肿瘤亚型分类标记可用于对同一肿瘤进行亚型分类，指导临床医生对肿瘤患者进行精准治疗。

　　癌症的早期发现大大增加了成功治疗的机会。癌症早期检测的两个组成部分是早期诊断（或降期）和筛查，早期诊断的重点是尽早发现有症状的患者，而筛查包括对健康个体进行测试，以在出现任何症状之前识别出患有癌症的人。通过计算机学习复杂的数据模式来进行预测，有可能彻底改变早期癌症诊断。例如，通过分析常规健康记录、医学图像、活检样本和血液检查来帮助医生改善风险分层和早期诊断，此类工具将在未来几年得到越来越多的应用。

（本章由张岩编写）

第七章　计算免疫学

第一节　计算免疫学概述

生物免疫系统是一种具有高度分布性的自适应学习系统，具有完善的机制来抵御外原体的入侵。由于自然免疫系统具有强大的信息处理能力，尤其是在完全并行和分布的情况下实现复杂的计算，因而成为一个很有研究价值的内容。计算机科学家、工程师、数学家、哲学家和其他一些研究学者对这种和人脑一样复杂的系统特别感兴趣。他们一直在试图寻找一种能够很好模拟这种系统的方法来解决其中的诸多问题。由此，一个崭新的领域——计算免疫学诞生了，也成为热点研究方向之一。

传统免疫学起源于抗感染的研究，于19世纪末20世纪初逐渐形成并发展。在之后长达半个世纪的历史时期内，免疫一直被理解为机体的抗感染能力，被描述为宿主对病毒和细菌生物的不同程度的不感受性。20世纪中期以后，免疫学的发展逐渐突破了抗感染研究的局限。事实上，机体不仅是对微生物，而是对各种抗原都能够进行识别和排斥，以维持正常的生命内环境。所以，免疫是机体识别和排斥抗原性异物的一种生理功能。现代的观点认为，免疫学是研究机体免疫系统的组织结构和生理功能的科学。免疫的重要生理功能就是对自己和非己抗原的识别及应答。这个系统有着自身的运行机制，并可与其他系统相互配合、相互制约，共同维持机体在生命过程中总的生理平衡，行使免疫防御、免疫自稳、免疫监视等生理功能。

20世纪中期以后，免疫学的众多新发现频频向传统免疫学观念提出挑战。1945年发现同卵双生的两只小牛的不同血型可以互相耐受，1948年发现了组织相容性抗原，1953年成功地进行了人工耐受试验，1956年建立了自身免疫病动物模型。这些免疫生物学现象迫使人们跳出抗感染的圈子，甚至站在感染学领域之外去看待免疫学。1958年提出克隆选择学说。该学说认为：体内存在识别各种抗原的免疫细胞克隆；抗原通过细胞受体选择相应的克隆并使之增殖，变成抗体产生细胞和免疫记忆细胞；胚胎时期与抗原接触的免疫细胞可被破坏或成为禁忌细胞株；部分免疫细胞可因突变而与自身抗原起反应。这个理论虽然并不十分完善，但解释了大部分免疫现象，为多数学者所接受，并被后来的实验所证明，可以说是一个划时代的免疫学理论。

之后，细胞免疫以一个崭新的面貌再度兴起，科学家发现了腔上囊的作用以及胸腺的功能，并且区分出B细胞与T细胞以及发现了它们的免疫协同作用。同时，体液免疫继续向纵深发展。科学家们得到抗体片段以及分子结构，并进行深入研究。

20世纪80年代以来，众多的细胞因子相继被发现。关于细胞因子的受体、基因及其生物活性的研究，促进了分子免疫学的蓬勃发展，有人称之为分子免疫学时期；但从理论上并未突破克隆选择学说，只是从技术手段上把免疫学研究推向一个新水平。

在最近10年里，免疫学的主要工作围绕：抗原提取、细胞凋亡、细胞裂解、免疫调节、免疫记忆、自身免疫性疾病、DNA疫苗、细胞间发生信号、免疫应答成熟等。

免疫系统是人体的一个复杂的系统，免疫学研究对于理解人体防御机制以及开发用于免疫疾病和维持健康的药物是非常重要的。基因组学和蛋白质组学技术的最新发现已彻底改变了免疫学研究。人类和其他模型生物的基因组测序已产生越来越多的与免疫学研究相关的数据，与此同时，基于功能、临床和测序数据已经开发出大量的开源数据库。生物信息学和计算生物学有助于理解和组织这些大规模数据，并产生了一个新领域，称为计算免疫学。

计算免疫学是生物信息学的一个分支，同时也是一个科学领域，涵盖了高通量的免疫学、基因组学和生物信息学等一些数学算法，将免疫学与计算机科学、数学、化学和生物化学相结合，以进行免疫系统功能的大规模分析。它旨在分析大规模实验数据以更好地理解免疫反应及其在正常、患病和重建状态中的作用。该领域的主要目的是将免疫学数据转换为计算问题，使用数学和计算方法解决这些问题，然后将这些结果转换为具有免疫学意义的解释。计算免疫学是一门涉及学科面非常广的新兴学科，是比较典型的前沿性交叉学科，概括起来，它与下列学科领域有着十分密切的关系。

1. 与医学免疫学的关系　医学免疫学是研究人体免疫系统的组成和功能、免疫应答规律、免疫应答对人体的效应与机制，以及利用免疫学原理和技术进行疾病的诊断、治疗和预防的一门学科。计算免疫系统是一种基于生物免疫机制的系统，是对生物免疫的模拟。计算免疫学通过解剖生物免疫系统来了解免疫系统的结构，学习免疫系统的主要特征、免疫机制等，所以，医学免疫学对计算免疫学的发展起着至关重要的作用。

2. 与生物信息学的关系　生物信息学是在生命科学的研究中，以计算机为工具对生物信息进行存储、检索和分析的科学，是当今生命科学和自然科学的重大前沿领域之一，是一门数学、统计、计算机与生物交叉结合的新兴学科。广义地说，生物信息学研究相关生物信息的获取、存储、分配、分析和解释。这一定义包括了两层含义，一是对海量数据的收集、整理，即管好这些数据；另一个是从中发现新的规律，即用好这些数据。

3. 与智能系统的关系　智能系统包括智能信息处理系统、智能控制系统、机器人等。该方向致力于模拟自然生命系统中控制和信息的规律，特别是生命的自组织、自学习、自适应、自修复、自增长，以及自复制的基本特征，以及感知、知觉、认知、判断、推理、思维等智能行为。以人工生命系统实现智能，并将其应用于模式识别与图像处理、复杂动态建模、仿真与控制等领域。

4. 与生物计算的关系　生物计算又常称为生物分子计算，其主要特点是极大规模并行处理及分布式存储。21世纪是计算生物的时代，现在各种生物计算方法相继提出，用于解决实际中的问题，效果显著。免疫算法中主要运用生物计算方法，根据所提出的问题，建立相应模型，达到预定的目标。

5. 与控制论的关系　控制论是研究信息与控制一般规律的科学。信息与控制是控制论的核心。在控制论设想中，信息与控制是生物系统和人工系统共有的特性。"信息""控制""智能""生命"四个基本概念，构成了控制论科学的全部基础。"智能信息与控制"是研究自然生命与人工系统中信息与控制一般规律的科学。以人工智能、控制论统论和信息论为理论基础，以计算机技术、电子技术和通信技术为技术手段，以复杂演化为对象，类比自然生命与复杂演化系统中信息与控制的一般规律，研究面向复杂演化系统控制原理和方法，并将这些规律、原理和方法应用于复杂系统的建模、仿真与控制。

6. 与复杂自适应系统的关系　复杂自适应系统是一个和机械系统相异的系统，其中的任何给定的输入将产生无法预测的、遥不可及的结果。具体来说，它是一个大的对象集，对象之间相互作用，在外部环境产生比单个系统对象行为复杂得多的所有模式。这样的一个系统对象通常称为agent，因此，一个复杂自适应系统其实就是一个有许多agent以各种方式相互作用的集合，并且该系统具有自组织能力。和人有关的任何活动通常都可以称为一个自适应系统。生物免疫系统的人工免疫系统无疑也是一个复杂自适应系统。

7. 与计算机科学的关系　　计算机科学是研究计算机及其应用的学科，同时也包括对计算和计算机的数学结构研究。在20世纪最后的30年间被确认为一门独立的学科分支，并且在此期间发展出相应的术语。计算机科学根植于电子工程、数学和语言学。计算免疫学主要利用计算机科学的有关手段，研究和模拟人工免疫的有关理论和仿真技术，并将这些理论和仿真技术最终用于构建解决实际问题的应用系统。

8. 与人工智能的关系　　人工智能主要研究智能的人工方法和技术，模仿、延伸和扩展人的智能，实现机器代表人的意志。其广阔前景在于计算智能，包括神经网络、进化计算、人工免疫等方面，同时也包括遗传、免疫、生态、人工生命、主体理论等的智能计算。人工智能是连通论、分布式人工智能和自组织系统理论等共同发展的结果，其各领域间存在本质的联系。在经典人工智能理论发展出现停顿时，人工神经网络理论出现新的发展，基于结构演化的人工智能理论，也就是计算智能理论迅速成为人工智能研究的主流。计算智能由那些能够使自己的行为适应环境并且用来解决一个特定问题的系统组成。它包括神经网络、进化计算、模糊系统及最新的人工免疫系统等。

计算免疫学是一门多学科领域的边缘交叉学科，目前，计算免疫学的研究成果主要涉及模式识别、机器学习、计算机安全、异常和故障诊断、数据挖掘和分析等许多领域。

第二节　肿瘤免疫浸润分析方法

一、肿瘤免疫浸润概述

肿瘤一直是困扰人类的一个难题，随着癌症发病率的升高和日益年轻化的趋势，全世界越来越多的科研人员都正在进行肿瘤相关的研究和肿瘤的治疗方案探究。近几年，免疫治疗开始出现，随着免疫治疗疗效的不断提高，得到了诸多关注，开始逐渐为大众所熟知。随着组学技术的进步，研究者发现肿瘤微环境呈复杂性和多样性，以及它对免疫治疗有重要影响。进一步分析和了解肿瘤微环境将有助于改善免疫治疗反应。因此研究肿瘤的免疫微环境，解析肿瘤组织中的免疫细胞构成的必要性日益显现。

肿瘤微环境主要由肿瘤相关成纤维细胞、免疫细胞、细胞外基质、多种生长因子、炎症因子及特殊的理化特征（如低氧、低pH）和癌细胞自身等共同组成，肿瘤微环境显著影响着肿瘤的诊断、生存结局和临床治疗的敏感性。微环境中的细胞可以聚成不同类别，而每种细胞与其他细胞间同时存在复杂并显著的相互作用，而且存在一些稳健的细胞浸润模式。

应用免疫治疗方法治疗肿瘤，已经展现出多种可行性。目前已在多种肿瘤如黑色素瘤、非小细胞肺癌、肾癌和前列腺癌等实体瘤的治疗中展示出了强大的抗肿瘤活性，多个肿瘤免疫治疗药物已经获得美国FDA批准临床应用。例如，医学家们将从肿瘤组织中分离到的淋巴细胞称为"肿瘤浸润淋巴细胞"（tumor infiltrating lymphocyte，TIL），并发现这种细胞在体外经白细胞介素2刺激后可大量增殖。这种刺激后增殖的TIL又称为"肿瘤来源的激活细胞"，它具有比淋巴因子激活的杀伤细胞更强的特异性杀瘤活性。例如，黑色素瘤患者的TIL只对自体瘤细胞产生杀伤活性，而对自体正常细胞及同种异体瘤细胞无杀伤活性或活性很低。TIL以T淋巴细胞为主，另外还含有少量其他细胞。近几年来TIL的免疫生物学和功能研究有了较大的发展，由于其特异高效的杀瘤活性，在实验研究及临床应用中，已展现出用于临床治疗肿瘤的良好前景。

　　因此，研究肿瘤组织中免疫细胞的构成比例对于研究肿瘤特点以及免疫治疗是至关重要的，这也就解释了肿瘤免疫浸润分析的重要性以及必要性。

二、肿瘤免疫浸润的计算

（一）反卷积算法

　　反卷积是广泛用于信号和图像处理的卷积（convolution）的逆过程。如今在机器学习和深度学习蓬勃发展的时代，卷积和反卷积也在其中扮演着重要角色。比如，卷积操作是深度学习的核心技术，可用来特征提取。在生物学中，反卷积计算方法也应用在基因表达数据上。组织中的基因表达谱是细胞类型特异性基因表达特征与不同细胞类型的比例卷积的结果。反卷积计算方法则是利用基因表达特征矩阵来计算组织中未知的细胞比例。具体而言，如图7-1所示，反卷积方法将分离的细胞类型的表达谱（矩阵 S）和复杂组织的表达谱（矩阵 m）作为输入，组织中每个基因的表达被建模为其在每种细胞类型中表达的线性组合，其中权重代表每种细胞类型的未知含量（f）。在数学上，对基因数据反卷积表达计算是一个超定方程组（overdetermined system）问题，因为方程数（基因的数量）远远超过未知数个数（组织中的细胞类型总数），并且矩阵 S 是列满秩的矩阵，这个方程组并没有精确解，只能通过一些优化算法来求出它的近似解。

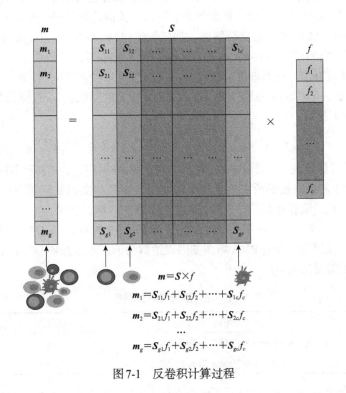

图7-1　反卷积计算过程

彩图

　　反卷积的数学表达形式为

$$m = S \times f \tag{7-1}$$

式中，m 表示组织中的基因表达数据；S 表示基因表达特征矩阵；f 表示不同细胞类型比例。

（二）相关反卷积算法

1. 非负最小二乘（non-negative linear square，NNLS）计算方法 劳森（Lawson）和汉森（Hanson）提出非负最小二乘（NNLS）反卷积计算方法，用于求解基本的代数矩阵方程。NNLS算法是最小二乘（least square，LS）算法的一种改进，它要求系数不能存在负值。LS算法是一个非常经典的算法，LS算法被广泛应用于工程技术和科学实验当中。随着科学技术的发展，LS算法在生物工程、科学计算、数理统计、控制论、图像处理、交通运输等很多领域都有非常广泛的应用，这也吸引大量的研究者对它不断改进并应用到自己的领域。随着科学技术的发展，特别是计算机的发展，LS算法现如今显示出强大的生命力，被常常用于数据拟合、数据处理、回归分析、数值逼近、方差分析等。在非常活跃的最优化问题领域，LS算法大放异彩，它是一个可以求所有平方和形式的目标函数最优解的基本方法，同时，它也是最优化问题的一个重要组成部分，可以看成无优化问题的特殊形式。在数学上，LS算法用于拟合曲线，它通过最小化曲线上各点的偏移量的平方和（也被称作残差）确定与原始数据最匹配的曲线，拟合出的曲线会最大限度地接近实际值。使用残差总和来代替偏移量绝对值，平方之后的偏移量是可微的，这样可以将残差视为连续的可微分量。LS也是一种数学优化技术，它通过最小化误差平方和来找到数据的最佳函数匹配。求解最小二乘问题独一无二的方法就是构建方程组，后来出现了新的有效解法，主张从超定方程入手来解决问题，如正交化方法、共轭梯度法、奇异值分解法方法等。同时，在生物、统计、数学规划、物理、控制论等学科中提出非负最小二乘问题，即NNLS。常用的NNLS解法有正交分解法、加权解法、Lemke解法、Lagrange解法、直接消元法或直接将约束问题转化为无约束问题进行求解等。最近20年，又涌现出一些有效算法：原始对偶点算法、自适应算法、内点梯度算法等。

在数学优化中，NNLS算法是一种受约束的最小二乘问题，其中相关系数不能是负数。NNLS可以写成如下形式：

$$\min_{x\geqslant 0} f(x)=\frac{1}{2}\| Ax-b\| \quad (A\in R^{m\times n},\ m\gg n;\ b\in R^{m}) \tag{7-2}$$

式中，$f(x)$ 表示目标函数；A 表示 $m\times n$ 矩阵；b 表示 m 维列向量；R 表示实数。

这里 $x\geqslant 0$ 意味着该向量的所有分量都是非负的。在某些实际的问题当中，利用LS算法求解得到的系数为负数是没有意义的，这时候考虑使用NNLS算法替代。

举例来说，在一项关于肿瘤样本反卷积计算方法的挑战赛DREAM Challenge Tumor Deconvolution中，使用的最新的RNA测序基因表达数据的两个数据集DS389和DS488均来自于此项挑战赛。详细情况见表7-1。

表7-1　基因表达数据集

数据集	平台	基因数	样本数
DS389	Affymetrix Human Gene PrimeView	20 623	55
DS488	Affymetrix Human Gene 1.1 ST	21 307	172

本案例采用的基因表达特征矩阵在22种免疫细胞标签矩阵（LM22）的基础上进行改进。LM22基因表达特征矩阵由22种细胞类型（表7-2）和547种不同基因组成。对于这547种基因，有527种基因出现在DS389数据集上，有517种基因出现在DS488数据集上。同时，本案例还利用了粗粒度子挑战赛（Coarse-grained sub-Challenge）的免疫细胞类型相对比例的真实数据，作

为衡量模型预测结果的依据。

表7-2　LM22包含的22种细胞类型

编号	名称	编号	名称	编号	名称
1	初始B细胞	9	调节性T细胞（Tregs）	17	静息树突状细胞
2	记忆B细胞	10	T细胞	18	激活树突状细胞
3	B细胞	11	静息NK细胞	19	静息肥大细胞
4	CD8＋T细胞	12	激活NK细胞	20	激活肥大细胞
5	CD4＋初始T细胞	13	单核细胞	21	嗜酸性粒细胞
6	CD4＋记忆静息T细胞	14	巨噬细胞M0	22	中性粒细胞
7	CD4＋记忆激活T细胞	15	巨噬细胞M1		
8	滤泡辅助T细胞	16	巨噬细胞M2		

粗粒度子挑战赛要求预测指定的8种细胞类型（表7-3）的比例，其中B细胞、CD4细胞、CD8细胞、自然杀伤细胞（NK细胞）、中性粒细胞、血液单核细胞系来自血液；成纤维细胞和内皮细胞来自于组织；同时，每个样本中还可能含有未知内容。

表7-3　Coarse-grained sub-Challenge包含的8种细胞类型

编号	名称	编号	名称	编号	名称
1	B细胞	4	自然杀伤细胞	7	成纤维细胞
2	CD4细胞	5	中性粒细胞	8	内皮细胞
3	CD8细胞	6	血液单核细胞系		

LM22所包含的22种细胞类型以及Coarse-grained sub-Challenge中的8种细胞类型有着相互对应的关系（表7-4），其中，LM22中的B细胞、T细胞、静息肥大细胞、激活肥大细胞、嗜酸性粒细胞不属于Coarse-grained sub-Challenge中的8种细胞类型，在计算过程中被当作未知内容。

表7-4　Coarse-grained sub-Challenge与LM22所包含细胞类型的对应关系

Coarse-grained sub-Challenge	LM22	来源
1. B细胞	1. 初始B细胞	血液
	2. 记忆B细胞	
2. CD4细胞	5. CD4＋初始T细胞	血液
	6. CD4＋记忆静息T细胞	
	7. CD4＋记忆激活T细胞	
	8. 卵泡辅助T细胞	
	9. 调节性T细胞（Tregs）	
3. CD8细胞	4. CD8＋T细胞	血液
4. 自然杀伤细胞	11. 静息NK细胞	血液
	12. 激活NK细胞	

Coarse-grained sub-Challenge	LM22	来源
5. 中性粒细胞	22. 中性粒细胞	血液
6. 单核细胞谱系细胞	13. 单核细胞	血液
	14. 巨噬细胞 M0	
	15. 巨噬细胞 M1	
	16. 巨噬细胞 M2	
	17. 静息树突状细胞	
	18. 激活树突状细胞	
7. 成纤维细胞		组织
8. 内皮细胞		组织

在反卷积计算过程中，首先使用数据集在训练好的模型上预测出22种不同类型细胞的含量，然后将对应的细胞含量加在一起，组成8种细胞的相对含量，再利用 Coarse-grained sub-Challenge 的8种细胞相对含量的真实数据，与不同模型的预测结果进行比较。预测结果会和真实数据（Coarse-grained sub-Challenge 提供的8种细胞相对含量）从细胞类型和样本两方面进行比较。比较指标主要是皮尔森相关系数和 p 值。

（1）皮尔森相关系数。皮尔森系数用来衡量变量与变量之间的线性相关性，取值范围在 $[-1, 1]$，-1 表示具有完全的负相关性，$+1$ 表示具有完全的正相关性，0表示没有线性相关性。皮尔森系数的一个缺点是只对线性数据敏感，无法用于衡量非线性数据。通常来说，-1.0 到 -0.7 具有强负相关性；-0.7 到 -0.3 具有弱负相关性；-0.3 到 $+0.3$ 有一点相关性或者没有相关性；$+0.3$ 到 $+0.7$ 具有弱正相关性；$+0.7$ 到 $+1.0$ 具有强正相关性。

（2）p 值。这里 p 值用于判断数据之间是否具有相关性。当 p 值小于 0.05 时，说明数据之间具有相关性。在统计学上，p 值用于判断假设是否成立，即观测值与期望值是否一致，通过计算自由度和卡方值可以得到 p 值。

在本案例中，基因表达混合数据表达被加权为基因表达特征矩阵的加权总和。通过肿瘤基因数据的特征矩阵来计算出肿瘤中不同细胞类型的比例是一个超定方程组，因为基因个数远大于不同细胞类型总数并且基因表达特征矩阵是列满秩的。超定方程组并没有精确解，只能求得近似解，LS 就是求解超定方程组的一种常用方法。对于通过基因表达混合数据和基因表达特征矩阵建立的方程组来说，利用 LS 方法求出的解（也就是不同细胞的类型比例）出现负数是没有意义的。所以，在这种情况下，NNLS 就可以大显身手，也许 NNLS 比 LS 的解误差更大，但通过它求得不同细胞类型的比例却更有意义。NNLS 是迭代求解的，原则上，给定足够的时间，它总是能满足收敛的终止条件，因此它不需要任何停止参数，这也是 NNLS 方法的一个优点。

2. 极端梯度提升（eXtreme Gradient Boosting，XGBoost）计算方法　XGBoost 是梯度提升决策树（gradient boosting decision tree，GBDT）的改进，是一个经过优化的分布式梯度提升库，非常高效、灵活、易于应用，可以快速准确地解决许多数据科学问题，常被用在各种机器学习竞赛与工业界，效果显著。下面将从预测模型、目标函数，以及确定回归树等方面来介绍 XGBoost 算法。

（1）预测模型。XGBoost 是一种基于树集成学习方法的预测模型。通过融合多个学习模型，以得到更好的学习效果，组合后的模型有更好的泛化能力（模型在新数据集也有好的表现）。XGBoost以分类回归树（CART）进行组合。XGBoost的学习目标是建立k个回归树，训练这k个树，再将k个树的结果加起来得到预测值，使得预测值与真实值尽量接近并且具有较好的泛化能力。假设给定的数据集有n个样本m个特征，则数据集可以表示为

$$D=\{f(X_i,\ y_i)\}\ (|D|=n,\ X_i\in R^m,\ y_i\in R) \tag{7-3}$$

式中，X_i表示第i个样本；y_i表示第i个标签。

可以采用如下函数进行预测：

$$\hat{y}_i=\varPhi(X_i)=\sum_{k=1}^{K}f_k(X_i),\ f_k\in F \tag{7-4}$$

式中，K表示回归树。

这里F是假设空间，分类回归树（CART）的F表示为

$$F=\{f(X)=w_{q(x)}\}\ (q:\ R^m\rightarrow T,\ w\in R^T) \tag{7-5}$$

式中，q表示每棵树的结构；$q(X)$表示将样本映射到对应的叶节点上；T表示对应树的叶节点个数；$f(X)$表示树的结构q和叶节点权重w，表示回归树对样本的预测值。

所以，XGBoost的预测值是每棵树对应的叶节点值的和。模型的预测值是实际分数，可用于回归和分类等。对于回归问题，可以直接输出作为预测值；对于分类任务，需要将输出映射为概率。

（2）目标函数。目标是学习这k个树，最优化下面这个带正则项的目标函数：

$$\mathcal{L}(\varPhi)=\sum_i l(\hat{y}_i,\ y_i)+\sum_k\Omega(f_k) \tag{7-6}$$

式中，$\hat{y}_i$表示模型的预测值；y_i表示第i个样本的类别标签；k表示树的数量；f_k表示第k棵树模型。

上式的第一项是误差函数，可以是L等，第二项是正则项系数，可以是L1正则化或者L2正则化，用于控制模型的复杂度，防止过拟合现象发生。L1正则化约束参数，使之大多数参数为0，这相当于一个特征选择的过程；L2正则化则控制参数的绝对值较小；两者都减小了模型的复杂度。从上式来看，正则项系数对每一棵树都进行了惩罚运算。相对于GBDT，XGBoost加入了正则化项系数，使模型不容易过拟合，增加了模型的泛化能力。衡量树模型的复杂度的指标有很多，如树的高度、树的叶节点个数、树的内节点个数、叶节点的权值等。XGBoost采用的是对叶节点个数（T）和叶子节点的权值（w）进行惩罚，惩罚项公式如下：

$$\Omega(f)=\gamma T+\frac{1}{2}\lambda\|W\|^2 \tag{7-7}$$

式中，T表示每棵树的叶节点数量；W表示每棵树叶节点的分数组成的集合；γ和λ表示系数，在实际应用中需要调参。

这相当于在训练过程中对回归树进行了剪枝操作。模型在训练时，是以一种加法的方式进行，第t次迭代后，模型的预测值等于前$t-1$次模型的预测值加上第t次的预测值，在将第t棵树的预测值加入模型之后，得到的预测模型如下：

$$\hat{y}_i^{(t)}=\hat{y}_i^{(t-1)}+f_t(x_i) \tag{7-8}$$

式中，$\hat{y}_i^{(t)}$表示第t轮的模型预测；$\hat{y}_i^{(t-1)}$表示保留前面$t-1$轮的模型预测；$f_t(x_i)$表示加入的新的函数。

此时目标函数可以写成如下形式：

$$\mathcal{L}^{(t)}=\sum_{i=1}^{n}l(\hat{y}_i,\ y_i^{(t-1)}+f_t(x_i))+\Omega(f_t) \tag{7-9}$$

接下来将目标函数进行二阶泰勒展开，忽略高阶无穷小，并去掉常数项，然后将树模型和叶节点统一起来，即 $I_j = \{i | q(x_i) = j\}$。当树转化为叶节点后，目标函数可以写成如下形式：

$$\hat{\mathcal{L}}^t = \sum_{j=1}^{T} \left[G_j w_j + \frac{1}{2}(H_j + \lambda) w_j^2 \right] + \gamma T \tag{7-10}$$

确定了树的结构之后，为了使目标函数最小，通常的做法是令其导数为0，解出叶节点的最优预测分数如下：

$$w_j^* = -\frac{G_j}{H_j + \lambda} \tag{7-11}$$

代入目标函数，得到最小损失如下：

$$\hat{\mathcal{L}}^* = -\frac{1}{2} \sum_{j=1}^{T} \frac{G_j^2}{H_j + \lambda} + \gamma T \tag{7-12}$$

式中，$\dfrac{G_j^2}{H_j + \lambda}$ 表示子树分数；γ 表示复杂度代价。

（3）确定回归树。当树结构确定时，就可以推导出叶节点的最小损失值。接下来的目标是确定回归树。在现实情况下，无法枚举出所有树结构的可能。XGBoost选择贪心法来解决这个问题，每次分裂一个节点的时候，计算分裂前后的增益，选择增益最大的。不同的算法采用了不同的方法计算增益。例如，分类回归树（classification and regression tree，CART）算法采用Gini系数；决策树ID3算法采用信息增益；决策树C4.5采用的是信息增益比。XGBoost采用的增益算法有所不同，当一个叶节点进行分裂时，分裂前后的增益定义为

$$\text{Gain} = \frac{G_L^2}{H_L + \lambda} + \frac{G_R^2}{H_R + \lambda} + \frac{(G_L + G_R)^2}{H_L + H_R + \lambda} - \gamma \tag{7-13}$$

式中，$\dfrac{G_L^2}{H_L + \lambda}$ 表示左子树分数；$\dfrac{G_R^2}{H_R + \lambda}$ 表示右子树分数；$\dfrac{(G_L + G_R)^2}{H_L + H_R + \lambda}$ 表示不分割时的节点个数；γ 表示加入新叶节点引入的复杂度代价。

增益越大，损失值减少得越多，所以每次分裂一个叶节点时，选择最大的增益进行分割。XGBoost采用的树分裂算法包括精确贪心算法和近似算法。前者指的是列举出所有特征的所有分割点，计算增益值，选择候选中最大的增益进行分割，该算法需要遍历所有特征的所有可能的分割点，对计算机的性能要求很高。如果数据是分布式的，或者数据无法一次全部加载进内存，可以用近似算法代替。近似算法要求对于每个特征只考虑分位点，减少计算复杂度。该算法有两种形式：局部近似和全局近似。局部近似是在每个节点进行分裂时，对各个特征计算其分位点并划分样本；全局近似是在生成一棵树之前，对各个特征计算其分位点并划分样本。此外，XGBoost还会对稀疏值（缺失、大量0值、one-hot编码）进行处理。在实际情况中，避免不了稀疏值出现，当特征出现稀疏值时，XGBoost可以学习出默认的节点分裂方向。

除了在目标函数中可以加入正则项，为了减少过拟合，XGBoost还引入了列采样、缩减、自定义损失函数等。列采样的思想借鉴于随机森林（random forest，RF），根据测算，列采样有时甚至比行采样效果更显著，而且列采样还可以加速计算。缩减是指在每一步的提升过程中设置缩减系数，降低每个树和叶对结果的影响，相当于降低了模型复杂度。XGBoost还支持自定义损失函数，但是要求该函数二阶可导。

XGBoost的基分类器除了CART算法外，还可以采用线性分类器gblinear。gblinear的意思实际上就是用随机梯度下降的迭代方法来训练一个LASSO回归的线性模型。

（三）现有计算工具

解析免疫细胞组成采用反卷积算法，目前已有工具用来解析免疫细胞浸润的比例，常用的有两类：实测法和推测法。

1. 实测法　高精度的单细胞测序，如scRNA测序。为了明确每个细胞的构成，对每个细胞分别测序，得到细胞表达谱，通过一些标记基因，判断免疫细胞的类型，以及每种细胞的构成比例。

2. 推测法　通过bulk RNA测序所获的组织表达谱进行推测。常规的RNA测序和芯片结果是将所有细胞统一裂解提取RNA用以检测基因表达，即各种免疫细胞和肿瘤细胞混杂在一起的表达量。通过一些算法，可以从这个混杂的表达谱中推断免疫细胞的构成比例，常用的软件有CIBETSORT、TIMER、EPIC等。其中推测法按照方法又可分为基于标记基因的评分方法、基于表达特征对细胞混合物进行反卷积，以及细胞组分和表达谱同时反卷积三类方法。

（1）基于标记基因的评分方法。

1）xCell：xCell（Aran et al.，2017）是一种基于ssGSEA的方法，能够计算64种免疫细胞的丰度分数，包括适应性免疫细胞、先天免疫细胞、造血祖细胞、上皮细胞和细胞外基质细胞。基于FANTOM5、ENCODE、Blueprint、Immune Response In Silico（IRIS）、Human Primary Cell Atlas（HPCA）和Novershtern等6个研究的489个基因集。对于每种细胞类型，计算xCell丰度分数的主要步骤有四个：①利用R包GSVA对489个基因集单独进行ssGSEA；②对属于一种细胞类型的所有基因集的ES进行平均；③平台特异性ES转化为丰度分数；④使用与流式细胞术数据分析类似的spillover方法纠正密切相关的细胞类型之间的关系。

2）MCPcounter：一种基于标记基因定量肿瘤浸润免疫细胞［CD3＋T细胞、CD8＋T细胞、细胞毒性淋巴细胞、NK细胞、B淋巴细胞、单核细胞来源的细胞（单核细胞系）、髓样树突状细胞、中性粒细胞］、成纤维细胞和上皮细胞的方法（Becht et al.，2016）。对于每个细胞类型和样本，丰度得分为细胞类型特异性基因表达值的几何平均值，独立地对每个样本进行计算。由于分数是用任意单位表示的，它们不能直接解释为细胞分数，也不能在细胞类型之间进行比较。进行定量验证时，估计分数与真实细胞分数之间具有很高的相关性，证明了MCPcounter用于样本间比较的价值。MCPcounter已应用于对32个非血液肿瘤的19 000多个样本中的免疫细胞和非免疫细胞进行量化。

3）TIminer：TIminer（Tappeiner et al.，2017）是一个用户友好的计算框架，用于从二代测序数据中挖掘肿瘤-免疫细胞相互作用。用GSEA对肿瘤浸润免疫亚群进行定量分析。TIminer能够进行综合免疫基因组分析，包括：①来自NGS数据的人类白细胞抗原（HLA）基因分型；②使用突变数据和HLA类型预测肿瘤新抗原；③根据大量RNA测序数据定量分析肿瘤浸润免疫细胞；④通过表达数据量化肿瘤的免疫原性。

（2）基于表达特征对细胞混合物进行反卷积。

1）DeconRNASeq：DeconRNASeq（Gong et al.，2013）将约束回归模型应用于RNA测序数据分析，并将其实现在R包DeconRNASeq中。混合五种人体组织（大脑、骨骼肌、肺、肝和心脏）的RNA测序数据，通过合并组织类型特异性基因来估计组织或细胞类型的比例。并利用Illumina's human BodyMap 2.0中RNA测序数据构建的特征矩阵，对算法进行仿真验证。虽然还没有开发出新的免疫特征，但该工具原则上可以应用于任何特征矩阵。

2）CIBERSORT：CIBERSORT算法（Newman et al.，2015）利用微阵列数据构建特征矩阵，

描述22种免疫细胞表型的表达特征，包括不同的细胞类型和功能状态的免疫细胞，能够从复杂组织的基因表达谱中计算出其细胞组成。当应用于区分密切相关的细胞类型（如初始B细胞与记忆B细胞），以及混合物中含有未知含量和噪声（如实体肿瘤）时，CIBERSORT能够提高预测不同细胞类型比例的准确率。CIBERSORT是基于线性支持向量回归的原理对人类免疫细胞亚型的表达矩阵进行反卷积的一个R或网页版工具，多用于芯片表达矩阵，对未知混合物和含有相近的细胞类型的表达矩阵的反卷积分析优于其他方法（LLSR等）。该方法是基于已知参考集，提供了22种免疫细胞亚型的基因表达特征集；CIBERSORT分别在9个免疫细胞亚群和3个免疫细胞亚群的同时反卷积方面具有较高的准确性，在4种恶性免疫细胞的模拟混合物上测试，也证明了对不同程度的噪声和未知的肿瘤具有鲁棒性。

为了方便用户的使用，CIBERSORT被开发成一个网页版的工具。不过，由于CIBERSORT初期版本不支持单细胞测序数据的分析，所以近期又升级到了CIBERSORT X，升级版的网址链接为：https://cibersortx.stanford.edu/。

3）TIMER：用于系统评估不同的免疫细胞对不同癌症类型的临床影响（Li et al.，2017）。利用一系列免疫特异性标记和免疫细胞表达特征，来估计32种癌症类型中6种免疫细胞类型（B细胞、CD4＋T细胞、CD8＋T细胞、巨噬细胞、中性粒细胞和树突状细胞）的丰度。从RNA测序或微阵列数据中提取的癌症表达矩阵与免疫细胞表达矩阵合并，并用Combat进行归一化，以消除批次效应。通过从免疫细胞标记中选择与肿瘤纯度负相关的基因，为每种癌症类型分别识别特征基因。最后，对于每种癌症类型，考虑到所选的免疫细胞标记，以标准化的免疫细胞配置文件构建特征矩阵。TIMER使用线性LR方法执行反卷积。与CIBERSORT不同的是，最终的估计并没有被规范化，因此不能直接解释为细胞组分，也不能在不同的免疫细胞类型和数据集之间进行比较。

4）EPIC：全称为Estimate the Proportion of Immune and Cancer cells，即免疫细胞和癌细胞的比例评估（Racle et al.，2020），用来估计免疫细胞和癌细胞比例。EPIC使用约束最小二乘回归明确地将非负性约束引入反卷积问题，并要求每个样本中所有细胞组分的总和不超过一个。EPIC克服了以往从大量肿瘤基因表达数据预测癌症和免疫细胞或其他非恶性细胞类型的方法的几个局限性，考虑了非特征性和可能高度可变的细胞类型，并在算法上得到了发展。EPIC能够广泛应用于大多数实体肿瘤，如黑色素瘤和结直肠癌样本验证的情况，但不适合血液恶性肿瘤，如白血病或淋巴瘤。

5）quanTIseq：quanTIseq（Finotello et al.，2019）是专门为RNA测序数据开发的反卷积工具，能够准确定量未知肿瘤的含量，以及量化整体组织的免疫细胞组分。基于约束最小二乘回归和一个新的特征矩阵（来自51个纯化或富集的免疫细胞类型的RNA测序数据集）。quanTIseq实现了一个完整的反卷积流程来分析RNA测序数据，能够避免混合物和特征矩阵之间的不一致性。

（3）细胞组分和表达谱同时反卷积。数字排序算法（digital sorting algorithm，DSA）：即一个完整的反卷积算法，它基于一组从混合组织样本中提取在特定细胞类型中高度表达的标记基因，利用二次规划来推断复杂组织中的细胞组分和表达谱。该算法在3种恶性免疫细胞系混合的微阵列数据上进行了测试，重建了真实的细胞组分和表达谱。该算法是无偏的，不需要细胞类型频率的先验知识。

第三节　肿瘤抗原鉴定的计算

癌症免疫疗法利用免疫系统的自然机制杀死肿瘤细胞——当正常细胞积累致瘤基因和分子

改变时，免疫系统通常会将这些细胞识别为非自身细胞并将其清除。杀伤性T细胞识别肿瘤细胞需要人类白细胞抗原（HLA）分子将肿瘤抗原呈递到抗原呈递细胞（APC）的表面，大多数HLA免疫肽组由来自"正常"自身蛋白质的肽组成，而一小部分来自可能是肿瘤特异性（仅发生在肿瘤细胞中）或肿瘤相关（发生在肿瘤和正常细胞中）的蛋白质。

　　发现可作用的肿瘤抗原对于推动癌症免疫疗法的发展是必不可少的，包括mRNA疫苗和抗原特异性T细胞。理想情况下，此类疗法将针对个体患者的肿瘤特异性抗原进行定制，这将在利用天然抗肿瘤免疫的同时减少因靶向非肿瘤效应而产生的毒性。近年来，质谱（MS）鉴定HLA结合肽的应用，加上新的实验和计算蛋白质基因组学方法，促进了多种抗原的大规模鉴定，癌症免疫治疗领域从中受益匪浅。尽管大多数的研究主要集中在经典的肿瘤抗原上，但最近的工作开始强调非经典抗原的重要性——非经典抗原来源于假定的非蛋白编码区转录本的翻译产物，或者来自非经典的转录或翻译过程（这些过程在肿瘤中经常失调，并能促进和维持肿瘤发生过程）。改变的经典抗原虽然具有肿瘤特异性，但通常也是患者特异性的，而非经典抗原则拥有肿瘤特异性和患者通用性的潜力，因此成为极具吸引力的治疗靶点。

一、经典和非经典肿瘤抗原

　　针对肿瘤抗原的治疗已经在数百个临床试验中进行了测试。肿瘤特异性抗原在治疗上可能是非常有效的，但是这也依然避免不了因耐药而导致的复发。更何况如果靶向抗原不是肿瘤特异性的，而是在正常细胞上也表达，那么这些疗法将具有严重的靶向-非肿瘤毒性的风险。为了快速推进癌症免疫治疗的发展，需要系统地鉴定真正具有肿瘤特异性、患者共有的、在所有恶性细胞（即克隆）中稳定表达且具有免疫原性的肿瘤抗原。

　　经典肿瘤抗原通常在蛋白质编码基因的开放阅读框（ORF）中被编码，已被广泛用于癌症免疫治疗。经典肿瘤抗原可来源于正常的、未改变的蛋白质，当它们发生组成性表达、过表达、在错误的细胞中或在错误的时间表达，就会参与癌症生物学；也来源于获得体细胞突变的蛋白质编码基因组区域，如单核苷酸变异（SNV）、插入缺失（InDel）和基因融合。研究人员通过基于MS的免疫肽组学表明，HLA结合肽可以来自蛋白质编码区以外。这些非经典抗原（也称为替代性、隐匿性或暗物质抗原）可来源于基因组、表观基因组、转录组、翻译、蛋白质组和抗原处理水平的改变。

（一）基于MS的免疫肽组学

　　免疫肽组学是通过免疫亲和纯化和液相色谱-质谱联用的方法对HLA呈递的肽样本特异性序列进行总的鉴定和量化。经过多年的探索和研究的深入，靶向MS技术已以各种方式应用于免疫肽组学，被认为是追踪复杂肽混合物中的一组特定离子并量化细胞表面特异性抗原丰度和拷贝数的最可靠方法。

　　目前，加强HLA多肽检测、鉴定和定量的分析方法正在探索中。串联质量标签（TMT）标记是一种已建立的多肽标签方法，利用一系列同种元素标签对单个样品进行标记，其在检测肿瘤相关抗原和新表位方面的灵敏度都有所提高。重组重同位素编码肽主要组织相容性复合体（hipMHC）已被用于增加免疫肽组学测量的可重复性，并使不同实验条件之间的准确比较成为可能，从而改进了无标记和多重标记免疫肽组学分析的相对比较。同时，围绕着MS技术也开始了肽识别率和可重复性的改进。例如，离子分离的另一个维度可以包括在电荷、大小和形状的基础上测量离子的迁移率。高场非对称波形离子迁移谱仪结合了这样一种离子迁移率装置，可去除干扰背景离子，该方法将蛋白质组学和免疫肽组学样本的检测限提高了约一个数量级。

（二）蛋白质基因组学数据库参考

因为只有数据库中已经提供的肽序列才能被识别，因此通过MS从生物样品中识别新的、但未被注释的非经典抗原并不是一项简单的任务。得益于新一代DNA测序、RNA测序和核糖体测序（Ribo-seq）技术的快速发展，蛋白质基因组学的新领域应运而生。蛋白质基因组学利用基因组学、转录组学等数据中的信息，扩展基于MS的蛋白质组学或免疫肽组学数据并进行解释。基于此，蛋白质序列数据库可以是通用的，也可以部分或完全针对癌症患者进行个性化。

基于蛋白质基因组学的MS/MS数据的非经典HLA结合肽的鉴定依赖于新一代测序方法中不同层次信息的组合，然而，根据现有的生物学问题，研究人员被迫要在数据库完整性、搜索时间的增加和更高的错误发现率（FDR）之间进行权衡。近年来，已经开发并应用了多种计算蛋白质基因组学工具来解决这一关键问题，使误差水平得以控制或可被仔细评估。在估计非经典肽生成的误差概率时，重要的是要考虑识别不同类别肽的可能性。因此，需要对每一类多肽分别执行目标诱饵策略进行FDR估计。

二、肿瘤抗原鉴定的计算方法

2018年诺贝尔生理学或医学奖颁发给了肿瘤免疫治疗研究，可见肿瘤免疫治疗影响之大。近年来，肿瘤免疫治疗研究也愈加火热。肿瘤抗原的鉴定对于特定肿瘤的诊断和治疗非常重要。

根据治疗策略，肿瘤免疫治疗可以分为两类：一类借助特异性抗体阻断肿瘤免疫逃逸信号传递，重新激活免疫细胞识别、杀伤肿瘤细胞活力。另外一类是人工改造患者体内T淋巴细胞，增加其杀伤肿瘤细胞能力。多款免疫检查点药物被批准临床使用，而且药物数量、靶点数量及临床适应证都会不断增加。嵌合抗原受体T细胞（chimeric antigen receptor T cell，CAR-T）免疫治疗也有两款药物获得批准，分别是Kymriah（tisagenlecleucel，Novartis）和Yescarta（axicabtagene ciloleucel，Kite Pharma），这两款细胞治疗药物都是以CD19为靶点，应用在血液肿瘤领域。CD19是一种跨膜蛋白，在不同分化阶段的B淋巴细胞表面均有特异性表达，95%以上的B细胞淋巴瘤和B淋巴细胞白血病均表达CD19抗原。经过基因修饰使T淋巴细胞表达特定的嵌合抗原受体（CAR），改造后的T淋巴细胞可以特异性识别CD19抗原，进而杀伤靶细胞，借助识别CD19嵌合抗原受体的CAR-T细胞，可以实现对B淋巴细胞肿瘤的治疗目的。

CAR-T细胞免疫治疗在血液肿瘤治疗方面取得了积极效果，但在实体肿瘤治疗方面突破比较慢。识别通用靶点NY-ESO-1工程化淋巴细胞过继细胞治疗仅对一部分黑色素瘤患者或滑液细胞瘤患者有效（Joglekar et al.，2019），由于靶点在患者中表达频率太低（2%~3%）限制了大范围的应用。另一个限制通用型靶点细胞免疫治疗的问题是药物毒性较大，有些免疫治疗靶点（如MAGE-A3）在患者正常组织中也有表达。因此，越来越多研究者将目标转向以肿瘤特异性新抗原为靶点。然而对不同来源新抗原的鉴定受制于不同类型的高通量测序数据。

（一）从高通量测序数据中鉴定MHC Ⅰ类分子新抗原

对于SNV和小片段InDel来源的新抗原，有几种集成工具可用于其识别并确定其优先级。根据筛选候选新抗原的策略，这些工具可分为两类：基于逐步分析的筛选策略和基于评分系统的筛选策略。基于逐步分析的筛选策略主要依赖于设置一系列与新抗原免疫原性相关的评估指标的临界值，以获得可靠的新肽。pVAC-Seq是用于检测候选新抗原的第一种有效的一站式工具。它接受全外显子组测序/全基因组测序（WES/WGS）和RNA测序数据作为源数据；获得候选新抗原的列表；然后根据度量标准实施一系列筛选步骤，这些标准包括肽-MHC（pMHC）结合亲和力、序列覆盖率、等位基因变异频率，以及消除假阳性的基因表达。TSNAD、CloudNeo和TIminer采用相同的检测和过滤步骤来获得最终的新抗原清单。相反，基于评分系统的筛选策略是使用基于新肽重要特征的定量评分来测量新抗原的免疫原性。MuPeXI是采用此策略开发的第一个工具，它接受WES/WGS和RNA测序数据作为源数据。针对新抗原的排序，MuPeXI有一个优先级评分，这个评分系统考虑的因素包括突变体和正常肽亲和力的等级、突变体等位基因频率和基因表达水平，以及凭经验评估鉴定出的新肽的免疫原性。目前已开发了一种基于机器学习模型的评分系统，用于免疫原性评估。Neopepsee是为新抗原优化开发的第一个基于机器学习模型的计算工具。Neopepsee基于肽的9种免疫原性特征构建了机器学习模型，以准确预测新抗原。这些特征包括：①肽-MHC结合亲和力的IC50评分；②肽-MHC结合亲和力的百分位；③差异性异位性指数（DAI），即突变体与野生型IC50得分的对数比；④pMHC I类分子的T细胞识别；⑤新肽的疏水性评分；⑥新肽的极性和得分变化；⑦氨基酸配对接触电位（amino acid pairwise contact potential，AAPP）；⑧pMHC的呈递；⑨新肽序列与已知表位的相似性。在一些可公开获得的，可提供肿瘤突变谱、RNA测序数据和T细胞反应性测定结果的数据库中评估了该预测流程，显示Neopepsee可检测到的新抗原候选物假阳性更少。

对于基因融合来源的新抗原，一个自动发现基因融合来源的工具INTEGRATE-Neo，可以有效地从TCGA中检测前列腺癌患者队列中的新抗原。INTEGRATE-Neo接受肿瘤RNA测序数据作为源数据，并输出候选的基因融合新表位的列表。但是，它通过过滤与pMHC具有结合能力的＞500nm的片段才能获得最终的新肽，因其没有考虑ORF中的终止密码子，该软件候选新肽的产生方法仍需要改进。

对于转录物选择性剪接来源的新抗原，NeoantigenR是可以鉴定其候选新肽的一个途径。它接受参考基因组比对以及基因检测和注释信息作为源数据，并获得由选择性剪接产生的新表位列表。但是，其性能和有效性仍需要在大规模肿瘤数据集中进行验证。

对于编码蛋白质的非编码区域来源的新抗原，一种蛋白质组学方法可用来鉴定所有潜在基因组编码区域的肿瘤特异性新抗原。通过将这种策略应用于2种鼠类癌细胞系和7种人类肿瘤，大约90%鉴定出的新肽来自编码蛋白质的非编码区，而这些非编码区可被基于标准外显子组的方法所忽略。但是，由于该研究的样本量较小，因此需要更多的研究来支持该结论。而且，该研究缺乏为从基因组、转录组和蛋白质组学数据中非编码区新抗原的鉴定提供有用的渠道或工具。

然而，对于RNA编辑和蛋白质组学水平上的选择性剪接来源的新抗原而言，仍然缺乏有效且集成的识别方法或工具来进行癌症免疫治疗。补充该领域的现有SNV和InDel突变新抗原发现方法，需要大力发展该领域的计算工具，以确保在寻找个性化免疫治疗靶标时不会遗漏任何潜在的新抗原。

（二）从高通量测序数据中鉴定MHC II类分子新抗原

MHC II类分子限制性新抗原在肿瘤疫苗或T细胞治疗中具有重要作用。目前，与MHC I类分子相比，使用计算机模型来预测肽与MHC II类分子之间的结合亲和力不太准确，因为与MHC II类分子结合的肽在肽长度、结合序列基序和结合区域方面更加复杂。另外，MHC II类分子中的α链和β链是多态性的，这大大增加了肽结合特异性的多样性。目前已经开发了许多计算工具来预测MHC Ⅱ类分子结合表位（表7-5）。TEPITOPEpan或TEPITOPE尝试通过评估肽序列和肽-MHC结合残基结合数据，而非实际的结合数据来解决体外实验数据不足的问题，利用人工神经网络和真实的MHC Ⅱ类分子结合数据来训练学习模型。其他工具包括SYFPEITHI、RANKPEP、MULTIPRED2、ProPred和MHCPred。所有这些工具都表现出比随机预测更好的性能；但是，它们的准确性仍低于MHC Ⅰ类分子配体的预测工具。另有一种计算方法MARIA，该方法是在MHC Ⅱ类分子的基因组序列和基因表达特征上训练的深度学习模型。MARIA在淋巴瘤数据集中优于最常用的预测软件NetMHCIIpan3.1，但是其稳定性和有效性需要在大型数据集中进一步验证。

表7-5　MHC Ⅱ类分子结合表位预测工具及对应网址

名称	网址
TEPITOPEpan	http://www.biokdd.fudan.edu.cn/service/TEPITOPEpan/
NetMHCIIpan	https://services.healthtech.dtu.dk/services/NetMHCIIpan-4.0/
SYFPEITHI	http://www.syfpeithi.de/
RANKPEP	http://imed.med.ucm.es/Tools/rankpep_help.html
MULTIPRED2	http://projects.met-hilab.org/multipred2/index.php
ProPred	http://crdd.osdd.net/raghava/propred/
MHCPred	http://www.ddg-pharmfac.net/mhcpred/
MARIA	无

（三）个体化新抗原识别中的HLA等位基因精确分型

麦格拉纳汉（McGranahan）等开发了LOHHLA，一种用于精确测量HLA等位基因特异性拷贝数的生物信息学工具，并报道了40%的非小细胞肺癌发生HLA杂合性缺失（LOH）。大多数新抗原鉴定都是通过Polysolver或Optitype等工具进行HLA分型判断的，这些工具无法确定HLA基因座的单倍型特异性拷贝数，因此当研究人员将来开发集成的新抗原检测工具时，应考虑开发更准确的个体化新抗原预测HLA的LOH状态。此外，LOHHLA仅专注于MHC Ⅰ类分子的拷贝数推测，应为MHC Ⅱ类分子开发更多的计算工具，以促进个体化的MHC Ⅱ类分子新抗原鉴定。

（四）T细胞识别的概率预测

已知具有免疫原性的新抗原至少符合两个标准：能够被MHC分子呈递和被T细胞受体（TCR）识别。大多数预测的被MHC分子呈递的新抗原不会导致免疫反应。因此，在评估候选新抗原的免疫原性时，必须考虑肽-MHC复合物（pMHC）被TCR识别的可能性。但是，由于TCR对pMHC亲和力很低，因此很难直接预测TCR与pMHC的结合亲和力。目前已经开发了一些工具来评估TCR和pMHC之间的相互作用（表7-6）。最常用的工具是NetCTL/NetCTLpan，它考虑了与MHC结合、C端裂解亲和力和与抗原加工相关转运体（TAP）来得出综合评分，而不是直接预测与T细胞的结合。包括POPISK、PAComplex、CTLPred和EpiMatrix的其他工具已经用于传染性疾病或癌症，但这些工具均未在体外进行实验验证。

表7-6 评估TCR和pMHC之间相互作用的工具及对应网址

名称	网址
NetCTL/NetCTLpan	https://services.healthtech.dtu.dk/services/NetCTLpan-1.1/
POPISK	http://iclab.life.nctu.edu.tw/POPISK
PAComplex	http://pacomplex.life.nctu.edu.tw/index_iM.php
CTLPred	https://bio.tools/ctlpred#!
EpiMatrix	http://i-cubed.org/tools/ivax/ivax-tool-kit/epimatrix/

TCR接触残基处的氨基酸疏水性是CD8＋T细胞介导的免疫力的重要标志，并提出了可预测pMHC免疫原性的预测模型，但是，其改善是有限的，并且该方法需要在大型数据库中进行验证。几种基于序列比较分析pMHC复合物被T细胞识别概率的方法也被开发出来。勒克斯（Luksza）等通过对从免疫表位数据库（Immune Epitope Database）中检索到的一组肽进行比对，评估了新抗原被TCR组谱库识别的可能性。同样，这些方法也需要深入验证。

（五）质谱数据中识别/鉴定新抗原

质谱数据（MS数据）是确定HLA配体呈递的无偏差方法。绘制肿瘤HLA配体图谱有助于在临床试验中设计基于特异性肽的癌症免疫疗法，特别是罕见的HLA同种异型和HLAⅡ类配体靶标的鉴定。基于一个庞大的MS数据集，使用三种主要策略来确认呈递的肽：序列数据库搜索、光谱从头测序和质谱搜库。在高通量研究中，大多数是使用序列数据库搜索策略，已经开发了许多用于数据库搜索的计算工具，如Mascot、COMET、MAxQuant。但是，从MS数据中检测到的肽不一定是新抗原，因为它们的一部分也可能在正常细胞中表达，这可能会受到中枢耐受。因此，MS数据鉴定的HLA配体应通过正常肽过滤以获得最终候选的新抗原。

随着MS数据生成MHC分子呈递的肽，这些数据集还可用于开发更有效的HLA配体预测计算机工具。当前的HLA配体识别流程主要依靠通过机器学习模型预测肽与HLA结合的亲和力，该类模型是在体外肽与HLA结合数据集上进行训练的，如NetMHCpan和MHCurry。但是，只有不到5%已鉴定的HLA配体被证实会被呈递到细胞表面。尽管NetMHCpan和MHCurry的最新版本已整合了细胞系MS数据，但其性能的提高是有限的。最近有两项研究基于从液相色谱串联质谱法（LC-MS/MS）数据和RNA测序数据获得的HLA-肽开发了计算流程，它们可以有效预测HLA抗原。MSIntrinsic方法提出了基于从LC-MS/MS的工作流中获得的24 000种HLAⅠ类肽的神经网络预测算法，它的平均阳性预测值（PPV）比传统基于亲和力的预测值高30%。EDGE是第一个基于MS和转录组数据检测HLA配体的深度学习模型。它使HLA抗原预测的PPV最高提高了9倍。此外，这些方法解决了与HLA-肽呈递相关的挑战，并为鉴定新抗原和设计更有效的肿瘤疫苗提供了新的视角。

三、经典实体瘤肿瘤新生抗原鉴定技术

经典的实体瘤肿瘤新生抗原鉴定技术主要分为以下几个步骤。

（1）首先获取肿瘤患者临床原位肿瘤组织，通过肿瘤组织肿瘤细胞和肿瘤旁组织正常细胞全外显子组测序找到患者肿瘤组织特有的体细胞突变，借助生物信息学软件及转录组测序数据过滤分析患者特有的肿瘤新生抗原（neoantigen）。

（2）体外实验鉴定有效的新生抗原。将软件预测的新生抗原分组串联成串联小基因（tandem

minigene，TMG），体外转录后转染到患者自己的抗原呈递细胞，表达抗原加工呈递到细胞表面。

（3）从患者原位肿瘤组织中分离患者自体TIL，体外培养患者TIL克隆，分别与抗原呈递细胞共培养，鉴定能够被TIL克隆特异性识别的TMG，分拆TMG后最终鉴定出特异性新生抗原。

（4）体外扩增能够特异性识别患者肿瘤新生抗原的TIL，回输到患者体内。利用这种方法，几例黑色素瘤患者的反应非常好，有的患者体内的肿瘤完全被清除。但这里有一个技术上的问题：从患者肿瘤组织里分离TIL有限制，有时候根本得不到，这就限制了这一方法的使用。

按照经典研究方法，2014年对一位转移性胆管癌患者肿瘤细胞进行全外显子组测序鉴定出26个体细胞突变，将26个携带基因突变的12肽分成3组TMG，将体外转录的TMG转染到患者呈递细胞表达、加工、呈递后，与患者TIL克隆共培养，成功鉴定出能够识别患者 *ERBB2IP* 突变的CD4＋Vβ22＋T细胞克隆，CD4＋T细胞体外扩增后给患者回输，成功控制患者症状趋于平稳。2016年进一步成功地从四位黑色素瘤患者中的三位患者外周血中检测到能够识别肿瘤新抗原的特异性T淋巴细胞。通过体外实验验证了外周血中新生抗原特异性淋巴细胞和肿瘤组织TIL具有类似的生物学功能特征，如对新生抗原特异性识别能力，甚至外周血中特异性识别新生抗原的淋巴细胞具有与特异性识别新生抗原的TIL类似的TCR库。接下来将特异性识别新生抗原的TCR人工表达于患者外周血T细胞中，人工构建的T细胞具有特异性识别新生抗原的能力。依据此研究的方法，通过对患者肿瘤病理切片、穿刺活检或液体活检得到的肿瘤样本进行全外显子测序，并结合外周血肿瘤新生抗原特异性识别T细胞分离技术，为细胞疗法提供了一种相对无创的系统性治疗方法。研究成果使得细胞治疗在实体瘤患者方面不断取得新的突破，但经典的肿瘤新生抗原鉴定技术通量较低、周期较长、成本较高，在一定程度上会限制实体瘤个性化细胞治疗的应用，需要高通量的肿瘤新生抗原鉴定技术帮助实现低成本、高通量地鉴定患者特异性肿瘤新生抗原，且缩短实验周期，促进细胞治疗在实体瘤临床上的应用。

但是传统鉴定流程也有一定的局限性：①严重依赖于基因组或转录组测序的结果，然而基因组或者转录组测序技术并不能直接分析出肽段是否是在细胞膜表面被呈递的；②严重依赖于预测软件，但这些软件的准确性尚无明确定论；③只能分析出由正常基因及基因突变产生的肽段，对其他来源产生的新生抗原无能为力。

四、基于淋巴细胞胞啃高通量筛选技术的肿瘤新生抗原鉴定

胞啃现象（trogocytosis），是一种淋巴细胞通过"免疫突触"从抗原呈递细胞膜表面获取一些膜表面蛋白质分子的现象，当两种细胞特异性分子与受体特异性结合时，可以将抗原呈递细胞表面一些蛋白质分子转移到淋巴细胞膜表面（图7-2）。胞啃现象可以发生在T细胞、B细胞和自然杀伤性细胞，胞啃可能参与免疫反应启动或调节过程。胞啃需要借助淋巴细胞表面特异性受体识别抗原呈递细胞膜表面MHC和抗原肽复合体，激活胞啃现象。淋巴细胞可以从特异性连接的抗原呈递细胞表面获取多种不同的蛋白质分子，甚至一些淋巴细胞不能表达的蛋白质，从而改变淋巴细胞表型及功能。胞啃作用具有特异性识别、快速和双向交换的特点。

研究者利用淋巴细胞胞啃现象开发了一种肿瘤新生抗原鉴定的高通量平台。此技术平台首先分别构建两种工程细胞系：表达TCR文库的Jurkat细胞系和表达肿瘤新生抗原文库的K562细胞系，并且K562可以同时表达绿色荧光蛋白（ZsGreen＋）和低亲和力神经生长因子受体（LNGFR＋）。将表达已知配对的TCR Jurkat T细胞投入以1/10 000比例混合其特异识别pMHC分子的抗原呈递细胞（APC）混合物当中，通过流式细胞术检测发现，胞啃作用依然能准确地标记70%以上的与这个TCR特异配对的APC，而其他没有发生识别的抗原呈递细胞则不会被标记。

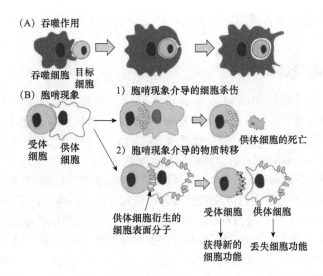

图7-2　淋巴细胞胞啃现象（Miyake et al., 2021）

此高通量筛选肿瘤新生抗原技术平台流程包括借助全外显子组测序技术和RNA测序对患者活检肿瘤组织进行测序，分析患者肿瘤特异性抗原库，然后将其表达于K562细胞表面。分析肿瘤浸润淋巴细胞孤儿TCR，表达于Jurkat细胞表面。将两种细胞混合孵育，借助流式细胞仪分选出ZsGreen＋/LNGFR＋/TCR＋细胞，分析阳性细胞鉴定出能够引起患者免疫反应的肿瘤新生抗原肽。

此技术平台是一种低成本、快速的高通量患者个性化肿瘤新生抗原筛选平台。这个技术平台不仅可以筛选被MHC Ⅰ类分子所呈现的抗原-TCR配对，也可以应用于MHC Ⅱ类分子所呈现的抗原-TCR配对，从而用来鉴定除了肿瘤之外与其他的免疫疗法相关的潜在抗原，如那些自身免疫疾病抗原。未来，科学家们有望利用这项技术，开发让人体对癌细胞产生免疫力的癌症疫苗或者开发TCR-T细胞免疫治疗。

五、信号转导与抗原呈递双功能受体工程细胞高通量筛选技术

信号转导与抗原呈递双功能受体（signaling and antigen-presenting bifunctional receptor，SABR）工程细胞高通量筛选技术依据的原理是T淋巴细胞识别特异性抗原后可以被激活，活化后的T细胞可以诱导基因表达。SABR信号报告系统包括细胞外共价键连接的抗原多肽-β2微球蛋白-MHC三聚体、细胞内CD3ζ结构域和CD28共刺激结构域，将SABR信号模块转导到活化的T细胞核因子（NFAT)-GFP-Jurkat细胞系中。此高通量筛选肿瘤新生抗原技术平台流程与大多数肿瘤新生抗原预测流程类似，首先借助全外显子组测序技术和RNA测序对患者活检肿瘤组织进行测序，分析预测患者肿瘤特异性抗原，然后将构建表达文库将肿瘤新生抗原肽文库表达于NFAT-GFP-Jurkat细胞表面。患者孤儿TCR表达于Jurkat细胞表面。将表达肿瘤患者TCR库的Jurkat细胞与表达肿瘤患者肿瘤新生抗原文库的NFAT-GFP-Jurkat细胞进行共培养孵育，当MHC呈递的肿瘤新生抗原肽被特异性TCR识别时，可以活化NFAT-GFP-Jurkat细胞，诱导表达GFP，借助流式细胞仪分选出GFP＋/CD69＋阳性细胞，鉴定出能够引起患者免疫反应的肿瘤新生抗原肽。SABR识别灵敏度为1/1000。

以上两种高通量肿瘤新生抗原鉴定技术通过细胞介导方式鉴定肿瘤细胞特有的携带突变的

多肽，应用这种高通量筛选技术可以大大缩短肿瘤新生抗原鉴定实验周期，同时可以降低实验成本。

六、酵母菌高通量筛选技术

2022年发表的酵母菌抗原高通量展示技术平台是由克里斯托弗·加西亚（Christopher Garcia）教授（斯坦福大学医学院）团队开发的，通过酵母菌抗原高通量展示技术可以实现孤儿受体-抗原对高通量筛选。酵母菌抗原高通量展示技术平台结构单元包括共价键连接的白细胞抗原肽、β2微球蛋白和HLA-A*02：01。酵母菌抗原库容量为$4×10^8$。

孤儿受体（orphan receptor）：人体免疫系统中，免疫细胞受体能够识别抗原并启动免疫反应，释放细胞因子杀死外源性病原体或者自身异常细胞。由于一些匹配成对的T细胞受体-抗原对（receptor-antigen pair）很难通过现有的实验方法检测到，很多T细胞受体无法被识别，这类受体被称为孤儿受体。研究人员应用单细胞测序技术从结肠癌患者鉴定出20个孤儿受体，借助酵母菌展示技术将大约4亿个白细胞抗原肽表达于酵母菌细胞表面，最终20个受体中有4个受体筛选到对应的自身抗原。

通过酵母菌抗原高通量展示技术鉴定自身抗原，为通用型细胞治疗靶点的筛选提供了技术平台，此技术平台还可以筛选与其他的免疫疗法相关的潜在抗原，如那些抵抗自身免疫疾病或传染病的抗原，而且没有偏向性。当然此技术平台兼容肿瘤特异性的肿瘤新生抗原鉴定，通过高通量测序获得体细胞突变后构建肿瘤新生抗原酵母菌展示文库，就可以用于肿瘤新生抗原鉴定实验。

第四节　T细胞受体的分析

一、T细胞受体分析的概述

（一）T细胞受体的结构

TCR是异二聚体膜蛋白。TCR包括两种类型的受体，分别是αβ链受体和γδ链受体，携带有两种受体的T淋巴细胞的比例分别约占人类总T淋巴细胞的95%和5%。这些受体中的每一个链的分子量都在40 000至60 000之间。每条链的细胞外部分由两个域组成。整体结构类似于免疫球蛋白（Ig）的抗原结合片段（Fab）的结构。距膜最远的TCR域与Ig可变（V）区域相似，而距膜最近的TCR域与Ig恒定（C）区域相似。抗原结合由αβ或γδ链的V结构域产生的位点进行。已经确定TCR细胞外部分的三维（3D）结构，与Ig具有很大相似性。许多具有不同特异性的TCR已获得蛋白质和核酸序列数据。这些序列的分析结果表明在可变区中存在三个高变（hv）区。3D结构表明，这些高变区排列为相对平坦的表面，该表面同时与MHC分子和抗原肽的氨基酸残基接触。

αβT细胞受体：αβTCR是在具有MHC限制性T细胞上发现的主要TCR（95%）。通常提到TCR，指的是αβTCR。不同类型的辅助性T细胞也是αβT细胞，大多数病毒感染细胞的细胞毒性T细胞（CTL）也是如此。αβTCR识别由MHC分子呈递的肽抗原。

γδT细胞受体：γδTCR存在于少数（5%）人T细胞上。这些细胞在胸腺中作为与表达αβTCR分子的细胞不同的细胞谱衍生。在某些上皮组织中，γδT细胞数量更多，这导致了以下假设：它们是第一道防线，并可能引发上皮边界，如皮肤，对经常遇到的微生物的反应。同样，γδT细胞与αβT细胞在两个重要方面有所不同。第一，他们既可以识别脂质分子也可以识别肽。第二，他们不能总是识别MHC，不是MHC限制性的。

T细胞受体基因多样性的产生：编码TCR链的基因片段的结构非常类似于Ig重链和轻链基因区段的结构。α和γ链的基因与Igκ和λ轻链的基因类似，因为它们仅使用V和J段。β和δ链的基因类似于Ig重链基因，它们使用V、D和J基因段。与Ig基因的不同之处在于，TCR C区域基因较少。例如，TCR只有一个Cα基因，有两个Cβ基因，但它们在功能上似乎是相同的。这与其中C区包括μ、δ、γ、ε和α类，以及λ亚型（λ1至λ4）等的Ig相反。

在抗原刺激前，T细胞产生多样性的机制与B细胞中产生多样性的机制相同。但在抗原刺激后，T细胞内途径与B细胞完全不同。抗原刺激后，Ig基因继续多样化（如通过体细胞超突变和类别转换，将V区连接到另一个C区），而TCR的基因保持不变。

TCR基因在胸腺重排。合成TCR链的基本分子步骤与针对Ig轻链和重链的分子步骤非常相似。对于B淋巴细胞中的Ig基因，包括人重组激活基因（RAG）-1和RAG-2酶在内的V（D）J重组酶与TCR基因重排有关，这些功能的缺陷会影响B细胞和T细胞。对于α链，V基因区段（如Vα2）和J基因区段（如Jα5）重组以形成V区外显子（如Vα2Jα5）。V区的转录和Cα外显子一起产生初级RNA转录本。该RNA的剪接产生一个信使RNA（mRNA），该信使RNA在翻译时会产生TCRα链蛋白。β链的组装与Ig重链的组装相似，首先将αD和αJ基因片段组合在一起，然后将该DJ单元组合到V基因片段上。然后，完整的V区外显子与Cβ1一起转录，形成一级RNA转录物。RNA剪接产生mRNA，翻译后产生TCR的β链。α和β链与其他膜结合蛋白一样在粗面内质网中翻译，经过内质网和高尔基体处理后在细胞膜表面表达。

与免疫球蛋白一样，TCR多样性产生的机制包括：①存在多个V区基因；②末端脱氧核苷酸转移酶（TdT）的不精确连接和核苷酸添加而产生的连接多样性；③随机产生链条组合。与Ig不同，TCR基因中没有体细胞超突变。但是，总的潜在B细胞和T细胞抗原受体种类相似，因为缺乏体细胞超突变被TCR基因中更大的连接多样性抵消了。从理论上讲，TCR数目可能高达10^{16}至10^{18}，其中大部分由多样性产生。TCR连接多样性的一个例证是TCRα链可用的J片段数量是Igκ和λ轻链的10倍以上。

（二）抗原的识别

TCR仅出现在细胞表面。T细胞没有像B细胞抗原受体那样表达另一种分泌形式的潜力。处理后的大多数肽抗原都显示在MHC凹槽中与TCR结合。少数被称为超抗原的物质可独立于抗原加工和呈递而激活T细胞。这些超抗原同时结合MHCⅡ类分子和具有某些特定β链的TCR。通过这样做，它们激活带有该Vβ区域的T细胞，并引起大规模的免疫反应。

对TCR-肽-MHC复合物进行3D结构分析。结果显示MHCⅠ类分子（HLA-A2）、病毒肽和特异性TCR，该TCR V区的高变序列产生一个"平坦"的表面，该表面与抗原肽的残基以及位于MHC分子α1和α2域中的一些多态氨基酸残基相互作用。

（三）涉及T细胞功能的辅助分子

几种分子参与T细胞功能。这些分子形成在免疫突触的一侧，T细胞则利用免疫突触与其他细胞通信。TCR没有CD3复合物（由四个不同的跨膜蛋白链：γ、δ、ε和ζ组成）则无法正常发挥受体功能。在TCR结合抗原后，CD3分子通过信号转导至细胞质从而使T细胞活化。其他分子，如CD11a等整合素，又称白细胞功能相关抗原1（LFA-1），在T细胞与其靶细胞中起黏附作用，而另一些在黏附及信号转导中起作用。其中最重要的是CD4和CD8，它们通过分别与II类或I类MHC分子结合来稳定TCR-肽-MHC复合物，以及通过将酪氨酸激酶（Src家族的成员Lck）带到CD3和ζ蛋白的细胞质尾部附近从而促进信号转导和细胞激活，增强特定T细胞应答。携带CD4的T细胞被称为辅助性T细胞，因为它们通常促进其他细胞应答。然而，辅助性T细胞的一个子集，称为调节性T细胞（Tregs），能够抑制其他T细胞。携带CD8的T细胞具有杀伤功能，如诱导病毒感染细胞的凋亡，也被称为细胞毒性T细胞（CTL）。

免疫突触与神经突触的不同之处在于它是一个瞬时结构。例如，当T细胞识别抗原呈递细胞（APC）上的肽抗原时，突触会形成几个小时。在此期间，两个细胞之间双向通信。一旦T细胞对抗原产生反应，突触就会分解并释放T细胞与其他细胞相互作用，从而对抗原产生反应。

二、T细胞受体（TCR）疗法治疗实体瘤的机遇和挑战

TCR和CAR疗法都是对患者自身的T淋巴细胞在体外进行改造，然后将它们注回患者体内杀伤肿瘤的癌症疗法，但是它们识别抗原的机制截然不同。TCR利用α和β肽链构成的异元二聚体（heterodimer）来识别由主要组织相容性复合体（major histocompatibility complex，MHC）呈现在细胞表面的多肽片段。而CAR则利用能够与特定抗原结合的抗体片段来识别肿瘤细胞表面的抗原。因为MHC分子能够呈现从细胞表面和细胞内蛋白中获得的肽链，TCR与CAR相比，能够靶向更多种抗原。

理论上讲，在治疗实体瘤方面TCR与CAR相比有着明显的优势。CAR-T细胞治疗实体瘤方面的问题是它们的靶点抗原都是细胞表面蛋白，是否存在对人类癌症具有特异性的细胞表面蛋白有待存疑，也有些研究表明，即便CAR-T细胞杀伤肿瘤细胞的功能卓越，如果没有合适的靶点也无法对实体瘤产生真正的影响。

而TCR靶向的细胞内蛋白具备肿瘤特异性。这些抗原包括由于肿瘤DNA的随机突变造成的新生抗原（neoantigen）和所谓的癌-睾丸抗原（cancer-testis antigen）。这些抗原通常只在某些肿瘤和种系组织（germ line tissue）中表达，而种系组织不会表达MHC。

而且，表达TCR的T细胞通常侵入肿瘤内部的能力会强于CAR，而CAR通常会附着在肿瘤的外层而不向内部渗透。这是因为CAR靶向的抗原可能在肿瘤表面有上千个拷贝，它们会在CAR渗透到肿瘤内部之前就将它们都吸收了。而TCR在最初碰到肿瘤时遇到的抗原可能少于50个拷贝，这让TCR能够进一步深入肿瘤内部与抗原结合，从而保证更均衡的药物分布。

TCR疗法的概念其实早于CAR产生。由第一次将一个T细胞的TCR基因转移到另一个T细胞中，从而赋予第二个T细胞相同的抗原特异性开始，发展成为当今的TCR基因疗法。通过分离特定TCR赋予T细胞新的抗原特异性。2004年启动了第一个TCR基因疗法的临床试验，接受治疗的15名黑色素瘤患者中有两位的肿瘤达到完全缓解。这些患者自身的T细胞在体外得到扩增，并且在细胞中表达了对黑色素A蛋白抗体（MART）-1抗原具有特异性的TCR。同时，克隆TCR并且将它们整合到病毒载体中使它们在T细胞中有效表达的技术日渐完善。2008年以来，多个TCR生物技术公司开始出现，相继开发TCR疗法和CAR疗法。目前已有临床试验正在验证TCR疗法在治疗实体瘤方面的疗效。

案例分析：免疫细胞浸润算法工具的实践

一、CIBERSORT

支持向量回归（SVR）包含两种类型：ε-SVR 和 v-SVR。CIBERSORT 选择了 v-SVR，因为参数 v 能够方便地同时影响训练误差的上限和支持向量的下限。更大的 v 产生更小的 ε 和更多的支持向量（图7-3）。对于 CIBERSORT，v-SVR 采用了线性核函数（lineal kernel function）来确定不同细胞类型比例（unknown cell fraction, f），并设置 $v=\{0.25、0.5、0.75\}$，通过计算混合物的基因表达数据与反卷积计算结果的最小均方根误差（root mean square error, RMSE），来确定最佳的 v。CIBERSORT 实现使用 R 软件包 e1071 中的 "svm" 函数执行 v-SVR。在提取出模型的回归系数之后，将负的回归系数设置为 0，并将其余的回归系数归一化为 1，得出最终的回归系数，也就是不同细胞类型相对比例。为了减少运行时间和提高整体表现，在运行 CIBERSORT 之前对混合物中基因表达数据和基因特征矩阵进行零均值和单位方差的归一化。

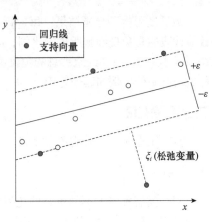

图7-3 SVR算法原理

（一）网页版

用户只需要注册一个账号，就可获得 500M 存储数据和结果的空间。操作时，只需上传标准的表达矩阵文件即可分析免疫浸润；如果想要分析包含其他细胞类型的浸润比例，则需按照官网提示的格式上传相应的文件。步骤如下：在网页注册账号，准备表达数据、需要分析的表达矩阵、参考数据集，上传数据，设置参数，运行 CIBERSORT。

（二）R 语言版

R 语言的 CIBERSORT 比网页版用上去方便很多，没有数据量的限制，适合大数据运算，能直接运行，非常方便。CIBERSORT 作者把代码做得非常方便易用，只需一行命令即可运行，下面将演示如何使用 CIBERSORT 进行免疫浸润的分析。

本案例选取的测试数据是 TCGA 数据库当中肺腺癌（LUAD）的数据，比较不同给肿瘤分期的肺腺癌样本中免疫微环境的差异，也就是得到分别的免疫细胞比例组成。测试数据列为样本，行为基因，矩阵内容为基因的表达值。

下面进行分析，在进行分析的时候需要准备三个文件：①LM22.txt（可以从 CIBERSORT 网站下载，这个就是 22 种免疫细胞的参考标记基因表达）；②CIBERSORT.R（CIBERSORT 源代码，从官网下载）；③expression.txt（基因表达谱文件，就是上面说的肺腺癌表达谱）。然后，运行 CIBERSORT，将三个文件放到一个文件夹中，在 RStudio 中设置工作路径，运行如下代码即可：

```
source(CIBERSORT.R)
#define LM22 file
LM22.file<-"LM22.txt"
exp.file<-"datExp.processed.txt"
TME.results=CIBERSORT(LM22.file,exp.file,perm=1000,QN=TRUE)
#output CIBERSORT results
write.table(TME.results,"TME.results.output.txt",sep="\t",row.names=T,col.
  names=T,quote=F)
```

最后便可得到分析结果：每一行一个样本，每一列一种细胞，总共有22种细胞，矩阵内部数值代表的是免疫细胞所占的比例，如CD8＋T细胞在第一个肿瘤样本中是0.2282，那就代表着在该样本中CD8＋T细胞占总的免疫细胞的22.82%。所以，CIBERSORT输出的是一个比例，22种免疫细胞的比例加起来等于1。

二、TIMER

TIMER是另一个肿瘤免疫浸润评估的交互式web工具，能够全面、灵活地分析结果并可视化。

（一）背景介绍

同一类型肿瘤的不同患者的免疫浸润具有异质性，可能影响临床结果。肿瘤基因组和宿主免疫系统具有复杂性，因此如何描述癌细胞与免疫浸润的相互作用仍是一个难题。

为方便研究肿瘤免疫和基因组数据，TIMER应用反卷积方法从基因表达谱中推断免疫细胞的丰度，重新分析了TCGA的32个癌症类型的10 897个样本的基因表达数据，估计6个肿瘤浸润免疫细胞（TIIC）亚群（B细胞、CD4＋T细胞、CD8＋T细胞、巨噬细胞、中性粒细胞和树突状细胞）的丰度。

如图7-4所示，TIMER的四个模块分别探讨TIIC与基因表达（Gene）、总体生存（Survival）、

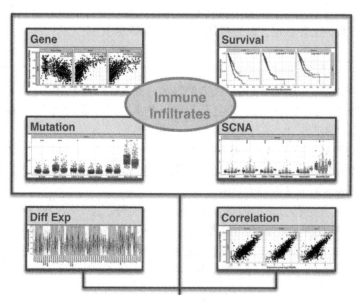

图7-4　TIMER分析架构界面

体细胞突变（Mutation）和体细胞拷贝数改变（SCNA）的关系，以及两组基因的差异表达（Diff Exp）和相关性（Correlation）分析。每个模块的可视化示例显示在相应的框中。

　　TIMER目前最新升级到2.0版本（http://timer.cistrome.org/），将原来的Mutation模块分成了Mutation和Gene_Mutation两个功能子模块，Survival分成了Outcome和Gene_Outcome。另外由于TCGA中可用样本数量不同，评估分数与之前的版本会稍有不同（图7-5）。

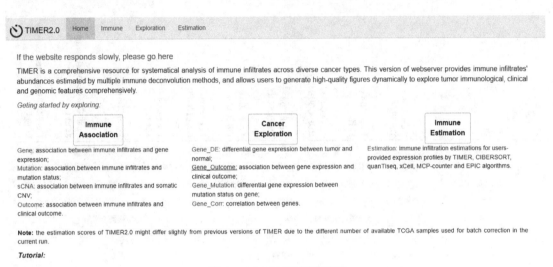

图7-5　TIMER数据库界面

（二）结果解析

1. 免疫浸润与基因表达间的相关性　　选择任何感兴趣的基因与免疫细胞类型，该模块能够对基因表达与多种肿瘤类型中免疫浸润水平的相关性进行可视化（图7-6）。

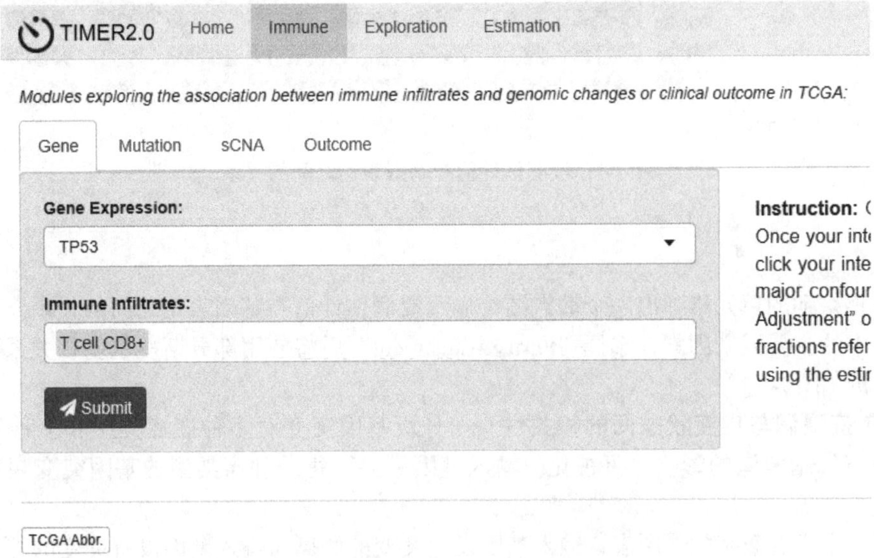

图7-6　免疫浸润和基因表达相关性输入

点击"TCGA Abbr.",提交感兴趣的基因和免疫细胞类型后,将显示带有在各种癌症类型中纯度调整后斯皮尔曼相关系数的热图。颜色表示显著的正/负相关(图7-7)。

Spearman's ρ	: positive correlation (p<0.05, ρ>0)
Spearman's ρ	: negative correlation (p<0.05, ρ<0)
Spearman's ρ	: not significant (p>0.05)

Search:

cancer	T cell CD8+ TIMER	T cell CD8+ EPIC	T cell CD8+ MCP-COUNTER	T cell CD8+ CIBERSORT	T cell CD8+ CIBERSORT-ABS	T cell CD8+ QUANTISEQ	T cell CD8+ XCELL	T cell CD8+ naive XCELL	T cell CD8+ central memory XCELL	T cell CD8+ effector memory XCELL
ACC (n=79)	0.024	-0.111	0.11	0.056	0.115	0.091	-0.148	0.12	-0.111	0.093
BLCA (n=408)	-0.147	0.025	-0.06	-0.091	-0.116	-0.086	0.05	0.101	-0.124	0.037
BRCA (n=1100)	0.015	0.015	0.002	0.018	0.037	-0.011	0.004	0.028	-0.016	-0.026
BRCA-Basal (n=191)	0.023	0.036	0.097	0.076	0.114	0.096	0.1	0.086	0.121	0.004
BRCA-Her2 (n=82)	0.052	-0.057	-0.17	-0.19	-0.19	-0.202	-0.187	-0.062	-0.218	-0.144
BRCA-LumA (n=568)	0.005	-0.01	-0.016	0.006	0.038	-0.019	-0.03	0.041	-0.053	-0.029
BRCA-LumB (n=219)	0.084	0.081	0.057	0.089	0.084	0.047	0.1	0.025	0.11	0.053
CESC (n=306)	-0.053	0.111	0.119	-0.022	0.051	0.104	0.046	0.126	-0.02	-0.095
CHOL (n=36)	0.005	0.115	0.102	0.115	0.107	0.085	0.058	-0.118	0	0.125
COAD (n=458)	-0.021	0.122	0.034	0.078	0.036	0.017	0.013	-0.078	-0.003	0.079
DLBC (n=48)	0.28	0.048	0.058	0.233	0.286	0.078	0.136	-0.06	0.201	0.118
ESCA (n=185)	0.064	-0.119	-0.066	-0.103	-0.038	-0.05	-0.043	-0.078	-0.087	0.133
GBM (n=153)	-0.008	-0.041	-0.211	-0.177	-0.127	-0.259	0.001	-0.155	0.045	-0.041
HNSC (n=522)	-0.184	0.046	0.359	0.215	0.35	0.317	0.184	-0.121	0.306	0.152
HNSC-HPV- (n=422)	-0.106	-0.157	0.213	0.054	0.204	0.172	0.075	-0.194	0.171	0.073
HNSC-HPV+ (n=98)	-0.211	0.593	0.576	0.415	0.572	0.577	0.42	0.106	0.53	0.342
KICH (n=66)	0.286	-0.032	0.209	0.21	0.309	0.164	0.29	0.077	0.004	-0.178

Showing 1 to 40 of 40 entries

彩图

图7-7 浸润估计值与基因表达之间的关系

单击感兴趣的单元格弹出一个散点图,显示浸润估计值与基因表达之间的关系。肿瘤纯度是该分析中的主要混杂因素,选择"PurityAdjustment"后将使用部分斯皮尔曼相关系数来进行此关联分析(图7-8)。

2. 免疫浸润与突变状态间的相关性 分析基因突变对多种癌症类型和多种免疫细胞类型的免疫细胞浸润的影响并可视化。输入基因后显示每种肿瘤类型的基因突变频率条形图(图7-9)。

提供一个带有数字的热图表,输入基因发生突变的肿瘤与输入基因没有突变的肿瘤之间的免疫浸润水平的倍性变化对数值,不同方法计算出的估计值不同(图7-10)。

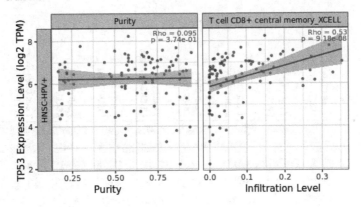

图7-8 浸润估计值与基因表达之间的相关性拟合图

彩图

图7-9 多种癌症类型中基因突变的样本比例

彩图

Table   JPG   PDF

Log2(Fold Change) : higher level in mutants (p<0.05, log2FC>0)
Log2(Fold Change) : lower level in mutants (p<0.05, log2FC<0)
Log2(Fold Change) : not significant (p>0.05)

Search:

cancer	T cell CD8+ TIMER	T cell CD8+ EPIC	T cell CD8+ MCP-COUNTER	T cell CD8+ CIBERSORT	T cell CD8+ CIBERSORT-ABS	T cell CD8+ QUANTISEQ	T cell CD8+ XCELL	T cell CD8+ naive XCELL	T cell CD8+ central memory XCELL	T cell CD8+ effector memory XCELL
ACC (n=92)	0.026	0.082	0.54	0.102	0.189	0.51	-0.546	-1.223	-0.424	0.236
BLCA (n=411)	0.188	0.021	0.506	0.081	0.346	0.77	0.43	-0.622	0.438	1.128
BRCA (n=1020)	0.013	0.24	0.591	0.032	0.198	0.476	0.599	0.172	0.448	1.065
BRCA-Basal (n=177)	-0.499	-0.058	-0.272	-0.14	-0.458	-0.567	-0.515	-0.604	-0.359	-0.8
BRCA-Her2 (n=79)	-0.272	0.23	-0.293	-0.121	-0.143	-0.274	-0.464	-0.048	-0.25	-1.82
BRCA-LumA (n=516)	0.105	-0.033	0.328	-0.076	0.12	0.417	0.576	0.351	0.303	0.19
BRCA-LumB (n=209)	0.506	-0.11	0.732	0.197	0.476	0.743	0.535	0.183	0.426	0.398
CESC (n=289)	-0.157	0.039	0.071	-0.121	-0.342	0.066	-0.267	0.545	-0.517	-0.02
CHOL (n=36)	-0.023	-0.237	-1.058	0.359	-0.222	-1.458	-1.432	-0.094	-1.271	-19.932
COAD (n=404)	-0.133	-0.225	-0.323	-0.086	-0.346	-0.564	-0.23	0.128	-0.681	-3.663
DLBC (n=37)	-1.458	-7.746	-0.031	0.01	-1.278	-1.518	-6.038	0.763	-2.928	-2.213
ESCA (n=184)	-0.035	-0.835	-0.655	0.04	-0.153	-0.747	-1.738	-0.3	-0.892	-2.016
GBM (n=390)	0.077	-0.027	-0.326	-0.066	-0.048	0.559	0.207	0.819	-0.505	1.841
HNSC (n=507)	-0.585	-0.69	-1.317	-0.726	-1.029	-1.26	-1.144	-0.353	-1.219	-1.477
HNSC-HPV- (n=412)	-0.339	-0.312	-0.375	-0.495	-0.494	-0.517	-0.78	-0.186	-0.687	-1.012
HNSC-HPV+ (n=93)	-1.204	-1.943	-3.038	-1.294	-2.163	-2.999	-2.659	-1.284	-2.421	-4.887
KICH (n=66)	-0.039	-0.068	0.358	0.135	0.273	-0.222	0.966	1.417	0.381	-0.006

Showing 1 to 39 of 39 entries

彩图

图 7-10　免疫细胞浸润估计值与多种癌症之间的关系

单击热图上的单元格查看突变体与野生型肿瘤中免疫浸润分布的小提琴图（同一免疫细胞在同一癌症中经过两种方法计算的免疫浸润水平大致相同），如图 7-11 所示。

3. 免疫浸润与体细胞 CNV 间的关联　拷贝数改变（CNA）模块可以通过跨肿瘤类型的基因的拷贝数改变（sCNA）状态比较免疫浸润分布。随后出现一个堆积条形图，展示 TP53 在所有肿瘤类型中的不同 sCNA 状态的相对比例（堆积条形图以堆积条形的形式来显示同一图表类型的序列，既能看到整体推移情况，又能看到某个分组单元的总体情况，还能看到组内组成部分的细分情况），如图 7-12 所示。

TIMER2.0 要求用户指定基因的"深度缺失"或"高扩增"改变状态，以与"二倍体/正常"状态进行比较。如图 7-13 和图 7-14 的热图表所示，不同 sCNA 状态下的免疫浸润分布有很大差别。

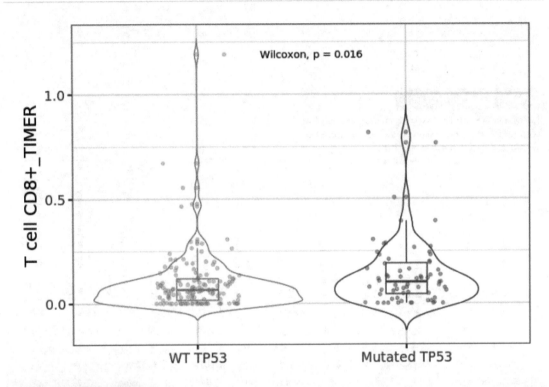

图7-11　野生型基因和突变基因与免疫细胞浸润估计值的差异　彩图

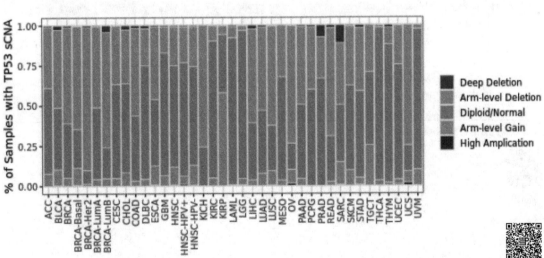

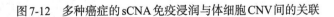

图7-12　多种癌症的sCNA免疫浸润与体细胞CNV间的关联　彩图

Table | JPG | PDF

Log2(Fold Change) : higher level in alteration (p<0.05, log2FC>0)
Log2(Fold Change) : lower level in alteration (p<0.05, log2FC<0)
Log2(Fold Change) : not significant (p>0.05)

Search:

cancer	T cell CD8+ TIMER	T cell CD8+ EPIC	T cell CD8+ MCP-COUNTER	T cell CD8+ CIBERSORT	T cell CD8+ CIBERSORT-ABS	T cell CD8+ QUANTISEQ	T cell CD8+ XCELL	T cell CD8+ naive XCELL	T cell CD8+ central memory XCELL	T cell CD8+ effector memory XCELL
ACC (n=90)	NA	NA	NA	NA	NA	NA	NA	NA	NA	NA
BLCA (n=408)	-1.714	-0.456	-2.609	-0.372	-1.195	-1.746	-19.932	-19.932	-19.932	-19.932
BRCA (n=1080)	0.184	1.132	1.882	1.052	2.172	1.948	2.695	1.613	2.099	3.366
BRCA-Basal (n=186)	0.258	0.771	0.91	0.978	1.687	1.007	1.513	1.304	1.16	1.318
BRCA-Her2 (n=81)	NA	NA	NA	NA	NA	NA	NA	NA	NA	NA
BRCA-LumA (n=555)	NA	NA	NA	NA	NA	NA	NA	NA	NA	NA
BRCA-LumB (n=216)	NA	NA	NA	NA	NA	NA	NA	NA	NA	NA
CESC (n=295)	NA	NA	NA	NA	NA	NA	NA	NA	NA	NA
CHOL (n=36)	NA	NA	NA	NA	NA	NA	NA	NA	NA	NA
COAD (n=451)	NA	NA	NA	NA	NA	NA	NA	NA	NA	NA
DLBC (n=48)	NA	NA	NA	NA	NA	NA	NA	NA	NA	NA
ESCA (n=184)	-0.024	-16.699	-1.766	-1.513	-1.172	-1.591	-19.932	-19.932	-19.932	-19.932
GBM (n=577)	NA	NA	NA	NA	NA	NA	NA	NA	NA	NA
HNSC (n=522)	-1.145	-1.342	-1.671	0.588	-0.902	-2.291	-19.932	-0.459	-19.932	-19.932
HNSC-HPV- (n=421)	-0.313	-0.174	-19.932	-2.36	-4.366	-19.932	-19.932	0.607	-19.932	-19.932
HNSC-HPV+ (n=99)	-19.932	-13.553	-1.729	1.132	-0.623	-2.163	-19.932	-19.932	-19.932	-19.932
KICH (n=66)	NA	NA	NA	NA	NA	NA	NA	NA	NA	NA

Showing 1 to 39 of 39 entries

图 7-13 "高扩增"改变状态的免疫浸润分布

彩图

📥 Table   📥 JPG   📥 PDF

`Log2(Fold Change)` : higher level in alteration (p<0.05, log2FC>0)

`Log2(Fold Change)` : lower level in alteration (p<0.05, log2FC<0)

`Log2(Fold Change)` : not significant (p>0.05)

Search: _____

cancer	T cell CD8+ TIMER	T cell CD8+ EPIC	T cell CD8+ MCP-COUNTER	T cell CD8+ CIBERSORT	T cell CD8+ CIBERSORT-ABS	T cell CD8+ QUANTISEQ	T cell CD8+ XCELL	T cell CD8+ naive XCELL	T cell CD8+ central memory XCELL	T cell CD8+ effector memory XCELL
ACC (n=90)	0.019	-0.084	0.843	1.375	1.798	1.28	-1.307	2.193	-19.932	-19.932
BLCA (n=408)	-0.492	-0.25	-2.613	-0.116	-1.262	-2.865	-1.484	-0.338	-1.475	-4.197
BRCA (n=1080)	0.312	0.169	0.362	-0.215	0.144	0.467	0.185	0.584	0.164	0.802
BRCA-Basal (n=186)	2.219	2.46	2.747	1.778	2.87	2.834	2.599	2.915	2.31	2.661
BRCA-Her2 (n=81)	0.58	-12.93	0.86	0.285	1.056	0.935	-0.56	0.166	-0.06	-19.932
BRCA-LumA (n=555)	0.517	-0.982	-0.808	-0.401	-1.032	-0.656	-2.339	-1.668	-0.982	-19.932
BRCA-LumB (n=216)	-0.262	-0.299	-1.206	-0.734	-1.347	-1.243	-2.155	0.078	-1.016	-19.932
CESC (n=295)	0.709	-0.196	-0.428	1.03	1.303	0.055	0.795	0.462	0.907	0.201
CHOL (n=36)	-0.213	-10.321	-3.782	-3.119	-3.539	-19.932	-19.932	-19.932	-19.932	-19.932
COAD (n=451)	-0.23	0.574	0.301	0.032	-0.03	-0.078	0.154	0.532	-0.262	-19.932
DLBC (n=48)	0.145	1.834	0.949	0.182	0.658	0.798	1.447	-19.932	1.063	0.264
ESCA (n=184)	0.189	0.041	-0.938	0.541	0.276	-0.838	0.574	-1.374	-0.457	2.383
GBM (n=577)	-0.131	-1.027	1.11	-0.571	0.007	-19.932	-19.932	-0.591	-19.932	-1.044
HNSC (n=522)	-0.314	0.229	-0.274	0.206	0.008	-0.102	-0.107	-0.179	-0.536	-0.734
HNSC-HPV- (n=421)	-0.161	0.587	0.501	0.407	0.519	0.585	0.38	0.209	0.051	-0.188
HNSC-HPV+ (n=99)	-19.932	-1.471	-4.036	-0.564	-2.984	-19.932	-19.932	-19.932	-19.932	-19.932
KICH (n=66)	NA	NA	NA	NA	NA	NA	NA	NA	NA	NA

Showing 1 to 39 of 39 entries

图 7-14　"深度缺失"改变状态的免疫浸润分布

彩图

4. 免疫浸润与临床结果的关联 这个功能模块可以分析肿瘤免疫亚群的临床相关性，并校正多变量Cox比例风险模型中的多个协变量（协变量可以是临床因素或基因表达）。提交变量后，TIMER将进行Cox回归分析，在热图中显示每个模型的标准化浸润系数（图7-15）。

Z-score : increased risk (p<0.05, z>0)
Z-score : decreased risk (p<0.05, z<0)
Z-score : not significant (p>0.05)

Search:

cancer	T cell CD8+ TIMER	T cell CD8+ EPIC	T cell CD8+ MCP-COUNTER	T cell CD8+ CIBERSORT	T cell CD8+ CIBERSORT-ABS	T cell CD8+ QUANTISEQ	T cell CD8+ XCELL	T cell CD8+ naive XCELL	T cell CD8+ central memory XCELL	T cell CD8+ effector memory XCELL
ACC (n=79)	1.902	-1.859	1.07	-0.197	1.267	0.71	-0.642	-1.361	-0.158	1.267
BLCA (n=408)	1.861	2.634	0.997	-2.19	-1.469	0.268	-2.342	-0.812	-1.704	-1.798
BRCA (n=1100)	-0.041	0.294	-1.358	-2.747	-1.618	-1.7	-1.393	-1.756	-1.981	-1.135
BRCA-Basal (n=191)	-0.892	-1.145	-0.635	-0.96	-1.136	-0.988	-1.242	-0.611	-1.332	-0.829
BRCA-Her2 (n=82)	-0.571	1.684	0.146	1.589	0.435	0.085	-0.369	-0.515	-0.075	-0.027
BRCA-LumA (n=568)	0.771	1.757	-0.975	-1.918	-0.256	-0.514	-0.072	-0.272	-0.833	0.054
BRCA-LumB (n=219)	0.853	-1.8	-1.604	-2.186	-1.738	-1.456	-1.437	-2.419	-1.507	-1.115
CESC (n=306)	-1.763	-1.498	-1.243	-3.674	-2.903	-2.095	-2.688	-1.624	-2.853	-3.111
CHOL (n=36)	1.109	1.088	2.361	2.245	1.582	1.967	1.246	-0.501	1.576	2.51
COAD (n=458)	-0.302	-0.198	0.676	1.044	1.135	0.908	1.349	0.506	1.595	0.373
DLBC (n=48)	0.72	-0.178	-1.273	-2.197	-1.156	-0.688	-0.603	-0.005	-0.903	0.229
ESCA (n=185)	-0.024	-1.59	-0.274	-0.752	-0.456	-0.493	0.342	1.389	-0.258	0.153
GBM (n=153)	2.395	0.89	1.515	0.954	2.041	0.096	1.385	-2.275	1.309	1.196
HNSC (n=522)	0.569	-1.31	-1.91	-2.469	-2.529	-1.95	-2.58	1.005	-2.564	-1.968
HNSC-HPV- (n=422)	0.291	-0.161	-0.383	-1.212	-1.348	-0.491	-1.297	2.2	-1.435	-0.901
HNSC-HPV+ (n=98)	0.844	-2.356	-2.426	-2.472	-2.411	-2.475	-2.625	-1.063	-2.498	-1.779
KICH (n=66)	-0.863	0.053	-0.188	-0.472	-0.199	0.261	-1.007	0.067	-1.122	-0.031

Showing 1 to 40 of 40 entries

彩图

图 7-15　免疫浸润与临床结果的关联

5. 泛癌的探究 以TP53为例，箱线图显示基因表达水平；差异显著性（edgeR；*: $p<0.05$；**: $p<0.01$；***: $p<0.001$）。识别与正常组织相比在肿瘤中上调/下调的基因（图7-16）。

6. 基因表达与临床结果的关联 使用Cox比例风险模型评估各肿瘤类型之间基因表达的临床相关性（图7-17，图7-18）。

单击热图的单元格将显示基因的KM曲线（图7-19）。

7. 基因突变状态间差异基因表达 使用TIMER2.0进行基因突变状态间差异基因表达分析。

（1）输入感兴趣的突变基因和基因列表（图7-20）。

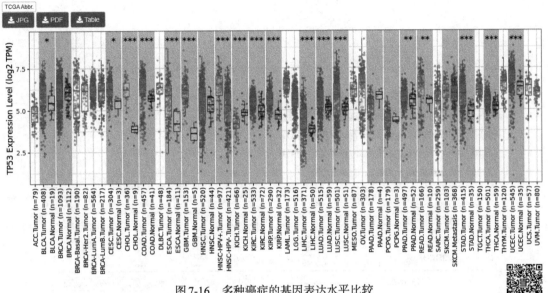

图 7-16 多种癌症的基因表达水平比较

彩图

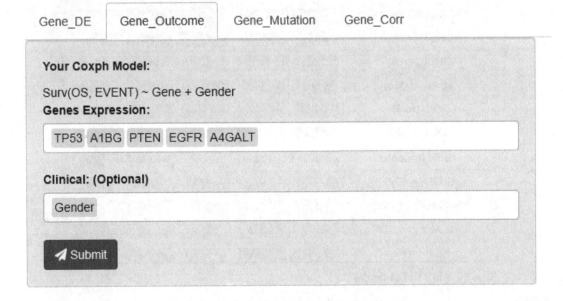

图 7-17 基因表达与临床结果的关联的提交界面

TCGA Abbr.

⬇ Table   ⬇ JPG   ⬇ PDF   ⬇ Cox Model

Z-score : increased risk (p<0.05, z>0)

Z-score : decreased risk (p<0.05, z<0)

Z-score : not significant (p>0.05)

Search: [   ]

cancer	A1BG	A4GALT	EGFR	PTEN	TP53
ACC (n=79)	-1.481	0.234	0.554	3.087	2.36
BLCA (n=408)	1.168	1.008	3.56	0.819	0.772
BRCA (n=1100)	-0.704	-1.196	-1.017	0.35	0.93
BRCA-Basal (n=191)	1.555	-0.448	-0.669	-0.555	-0.804
BRCA-Her2 (n=82)	0.504	-1.69	-1.677	0.754	1.633
BRCA-LumA (n=568)	0.137	-0.078	0.452	0.463	0.427
BRCA-LumB (n=219)	-0.162	0.399	-1.162	0.505	1.38
CESC (n=306)	0.109	-2.48	2.684	0.781	-2.386
CHOL (n=36)	0.281	-0.015	-1.62	-1.069	-0.945
COAD (n=458)	0.865	1.712	2.197	0.735	-1.451
DLBC (n=48)	-0.533	-0.611	-0.162	0.078	0.296
ESCA (n=185)	1.09	-0.78	-1.362	-0.887	-1.227
GBM (n=153)	-0.28	1.189	-1.029	-1.965	-1.238
HNSC (n=522)	-1.101	1.076	2.093	0.514	-1.595
HNSC-HPV- (n=422)	-0.6	1.029	1.533	0.265	-0.085
HNSC-HPV+ (n=98)	-0.969	0.846	1.268	0.32	-3.324
KICH (n=66)	0.001	-1.996	1.893	0.749	-0.163

Showing 1 to 41 of 41 entries

图7-18　多种癌症中基因与临床结果的风险评分

彩图

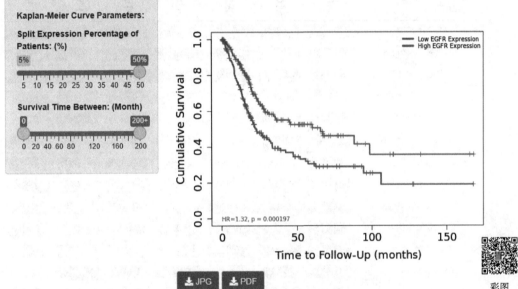

图7-19 某种癌症中高/低风险基因的KM曲线图

图7-20 基因突变状态间差异基因表达提交界面

（2）提交后，热图显示每种肿瘤类型中每个基因差异表达的变化（图7-21）。

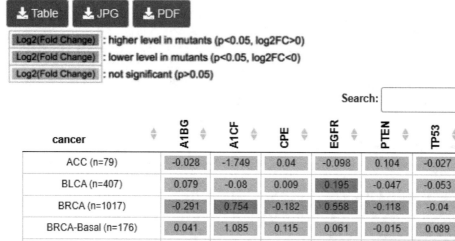

图7-21 多种癌症的差异基因表达

彩图

（3）单击单元格显示小提琴图（*A1CF*在胶质瘤中的野生型TP53和突变的TP53的差异表达水平）（图7-22）。

8. 基因间相关性 探索感兴趣的基因与各肿瘤类型中基因集之间的相关性。热图展示相关程度（图7-23，图7-24）。

9. 对用户提供的表达数据进行免疫浸润评估 需要输入表达数据（行是基因名，列是样本名，表达值要求TPM标准化且没有对数转换），文件不能超过50M。

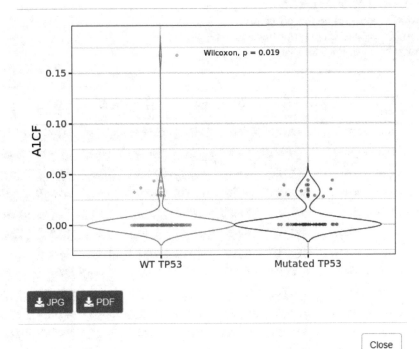

图 7-22　某种癌症中差异基因表达的小提琴图　　　　彩图

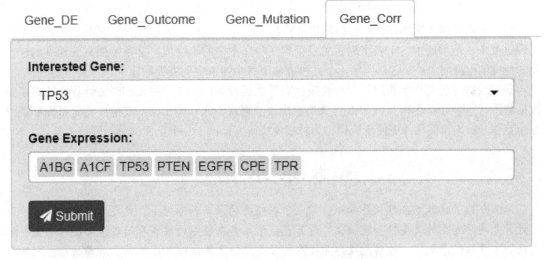

图 7-23　感兴趣基因与基因集相关性的提交界面

⬇ Table   ⬇ JPG   ⬇ PDF

Spearman's ρ : positive correlation (p<0.05, ρ>0)
Spearman's ρ : negative correlation (p<0.05, ρ<0)
Spearman's ρ : not significant (p>0.05)

Search: [   ]

cancer	A1BG	A1CF	CPE	EGFR	PTEN	TP53	TPR
ACC (n=79)	-0.113	0.083	0.158	0.164	0.336	1	0.285
BLCA (n=408)	-0.143	0.065	-0.046	-0.074	-0.033	1	0.183
BRCA (n=1100)	-0.116	-0.001	-0.006	0.045	0.076	1	0.178
BRCA-Basal (n=191)	0.058	0.037	-0.059	0.092	0.119	1	0.165
BRCA-Her2 (n=82)	-0.145	0.085	-0.097	0.127	0.066	1	0.311
BRCA-LumA (n=568)	-0.194	-0.065	-0.041	0.043	0.086	1	0.196
BRCA-LumB (n=219)	-0.173	0.037	0.052	0.113	0.093	1	0.132
CESC (n=306)	-0.053	0.032	-0.014	-0.061	0.044	1	0.175
CHOL (n=36)	-0.315	-0.049	-0.05	-0.113	0.035	1	0.408
COAD (n=458)	-0.04	-0.095	-0.051	0.006	-0.053	1	0.105
DLBC (n=48)	-0.237	-0.063	-0.036	0.094	0.257	1	0.333
ESCA (n=185)	0.019	-0.114	0.011	0.117	0.123	1	0.196
GBM (n=153)	-0.259	0.001	0.064	0.21	0.111	1	0.475
HNSC (n=522)	0.132	-0.021	0.232	0.032	0.126	1	0.366
HNSC-HPV- (n=422)	0.065	0.02	0.188	0.086	0.195	1	0.296
HNSC-HPV+ (n=98)	0.141	-0.082	0.212	0.054	0.01	1	0.45
KICH (n=66)	0.053	0.061	0.089	0.157	0.392	1	0.208

Showing 1 to 40 of 40 entries

彩图

图 7-24　多种癌症中的基因相关性

　　导入表达数据、选择物种、选择癌症之后就可以进行分析。点击RUN！运行，屏幕右下角出现进度条。结果展示：①表格展示免疫细胞在各样本中的丰度值。②条形图直观地展示样本间的免疫细胞浸润水平。③饼图展示了几种方法下每个样本中免疫细胞比例。

　　研究肿瘤与免疫相互作用需要对免疫浸润景观进行表征，这就需要创新的计算方法对多维数据集进行整合和反卷积。TIMER三大功能模块的直观输入和输出，对泛癌中特定基因和免疫细胞互作分析进行简化，更便于应用，为肿瘤免疫研究提供了一个全面的分析网络工具。

本 章 小 结

　　本章介绍了计算免疫学相关知识，阐述了在疾病的诊断和治疗上，免疫学的发展状况，以及计算免疫学发生的必要性和重要性。计算免疫学尤其在癌症的诊断和治疗方面扮演着重要的角色，本章从概念概述、肿瘤免疫细胞浸润的计算分析方法，以及一些关于肿瘤抗原鉴定的计算、T细胞受体的分析四个方面进行了深入剖析。

　　免疫细胞的种类很多，不同类型的免疫细胞在抗肿瘤和肿瘤免疫逃逸过程中又发挥了不同的作用，肿瘤的生长、侵袭和转移无不与免疫细胞相关。其次就是基质细胞，基质细胞也被认为在肿瘤生长、疾病进展和耐药性中起重要作用。因此，本章就免疫细胞浸润的计算研究进行了重点介绍，详细说明了免疫细胞浸润的计算工具原理以及常用的免疫计算工具。在案例分析中，本章同样针对常用的肿瘤免疫细胞浸润的计算工具阐述了其操作方法与使用，使得读者能更好地掌握免疫浸润的计算方法，并能运用该方法对疾病进行免疫细胞的比例分析。

（本章由蒋庆华编写）

第八章　药物设计的计算方法和应用

第一节　药物性质计算

一、药物靶标与药物互作

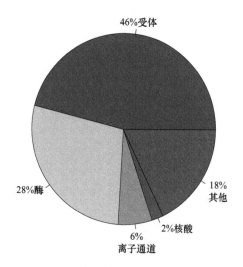

图8-1　可作为药靶的生物大分子占比

（一）药物靶标

1. 药物靶标的性质　与药物特异性结合的生物大分子统称为药物作用的生物靶标，简称为药物靶标或药靶。它们存在于机体靶器官的细胞膜、细胞质或者细胞核内。药物靶标包括蛋白质（酶、受体、离子通道）、核酸（DNA、RNA）、糖类等分子。迄今为止，已发现的药物靶标总数近500个。现有药物中，以受体为作用靶标的药物近50%，因此受体是最主要和最重要的作用靶标。以酶为作用靶标的药物超过20%，特别是酶抑制剂，在临床用药中具有特殊地位（图8-1）。随着人类后基因组学研究的发展，新的药物作用靶标不断被发现，据估计人类全部基因组序列中大约蕴藏着可作为药物作用靶标的功能蛋白5000～10 000种。

现代新药研究与开发的关键是寻找、确定和制备药物靶标——分子药靶，选择确定新颖的有效药靶是新药开发的首要任务。药物研发是一个昂贵且漫长的过程，研制成功一种新药通常需要10～15年的时间。如图8-2所示，在药物研发流程中，药理初筛是最重要的一环，能否发现药物在体内的效应并找到药物作用的靶标，将直接决定整个药物研发的进程和效率。迄今已发现作为治疗药物靶标的总数约500个，其中受体尤其是G蛋白偶联受体（G protein-coupled receptor，GPCR）靶标占绝大多数。合理化药物设计（rational drug design）可以依据生命科学研究中所揭示的包括酶、受体、离子通道、核酸等潜在的药物作用靶位，或其内源性配体以及天然底物的化学结构特征来设计药物分子，以发现选择性作用于靶标的新药。

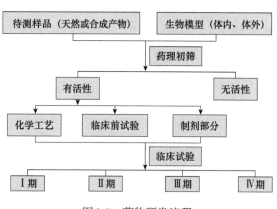

图8-2　药物研发流程

2. 药物靶标的种类

（1）以受体为靶标。现已问世的几百种作用于受体的新药当中，绝大多数是GPCR激动剂或拮抗剂。受体能与激动剂或拮抗剂高度选择性结合，并形成有特异性效应的生物大分子或大分子复合物。药物与受体结合之后才会发挥药理疗效，理想的药物必须具有高度的选择性和特异性（图8-3）。

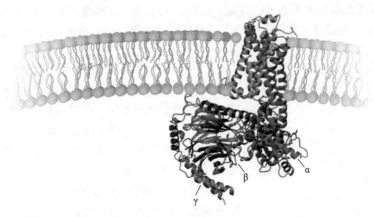

图8-3　G蛋白偶联受体（蓝色）、三聚体G蛋白（红色）与激素（黄色）结合时的晶体结构（Williams，2010）

彩图

常见的针对受体研发的药物有血管紧张素Ⅱ受体拮抗剂：洛沙坦、依普沙坦；白三烯受体拮抗剂：普仑司特、扎鲁司特；组胺H2受体拮抗剂：西咪替丁、雷尼替丁。

（2）以酶为靶标。酶是由机体细胞产生的具有催化活性和高度专一性的特殊蛋白质。由于酶参与一些疾病发病过程，在酶催化下产生一些病理反应介质或调控因子，因此酶成为一类重要的药物作用靶标。药物以酶为作用靶标，对酶产生抑制、诱导、激活或复活作用。酶抑制剂通过抑制体内某些代谢过程，降低酶促反应产物的浓度，或是阻止有效物质的迅速代谢，从而发挥药理作用。

（3）以核酸为靶标。人们普遍认为肿瘤的癌变是由于基因突变导致基因表达失调和细胞无限增殖所引起的。因此，可将癌基因作为药物设计的作用靶标。很多抗癌药物的活性及毒性都与同DNA结合的键合方式和选择性有关，所以DNA的分子识别研究对抗癌药物设计有着重要意义。近年来，随着基因研究的深入，人类基因组计划的实施，某些疾病的相关基因陆续被找到。基因治疗是指通过基因转移方式将正常基因或其他有功能的基因导入体内，并使之表达以获得疗效。

这类药物干扰或阻断细菌、病毒和肿瘤细胞增殖的基础物质核酸的合成，能有效地杀灭或抑制细菌、病菌和肿瘤细胞。

（4）以离子通道为靶标。带电荷的离子由离子通道出入细胞，不断运动并传输信息，构成了生命过程的重要组成部分。离子通道的阻滞剂和激活剂调节离子进出细胞的量，进而调控相应的生理功能，用于疾病的治疗。

3. 药物与生物大分子靶标的相互作用
药物与靶标之间相互作用的理论和模式是进行药物设计的重要依据，基于药物作用靶标的药物设计也正成为现代药物设计的主流。药物小分子作为底物、抑制剂、变构剂或其他作用物，当它们与生物靶标结合之后，很可能引起靶标系统发生重大的构象改变，进而产生药理疗效。有关药物与靶标的相互作用可能方式，曾有人提出过各种各样的学说，为从分子水平研究和阐明药物与靶标的相互作用提供了理论基础。激动剂对活化态靶标有较高的亲和力，使平衡向生成活化态的方向移动；而拮抗剂对非活化态靶标具有较高的亲和力，使平衡向生成非活化态的方向移动。药物与生物靶标相互作用的化学本质主要有共价相互作用（不可逆）和非共价相互作用（可逆）。药物与靶标的关系就像相互适应的锁钥，药物分子电性上与受体表面电荷匹配，空间上与受体立体构象互补，就形成一种可逆的药物-受体复合物，导致受体构象改变并产生一系列生理生化反应，出现了药理效应。

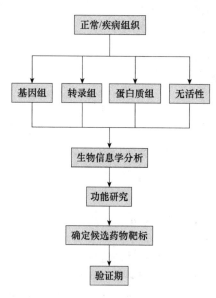

图8-4 生物信息学筛选药靶

（二）计算生物学筛选药靶

在药物靶标发现的过程中，生物信息学方法发挥了不可替代的重要的作用，尤其适用于大规模多组学数据的分析。目前，已涌现了许多与疾病相关的数据库资源，基于生物网络特征、多基因芯片、蛋白质组、代谢组数据等建立了多种生物信息学方法发现潜在的药物靶标，并预测靶标可药性和药物副作用。药靶筛选和功能研究是发现特异的高效、低毒性药物的前提。靶标发现与确证的一般流程（图8-4）是：利用基因组学、蛋白质组学和生物芯片技术等获取疾病相关的生物分子信息，并进行生物信息学分析，然后对相关的生物分子进行功能研究，以确定候选药物作用靶标，针对候选药物作用靶标，设计小分子化合物，在分子、细胞和整体动物水平上进行药理学研究，验证靶标的有效性。在药物研发过程中，生物信息学方法对于相关数据的存储、分析和处理，以及如何有效地发现和验证新的药靶，发挥了重要的作用。

二、药效预测

（一）药效预测可行性

细胞系药物筛选数据集可用于一系列不同的药物发现研究，从药物生物标志物的发现到建立药物反应的转化模型。高通量癌细胞系筛选数据集是药物发现的重要资源，两个最大的公开筛查工作是博德研究所（Broad Institute）的癌症治疗反应门户（The Cancer Therapeutics Response Portal，CTRP，http://portals.broadinstitute.org/ctrp/）和Sanger的肿瘤药物敏感性基因组学数据库（Genomics of Drug Sensitivity in Cancer，GDSC，http://www.cancerrxgene.org/）。通过提供多组细胞系特征以及汇总的药物反应信息，这些筛选能够识别化合物活性和基因组特征之间的关联。这些数据已成为发现生物标志物和开发药物反应预测模型的重要工具。使用细胞系筛选数据可进行稳健的生物标志物发现、药物反应估算，以及随后从药物反应估算中发现新的生物标志物。

患者对药物的反应情况通常是一个很复杂的现象，由遗传因素和环境共同决定。所以研究者通常认为要想预测药物作用就得收集尽可能多的信息，如使用全基因组范围的SNP信息来预测复杂性状，但是癌症患者有个特性，就是他们的染色体通常是非整倍体，所以从肿瘤样本里面测序得到可靠的基因型其实是比较困难的。相反，量化所有基因表达情况是很容易的事，所以可以使用基因表达量预测药效。

（二）药效预测模型

药效预测需要训练集，一般来说推荐使用权威资源作为训练集建好模型，这样就可以去预测自己的数据。首先需要准备所用到的软件R编程、RStudio、Notepad＋＋相应组件，在R编程中要安装用到的R程序包。例如：

```
> install.packages("oncoPredict")#安装R包
> install.packages("reshape2")
> install.packages("ggpubr")
> install.packages("patchwork)")
> rm(list=ls())#清空环境
> options(stringsAsFactors=F)
> library(reshape2)
> library(ggpubr)
> th=theme(axis.text.x=element_text(angle=45,vjust=0.5))
> dir='./DataFiles/Training Data/'
> GDSC2_Expr=readRDS(file=file.path(dir,'GDSC2_Expr(RMA Normalized and Log
  Transformed).rds'))
> dim(GDSC2_Expr)
> GDSC2_Expr[1:4,1:4]
> boxplot(GDSC2_Expr[,1:4])
> df=melt(GDSC2_Expr[,1:4])
> head(df)
> p1=ggboxplot(df,"Var2","value")+th
> >      # Read GDSC2 response data.rownames()are samples,colnames()are drugs.
> dir
> GDSC2_Res=readRDS(file=file.path(dir,"GDSC2_Res.rds"))
```

所用到的数据来自目前较权威的CTRP和GDSC，下载两个数据库里面的细胞系表达量矩阵。CTRP中数据是来自于转录组测序，所以提供了FPKM和TPM两个版本供用户选择，GDSC数据库里面的细胞系表达量矩阵是标准的芯片。下载的数据主要是八百多个细胞系的约2万个基因的表达量矩阵，以及对应八百多个细胞系的约200个药物的IC50值，如下所示。

```
> calcPhenotype(trainingExprData=GDSC2_Expr,
> trainingPtype=GDSC2_Res,
> testExprData=testExpr,
> batchCorrect='eb',#  "eb"for ComBat
> powerTransformPhenotype=TRUE,
> removeLowVaryingGenes=0.2,
> minNumSamples=10,
> printOutput=TRUE,
> removeLowVaringGenesFrom='rawData')
```

将下载的数据读入R程序，对细胞系表达矩阵进行归一化。

```
> dim(GDSC2_Res)# 805 198
> GDSC2_Res[1:4,1:4]
> p2=ggboxplot(melt(GDSC2_Res[,1:4]),"Var2","value")+th; p2
> #IMPORTANT note:here I do e^IC50 since the IC50s are actual ln values/log
  transformed already,and the calcPhenotype function Paul #has will do a power
  transformation(I assumed it would be better to not have both transformations)
> GDSC2_Res<-exp(GDSC2_Res)
> p3=ggboxplot(melt(GDSC2_Res[,1:4]),"Var2","value")+th; p3
```

通过R语言可视化数据，可以看出不同细胞系中药物的IC50值，如果IC50高达几百甚至几千说明这是一个药效极低药物，可近似于没有疗效。如果IC50很低，如无限接近于0，说明这个药物药效较高。

在利用CTRP和GDSC数据库中的数据训练好模型之后就可以用自己的数据进行药物预测了。将药物处理信息和表达量矩阵带入模型，预测有效的药物化合物并得到每种药物的IC50值。通过IC50值就可以筛选出细胞系中特异性药物，如下所示。

```
1.    round(apply(GDSC2_Res[1:4,],1,function(x){
2.      return(c(
3.        head(sort(x)),
4.        tail(sort(x))
5.      ))
6.    }),2)
7.
8.        COSMIC_906826 COSMIC_687983 COSMIC_910927 COSMIC_1240138
9.   [1,]          0.00          0.00          0.00           0.05
10.  [2,]          0.00          0.00          0.00           0.07
11.  [3,]          0.01          0.01          0.01           0.09
12.  [4,]          0.04          0.01          0.01           0.21
13.  [5,]          0.05          0.01          0.01           0.95
14.  [6,]          0.05          0.01          0.01           0.98
15.  [7,]       2174.67        310.59        286.42         922.01
16.  [8,]       2285.10        405.44        388.50         925.43
17.  [9,]       2859.17        413.01        471.66         939.02
18. [10,]       3736.69        436.98        489.76         989.15
19. [11,]       5118.44        626.42        623.64        1105.89
20. [12,]      15431.05        973.87        803.89        1457.11
```

药物作用测定通常评估生化活性，然而将治疗功效与生化活性准确匹配是一项挑战。药效的预测对选择有益的联合用药、防止不良反应的发生、指导临床合理用药是有意义的。药效分析的另一个潜在应用是基因作为治疗药物靶标的验证，这是药物开发过程的早期步骤。当诱导治疗相关的表达谱时，通过过表达或基因沉默对培养中的特定基因进行操作可以将其识别为药物靶标。作为特定药理功能特征的生物标志物谱的推导，为体外评估假定的疾病介导生物分子的治疗相关性以及针对它们而设计的疗法功效提供了基础。

三、药物不良反应研究

（一）药物不良反应程度

1. 副作用　　副作用（side effect）指药物在治疗剂量下使用所产生的与治疗无关的不适反应（如少数人使用抗组胺药物后会思睡）。副作用的表现一般都较轻微，为可逆性的功能性变化。其产生的原因是药物的选择性低，作用范围广，在治疗中只利用其中的部分作用，而其余的作用就成了副作用。副作用是个相对的概念，当针对不同疾病而改变该药物的治疗目的时，副作用可与治疗作用相互转化。例如，阿托品类药物具有抑制腺体分泌、解除平滑肌痉挛、加快心率等作用。在全身麻醉中会使用阿托品抑制患者腺体的分泌，但也由于其具有解除平滑肌痉挛和加快心率的作用，则同时引起了患者腹胀或尿潴留等副作用。而在使用阿托品解除平滑肌痉挛时，因其抑制腺体分泌和加快心率引起的口干和心悸则成为了副作用。

2. 毒性反应　　毒性反应（toxic reaction）是用药剂量过大或长期用药而引起的不良反应。因用药物的剂量过大而立即发生的毒性作用称为急性毒性（acute toxicity）；因长期用药而逐渐表现出的毒性作用称为慢性毒性（chronic toxicity）。

毒性反应与副作用在性质和程度上不同。其主要表现在对中枢神经系统、消化系统、循环系统等系统，及对肝、肾等器官造成功能性或器质性的损害，对患者的危害程度较大。

毒性反应一般仅在超过规定用药剂量时才会出现，个别患者由于其遗传缺陷、病理状态或与其他药物合并使用等原因，在治疗剂量下使用药物也会出现毒性反应。

每种药物都有其独特的毒性反应，是可预期的。在临床使用对肝、肾功能有损害的药物时，应定时对患者的肝肾功能进行检测，并注意用药的剂量大小和间隔时间，适时停药换药。

3. 变态反应　　变态反应（allergic reaction）又称超敏反应，是机体受到药物刺激后，产生异常的免疫反应而引起生理功能障碍或组织损伤。某些具有半抗原性的小分子物质能与机体内的大分子载体蛋白结合形成完全抗原，如抗生素、磺胺类药物、阿司匹林等。而某些生物制剂本身就是完全抗原，即可引起免疫反应。该免疫反应与剂量的大小关系不大，与患者的体质有关。变态反应仅出现于少数具过敏体质患者身上，其反应的类型和程度也不尽相同，不易预知。

（1）速发型超敏反应：又称Ⅰ型超敏反应，是由于青霉素、普鲁卡因、链霉素、头孢菌素、有机碘、免疫血清等过敏原引起的变态反应，如过敏性休克、外源性支气管哮喘、麻疹、血管神经性水肿、食物过敏等。

（2）细胞溶解型超敏反应：又称Ⅱ型超敏反应，是由于奎宁、磺胺类药物、氯霉素、硫脲嘧啶、甲基多巴等药物引起的抗红细胞的自身抗体反应，如溶血性贫血、粒细胞减少症、血小板减少性紫癜、输血反应等。

（3）免疫复合物型超敏反应：又称Ⅲ型超敏反应，如血清病、类风湿性关节炎、内源性支气管哮喘等。

（4）迟发型超敏反应：又称Ⅳ型超敏反应，是由于磺胺类药物、氯霉素等药物所致的变态反应，如接触性皮炎、药热、移植性排斥反应。

（二）药物不良反应识别及预测

当患者接受药物治疗而发生药物不良事件时，临床医药工作者就面临一个复杂的任务：判断药物不良事件与药物治疗间是否存在因果关系。如果这种关系明确，则药物不良事件即可被判断为药物不良反应。药物不良反应的识别正确与否直接关系到患者目前及将来的治疗，关系到对药物的正确评价和新药研究的进程。药物不良反应的识别要点如下。

1. 药物治疗与药物不良反应的出现在时间上有合理的先后关系　从用药开始到出现临床症状的间隔时间称为药物不良反应的潜伏期，不同药物的不良反应潜伏期差异较大。

2. 药物不良反应与药物剂量之间具有相关性　有些药物药效具有"天花板效应"，当治疗药物达到最大治疗效应，继续盲目增加药物剂量后，疗效并不增加而不良反应出现加重。

3. 去激发（dechallenge）反应　撤药的过程即为去激发，减量则可看作是一种部分去激发。一旦认为某药可疑，就应在中止药物治疗或减少剂量后继续观察和评价反应的强度及持续时间。如果药物不良事件随之消失或减轻，则有利于因果关系的判断。许多药物不良反应只需及时停药或调整剂量即可恢复，也是治疗的重要措施。当多药联用时，逐一去激发有助于确定是何药造成的损害。如果去激发后反应强度未减轻，说明反应与药物关系不大，但仍应谨慎对待，因为有时可能观察时间太短而并不能排除与药物的相关性

4. 再激发（rechallenge）反应　再次给患者用药，以观察可疑的药物不良反应是否再现，从而有力地验证药物与药物不良反应之间是否存在因果关系。由于伦理上的原因，主动的再激发试验常受到限制，尤其是那些可能对患者造成严重损害的药物不良反应，再激发会造成严重后果，应绝对禁止。临床上可采用皮肤试验、体外试验的方法来代替。值得注意的是，临床上由于一时未能确定药物不良事件与某药的关联性，常常导致患者在以后的治疗中再次使用该药，从而出现无意识的再激发反应，这对药物不良反应因果关系的判断同样具有重要价值。可见完整地记录与保存患者的用药史及药物不良反应史（包括个人和家庭成员）对药物不良反应的诊断具有非常重要的意义。

5. 根据药理作用特征可排除药物以外因素的可能性　某些药物不良反应是其原有作用的过度延伸与增强，因而可从其药理作用来预测，如降糖药引起低血糖反应、抗凝药造成自发性出血等。某些药物可以引起特征性的病理改变，如地高辛引起心脏房室传导阻滞和心律失常等。在临床工作中，许多药物不良反应的临床表现与一些常见病、多发病的症状相同或相似。例如，地高辛引起的药物不良反应早期常出现胃肠道反应，而慢性充血性心力衰竭患者因胃肠道瘀血也会出现这些症状；头痛是许多疾病的临床表现，判断是否与药物相关需要谨慎。B型药物不良反应因与其本身的药理作用无关，也需要与其他药物或非药物因素鉴别。如果怀疑不良反应由药物之间的相互作用所致，需要判断药物联合应用时间与不良反应出现时间是否关联，撤除或再次给予相应药物后，不良反应是否发生相应变化。

6. 应掌握相关文献报道　已出版的文献及药品说明书中列入的药物不良反应资料是临床医药工作者获取药物不良反应信息及知识的主要途径。从中可以了解有关药物不良反应的临床特点、发生率、风险因子及发生机制。如果当前的药物不良事件与已报道的药物不良反应特征相符，则非常有助于药物不良反应的判断。需要指出的是，已有的医药文献关于药物不良反应的记载可能并不完全；此外，如果药物是新近上市的产品，则也许会发生以往未被报道的新药物不良反应。所以除了应及时掌握、更新药物不良反应信息外，在某些情况下，药物不良反应的判断仍有赖于医药工作者的独立取证与分析。

7. 进行必要的血药浓度监测　对于治疗窗窄的药物而言，血药浓度的升高与不良反应的发生密切相关，及时检测患者血药浓度对于判断浓度依赖性不良反应尤为重要。例如，地高辛的毒性作用通常与血清浓度>2ng/ml有关，但也可以发生于地高辛水平较低时，尤其是伴随低钾血症、低镁血症或同时存在甲状腺功能低下时，应用时注意监测地高辛血药浓度，剂量应个

体化，因此血药浓度的测定可为判断此类药物不良反应提供重要依据。药物引起人体产生药物不良反应是一个复杂的过程，影响这种过程的因素同样是复杂多样的，这就给药物不良反应的识别带来许多困难，表现为对药物不良反应因果关系的判断常常具有某种程度的不确定性。

第二节　药物设计方法

　　药物设计的最基本目标是预测给定分子是否会与靶标结合，以及结合强度如何。分子力学或分子动力学最常用于估算小分子与其生物学靶标之间的分子间相互作用强度。这些方法还可用于预测小分子的构象，并模拟当小分子与其靶标结合时靶标可能发生的构象变化。半经验、从头计算量子化学方法或密度泛函理论通常用于为分子力学计算提供优化的参数，并提供可能影响结合亲和力的候选药物电子性质（静电势、极化率等）估计值。

　　分子力学方法也可用于提供结合亲和力的半定量预测。同样，基于知识的评分功能可用于提供结合亲和力估计。这些方法使用线性回归、机器学习、神经网络或其他统计技术，通过使实验亲和力适合计算得出的小分子与目标之间的相互作用能来推导预测的结合亲和力方程。

　　理想地，该计算方法将能够在合成化合物之前预测亲和力，因此理论上仅需要合成一种化合物，从而节省了大量时间和成本。现实情况是，当前的计算方法是不完善的，充其量只能提供定性上准确的亲和力估计。实际上，在发现最佳药物之前，仍然需要进行多次设计、合成和测试迭代。计算方法通过减少所需的迭代次数加快了发现速度，并能预测新颖的结构。

　　药物设计有两种主要类型。第一种称为基于配体的药物设计，第二种称为基于结构的药物设计。基于配体的药物设计（或间接药物设计）依赖于与目标生物学靶标结合的其他分子的知识。这些其他分子可用于推导药效团模型，该模型定义了分子必须具有的最低必需结构特征才能与靶标结合。换句话说，可以基于结合靶标的知识来建立生物靶标的模型，并且该模型又可以用于设计与靶标相互作用的新的分子实体或定量结构活性关系（QSAR），其中根据分子的计算特性与其实验确定的生物活性之间的相关性可以得出，这些QSAR关系又可以用来预测新类似物的活性。

　　基于结构的药物设计（或直接药物设计）依赖于通过诸如X线晶体学或核磁共振（NMR）光谱学等方法获得的生物靶标三维结构的知识。如果靶标的实验结构不可用，则有可能根据相关蛋白质的实验结构创建靶标的同源性模型。利用生物靶标的结构，可以使用交互式图形和医学化学家的直觉设计预测与靶标具有高亲和力和选择性结合的候选药物，也可以使用各种自动计算程序来建议新药物候选者。

　　当前基于结构的药物设计方法可大致分为三大类。第一类是通过搜索小分子3D结构的大型数据库来寻找给定受体的新配体，使用快速近似对接程序找到适合受体结合口袋的配体，这种方法称为虚拟筛选。第二类是新配体的从头设计。在这种方法中，通过逐步组装小片段，在结合口袋的约束内建立配体分子。这些片段可以是单个原子或分子片段。这种方法的主要优点是可以提出任何数据库中都没有的新颖结构。第三类是通过评估结合口袋内提议的类似物来优化已知配体。

一、药物设计规范

（一）药物的化学结构与生物活性的关系

1. 旋光性（手性）和生物效应　　药物分子的三维空间构型对于其生物活性有着决定性的

作用，而这个构型是通过原子与原子间的化学键构成的。通常认为具有旋光性的物质都拥有手性中心，并以两个不同的结构存在。具有不对称或手性中心的化合物能够形成对映异构体，两个异构体之间呈镜面对称，在不破坏、重构化学键的情况下，异构体无法相互转化。当两个异构体互为镜像关系且不能完全重合时，称为具有手性。由于对映异构体在非手性环境中的性质完全一样，因此手性对于研究人员显得并不重要。然而当对映异构体被引入到一个非手性的环境中，如目标蛋白质的结合口袋，因对映体与蛋白相互作用不同，所显现的生物效应也不同，手性的重要性则不言而喻。

大部分手性中心带有4个不同的取代基，但通过一个整体性质的手性骨架也能展现手性。如果在一个化合物中有 n 个立体中心，只要不存在内部反转、镜面对称或者旋转对称等因素，就会存在 $2n-1$ 个消旋体混合物（ $2n-1$ 对对映体含量相同的混合物），即存在 $2n$ 个对映体（非对映异构体）。

根据CIP顺序规则（Cahn-Ingold-Prelog sequence rule），可以通过取代基原子序数的优先级次序命名手性中心。优先级最低的官能团指向平面内，其余官能团通过优先级降序排列来决定化合物的R/S构型。

通过与合适的手性辅助试剂形成非对映异构体的盐，对映体可以采用简单的结晶法分离。由于在脂酶、酯水解酶和蛋白酶等的作用下，其中一些对映体的反应速率远高于另一个对映体，所以酶也可以用于动力学拆分。

大部分天然产物都具有单一的旋光性。具有生物活性的被称为活性异构体，活性较低的被称为无活性异构体。对映异构体和非对映异构体所展现出的生物活性，在效果和程度上相差很大。必须对外消旋体的每一个对映体组分都仔细考察其副作用、化学稳定性、代谢性质。这些因素都将会对药物作用产生很大的影响。

在分子水平上，由于对映异构体的构象差异，导致了化合物分子与目标蛋白的结合模式不同，所体现出来的是与靶标亲和力的强弱不同，最终导致生物活性的差异。

在设计和开发一种新药时，研究人员必须尽可能具体地确保其生物活性和药效，并尽可能降低可能带来的副作用。相对于外消旋化合物或者非对映体混合物，光学纯的对映异构体更容易实现药物的平衡性。选择正确的对映异构体还能够降低或者防止代谢产物带来不必要的副作用。

2. 理化性质与生物活性　药物分布到作用部位并且在作用部位达到有效浓度，是药物与受体结合的基本条件。

（1）脂水分配系数与生物活性。脂水分配系数（ P ）是化合物在有机相和水相中分配达到平衡时的浓度之比值，即 $P=C_O/C_W$ ，常用 $\log P$ 表示， $\log P=\log(C_O/C_W)$ 。 $\log P$ 是整个分子所有官能团的亲水性和疏水性的总和，分子中的每一个取代基对分子整体的亲水性和疏水性都有影响。

（2）酸碱性与生物活性。多数药物为弱酸或弱碱，其解离度由化合物的解离常数 pK_a 和溶液介质的pH决定。如果知道分子中的官能团是酸性还是碱性，便可预测该分子在给定pH下是否可以被离子化。药物常以分子型通过生物膜，在膜内的水介质中解离成离子型再起作用。因此药物需要有适宜的解离度。

3. 药效团空间结构

（1）药效团定义：①药效团是空间和电子特征的集合，确保分子与特定生物靶标结构产生最佳超分子作用，并触发（或阻止）其生物反应。②药效团不是一个真正的分子，也不是一个官能团的组合体，而是一个抽象的概念。它解释了一组化合物与靶标结构间共同的分子相互作用能力。③药效团是一组活性分子具有的最大共同特征。该定义舍弃了药物化学文献中常见的滥用药效团行为，譬如将简单的化学官能团如胍基、磺酰胺或二氢咪唑（咪唑啉），或典型的结构骨架如黄酮、吩噻嗪、前列腺素或类固醇等命名为药效团。④药效团由药效特征元素定义。这些特征元素包括氢键、疏水性和静电相互作用，而静电相互作用由原子、环中心和虚拟点定义。

（2）药效团作用。合理化药物设计的特点在于能够从药效团的结构中找出所有活性化合物的共同特征，及其与活性较差或无活性类似物的差异。药效团被定义为特殊排列的特定官能团，这些官能团是多种药物共有的，并且是产生生物活性的基础。

配体必须具有能够与蛋白质进行相互作用的官能团，这些官能团确定了独立于分子骨架之外的药效团空间。它们可以是能够形成氢键的基团和疏水基团。此外，还需要仔细区分分子中正负电荷基团。基于一组结合模式相似的配体衍生出的药效团，通常被称为"基于配体的药效团"。反之，将蛋白质结构作为出发点分析哪些氨基酸官能团存在结合口袋时，蛋白质结构决定了配体可以与其结合的性质，即决定了配体药效团与蛋白质成功结合的空间排布方式。此类方法衍生出的药效团被称为基于受体的药效团。与锁钥模型不同，配体和蛋白质的结合是柔性的，配体药效团的官能团必须朝向蛋白质中与其作用的基团，因此详细了解配体构象性质是非常必要的。只有这样，才能预测配体是否具备与蛋白质发生相互作用所需的构象。

（二）定量构效关系

定量构效关系（QSAR），旨在定量描述化学结构和生物活性之间的相关性。其研究对象是作用于相同生物靶标的、具有相同作用方式的一系列化学物质。例如，可以对某类与特定蛋白质结合的具有类似结构的抑制剂进行比较，但不同的降血压药物之间不能相互比较，因为它们作用在不同的靶蛋白上，且具有不同的作用方式。因此，相关性的模型建立必须基于同一测试模型，不同测试模型之间不具备相关性。

药物的理化性质的差异决定了药物与生物大分子作用的相对效力的差异，从而可以决定化学结构与生物效应之间的相关性。利用相互作用第一性假说中假定了活性物质对其受体的亲和力与其相对效力呈正相关。基于上述原理，可以对物质的生物活性建立数学模型。

对于研究的系统，可以认为系统越简单，越容易得到定量构效关系。在某种程度上，这对体外系统是有效的，如化合物对酶的抑制或者与受体的结合，就可仅参照化合物对蛋白质的亲和力。越复杂的系统越需要考虑不同的过程，如口服给药会影响动物的中枢神经系统，该过程包括药物吸收、分布、穿透血脑屏障、进一步转运到靶组织、代谢、消除。这些过程相互重叠并且与受体的实际效应相关。原则上，其中每一步都需要独立的构效关系。为每一步建立相关有效的模型需要相应的测试系统来分别检查不同的步骤。在特定情况下，可以用一个简单的方程来描述一个复杂的多步骤过程。若其中某一过程能主导整个构效关系，则用简单的方程表示即可，如血脑屏障穿透。

南美箭毒毒素（South American dart poison tubocurare）是第一个作用方式被阐明的治疗药物（图8-5）。1852年，克劳德·伯纳德发现这种季铵盐生物碱会引起肌肉麻痹，但是神经保持

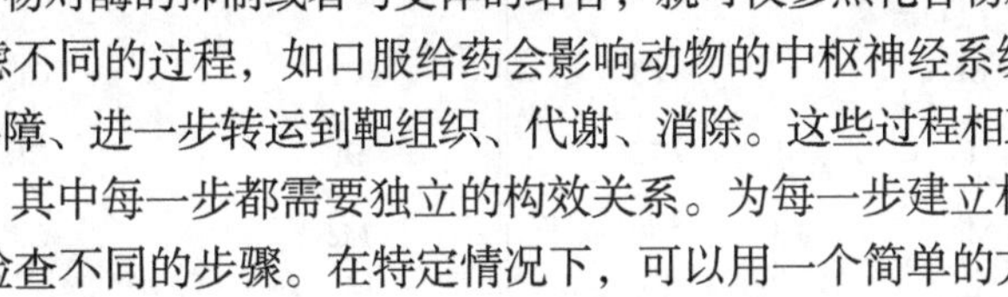

图8-5　生物碱的构效关系

叔胺的质子化取决于介质的pH（左侧）；氮原子的季铵化导致化合物带正电荷（右侧）

独立兴奋。因此，箭毒必定作用于神经和肌肉之间的连接处。苏格兰药理学家亚历山大·克鲁姆和托马斯·弗雷泽花费了大量的时间研究生物碱上的氮原子以不同方式季铵化导致的生物效应。1868年，通过观察生物碱转变前后完全不同的效应，他们制定了一个普适的方程来描述构效关系。

1. Hansch 分析和 Free-Wilson 模型　　1964年科文·汉斯奇（Corwin Hansch）和藤田稔夫（Toshio Fujita）推导出一个比理论上更直观的可以定量描述构效关系的数学模型，称为 Hansch分析（Kumar et al., 2009）。

$$\log \frac{1}{C} = -k_1 (\log P)^2 + k_2 \log P + k_3 \sigma + Kk \qquad (8\text{-}1)$$

式中，C 表示诱导特定生物效应的摩尔浓度，当与一系列物质相关时，它是等效摩尔剂量（equieffective molar dose）；$\log P$ 表示辛醇/水分配系数的对数；σ 表示哈米特（Hammett）常数；$\log P$ 的平方可以定量描述亲脂性-活性的非线性关系，对于线性相关的情况时，此项可以被忽略；系数 k_1、k_2、$\cdots$、k 和 K 可以通过回归分析（regression analysis）法确定。因此，Hansch分析建立了生物活性与理化参数之间定量关系的假设模型。生物数据是有缺陷的，理化性质也是如此。尽管如此，理化性质的可靠性通常大于生物数据的可靠性。通过回归分析，使得所有被研究的化合物的实验活性与预测活性之间的方差之和最小化，并用这个方差之和作为判断模型的质量重要标准。

N, N-二甲基-β-溴苯乙胺（表8-1）的抗肾上腺素效应的定量构效关系可以作为一个例子。根据其结构，这些化合物或多或少具有逆转肾上腺素剂量的激动作用。C 是拮抗剂降低肾上腺素50%功效时的剂量，可以用 Hansch分析描述数据，如图8-6所示。

表8-1　N, N-二甲基-β-溴苯乙胺的间位和对位取代的生物活性（静脉注射大鼠，C 单位为 mol/kg）

间位（X）	对位（Y）	$\log 1/C$	间位（X）	对位（Y）	$\log 1/C$
H	H	7.46	Cl	F	8.19
H	F	8.16	Br	F	8.57
H	Cl	8.68	Me	F	8.82
H	Br	8.89	Cl	Cl	8.89
H	I	9.25	Br	Cl	8.92
H	Me	9.30	Me	Cl	8.96
F	H	7.52	Cl	Br	9.00
Cl	H	8.16	Br	Br	9.35
Br	H	8.30	Me	Br	9.22
I	H	8.40	Me	Me	9.30
Me	H	8.46	Br	Me	9.52

通过推导的方程，可以用数学模型对整个数据集进行描述。溴离去形成碳正离子，并且该物质不可逆地与肾上腺素受体结合。因此，在 Hansch方程（图8-6）中可以找到 σ^+ 项，其极好地描述了这种反应类型。亲脂性取代基增加生物活性（正 π 项），吸电子取代基降低生物活性（负 σ^+ 项）。因此，亲脂性的给电子取代基，如大的烷基取代基，应该是活性最佳的。其次，在

一定限度内，可以预测其他化合物的效应。内推法，即基于非常相似的取代基得出的结论，具有比外推法更好的可靠性，这是在参数空间之外进行的预测，如对于高亲脂性、较大极性或者更大的取代基。作为第一个近似值，可以这样说，统计参数 r（相关系数）、s（标准偏差）和 F（Fischer 值）中（图 8-6），相关系数 r 应该接近于 1.00，标准偏差 s 应尽可能小，并且 F 值应尽可能大。标准越好，定量模型就越好，即实验值和计算值更加一致。

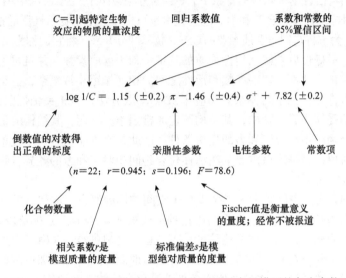

图 8-6　QSAR 方程提供用于预测生物活性的定量模型的各个参数

参见于 N, N-二甲基-β-溴苯乙胺取代基的情况（表 8-1）

同样在 1964 年，汉斯奇和藤田、S. M. 弗里（S. M. Free）和 J. W. 威尔逊（J. W. Wilson）分别独立开发了一种完全不同的构效分析模型。因为原来的方法较为混乱，难以使用，而在这里只讨论一个变体，即后来由藤田和伴隆志（Ban Takashi）提出的 Free-Wilson 分析（Free-Wilson analysis）。Free-Wilson 分析假定一个参考化合物本身对生物效应 μ 具有特定的贡献，而这个化合物来自一组化学结构相关的物质，且通常是未取代的起始化合物。该骨架上的每个取代基对生物活性提供"附加的和恒定的"贡献（a_i）（图 8-7），因为没有考虑分子中其他位置的结构变化，所以称为附加贡献，而恒定的贡献是因为在分子的这些位置发生的特殊结构改变是很重要的。尽管这些假设相对简单，Free-Wilson 分析还是为许多构效关系提供了良好的定量模型。与

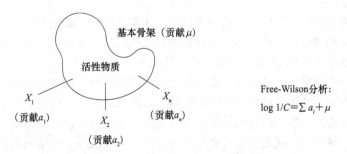

图 8-7　Free-Wilson 分析使用基团贡献的附加性来描述生物活性（Barnes et al., 2019）

显示在方程中的生物活性由基本骨架的活性（μ）和取代基（X_i）恒定的基团贡献（a_i）组成

Hansch分析比较性质相反，Free-Wilson分析是真正的"构效分析"，因为编码结构信息的参数（存在为1，缺失为0）与生物效应相关。这容易实现，但前提是结构和生物数据必须是已知的。

2. 分子空间构效关系 如上文所示，尝试将构效关系与物质特异性参数相关联构建模型，这些参数，如体积、极化性或亲脂性是对于整个分子或特定的取代基计算或测量的性质。这些描述符（descriptor）只能包含十分有限的三维（3D）结构信息。因此，在当今蛋白质-配体复合物的空间结构信息越来越多的背景下，QSAR方法集中于从三维结构中得到参数。一般情况下这种方法的目标是计算结合亲和力。这些技术也可用于其他生物学性质的描述，如生物利用度或代谢反应性。为了将它们与上述经典的QSAR技术区分开来，将它们称为3D-QSAR方法。

理想情况下，最好可以直接从活性物质的三维结构中读取参数，并且可用于得出关于它们的结合亲和力的结论。然而，这些参数和活性之间的相互作用非常复杂，甚至今天也不能完全理解。此外，还有许多其他生物体系需要应用3D-QSAR方法，但相关靶蛋白的结构是未知的。许多药理学相关的受体是膜结合的，其结构测定非常困难。然而，其结构的信息是估算配体与受体结合形成复合物产生结合亲和力的先决条件。因此，不可能从这些不完整的数据中计算出结合亲和力的绝对值，而是应该重点关注活性化合物间相对亲和力的差异。物质特定参数的逐渐变化则与生物数据相关。

在经典的QSAR技术中已经考虑了关于分子空间结构的假设。取代基的不同位置，如芳环的间位和对位通常由特定参数描述。它们以这种形式被加入Hansch分析及Free-Wilson分析中。此外，取代基的不同构型，如立体异构体的构型，也在经典的QSAR模型中进行了定义。为了使用这些参数，假定分子在假想的结合口袋中有类似取向，如所有的邻位取代基在一系列邻位取代的衍生物中朝向"同侧"。在这个假定条件下，化合物在空间结构上是与活性物质叠合的。这才有充分的理由将生物活性和三维结构关联起来以构建三维构效关系。在对化合物进行叠合时，化合物的取向应尽可能准确地接近其在结合口袋中的相对取向。

二、基于结构的药物设计

基于结构的药物设计侧重于搜索、设计和优化小分子，将其合适地放置在靶蛋白结合口袋中，以形成对结合能有利的相互作用。为了达到这一目的，首先，详细分析靶蛋白，评估其结构及相关蛋白质的所有信息。接下来，彻底研究结合口袋的性质，寻找最佳的结合区域。发现先导化合物的方法有两类，一类方法是，使用实验技术和计算机方法从筛选库中发现先导化合物；另一类方法是，从结合口袋中的一个"种子"化合物开始，通过逐步迭代设计，"生长"成为有效的配体。该方法使用快速分子对接技术产生合理的对接构象，然后使用打分函数评价对接构象是否对能量有利。

然而，使用基于结构药物设计的先决条件是认识靶蛋白的三维结构。目前，许多与治疗相关的靶蛋白三维结构被解析，或者是在项目初期被解析。尽管如此，许多令人关注的靶蛋白三维结构仍然无法通过实验方法测定，这是一个不容忽视的事实。

通过人类基因组测序，已经知道了所有人类蛋白质的序列。许多病原体的基因组也已经被确定，每周还会有新的基因组被报道。如何将信息领域取得的巨大进展应用于新药的开发设计呢？不幸的是，从蛋白质的一级结构（即氨基酸序列）到三维结构的道路仍然非常困难，甚至在今天，唯一可信赖的方法就是实验测定结构的方法。从头预测三维结构的方法是比较热门的基础研究课题。要做到可靠、常规使用，并且保证结构的精确度达到基于结构药物设计的要求，仍然有很长的一段路要走。对于"折叠问题"，即仅从氨基酸序列预测蛋白质的三维结构，仍然没有得到解决。然而，越来越多地出现如下情况，目标蛋白质的结构未知，但是另一个相关蛋白质的结构已知，在这种情况下，可以基于已知生物大分子的空间坐标构建未知蛋白的模型。

（一）基于结构的药物设计策略

在蛋白质三维结构已知的基础上设计配体，第一步就是对该蛋白质结构进行精确分析。蛋白质结合口袋是什么样？热点区域在哪里，即配体官能团结合在哪里更好？如今，可借助计算机程序进行这些分析，搜索蛋白质表面获得不同官能团合适的结合位点。

实验方法也可以帮助搜索热点区域，X线结构分析和核磁共振（NMR）光谱就是特别合适的方法。亚历山大·克里巴诺夫和达格马·林格最先描述了这一方法，他们最初在水溶液中生长弹性蛋白酶晶体，测定X线晶体结构，然后将晶体浸泡在有机溶剂乙腈中，并再次测定其三维结构。蛋白质整体结构未变，但是溶剂的分布区域发生了明显变化，水溶液中晶体结构的部分水分子被乙腈替换，其他水分子保持原来的位置。因此，这个实验可以区分可替换和不可替换的水分子，与蛋白质结合的强弱有关；而且，还可以测定出有机溶剂的结合位点，有助于寻找和绘制蛋白质口袋中对能量有利的结合位点。

通常，靶标蛋白质晶体结构被解析时，一些初始化合物的结合力通常已知。基于蛋白质结构，可尝试通过第一批配体最初的构效关系，总结得到蛋白质和配体必要的相互作用。如果通过高通量筛选进一步发现了其他化合物，可将其对接到结合口袋中，为后续的结构优化提供思路：找到结合口袋中尚未被已知配体占据的区域，利用与这些新发现的区域形成额外的相互作用来合理改造化合物，获得活性更好、选择性更高的配体。也可从三维结构提供的信息中得到对配体分子结构进行简化的方法：通常可以去除未与蛋白质形成有利相互作用的抑制剂取代基，或有目的地改造这种取代基，以提高候选药物的吸收、分布、代谢和排泄性质。

原则上，通过设计得到新活性物质的方法有两种：一是通过筛选技术发现已知先导化合物结构并对其进一步改造，二是尝试发现一个全新的化学结构。改造已知结构的优点是可以较快地得到更有效和选择性更好的蛋白质-配体；此外，具有已知三维结构的蛋白质可以提供更有意义的构效关系；然而，改造得到的新分子可能和初始先导化合物结构非常接近。酶与多肽抑制剂复合物的三维结构在改造初期一般已经得到解析，修饰的先导结构通常也是多肽，然而按照前文所描述的条件，得到口服药物的道路可能会很长。从头设计可以得到一个全新的非肽结构，但是，这种方法会产生大量各种可能的结构，而难以对这些结构进行合理的优先级排序。

迭代方法是基于结构药物设计成功的最重要的先决条件。配体是基于蛋白质的三维结构被设计出来，然后被合成并进行活性测试。在有良好结合的情况下，可尝试测定新化合物结合的蛋白质-配体复合物三维结构，这个结构就是下一轮设计周期的起点。这一方法最大优点是设计过程中假设的所有步骤都可以在每个周期中得到验证，会立即呈现与原始设计不同或可能掩盖正确构效关系的新颖结合模式。还有必要确定一个与蛋白质结合不好的配体复合物三维结构，这个三维结构通常能解释为什么配体结合不好，获得的信息可成为对新结构的建议。

（二）实验测定的蛋白质复合物数据库检索工具

在过去几年中，实验测定的蛋白质结构数量呈指数增长。1988年，蛋白质数据库（PDB）（Moreira et al., 2021）中共有200个三维结构，迄今为止，蛋白质和蛋白质-配体复合物的数量超过了89 000个。蛋白质三维结构数量的快速增长推动了应用结构信息的新型活性化合物设计方法的发展。大多数可用的实例仍然是球状水溶性酶，而新型的膜结合蛋白数量正在稳步增加。为了真正应用这些结构，就需要一些数据库的工具来检索、关联、分析这些结构并且将其图形化。已有很多程序可以用来比较蛋白质的序列和折叠结构。Relibase数据库可用于分析蛋白质-配体复合物，如搜索蛋白质序列模式、比较与其结合配体的相关性。该数据库能自动叠合蛋白质、寻找结合口袋最佳叠合方式、系统评估叠合的结构。从而发现哪些氨基酸参与配体的相互作用；配体的哪些官能团与蛋白质氨基酸相互作用；或结合口袋中的哪些侧链有固定构象，哪些侧链有高度柔性。除此之外，蛋白质和配体界面处的水结构需要进行详细的研究，统计学结果显示2/3蛋白质-配体复合物中至少有一个水分子参与配体结合，说明了在模拟中水分子的重要性。

（三）蛋白质结合口袋的比较

另有一个重要的问题是结合口袋的形状和组成，具有相似氨基酸组分的蛋白质是否会有形状相似的结合口袋呢？在这里，重点关注的是暴露基团（如指向结合口袋的氢键供体或受体）物化性质的相似性，而忽略氨基酸的具体原子组成。蛋白质口袋的形状和表面，以及暴露基团的性质可通过比较结合口袋的程序来描述。蛋白质的这些暴露基团通过识别和结合小分子配体或多肽（如蛋白酶）来实现其功能。小分子一旦结合，就在酶的作用下被化学修饰，并且在受体内引起某种效应，如稳定蛋白质激活或非激活构象，实现信号传导。对结合口袋的相似性探索有助于研究蛋白质之间的功能相似性，揭露意想不到的交叉反应——这通常是产生副作用的原因，这与蛋白质之间是否存在序列或折叠同源性无关。评估结合口袋的相似性和差异性，可找到改造配体的方法，得到靶蛋白所需的选择性。如果能检查和比较相似口袋中结合配体或配体结构片段，就可能产生对新配体设计有价值的想法，也能激发其他想法，如在先导化合物结构优化中使用电子等排体。搜索Relibase数据库中的Cavbase引擎，可实现口袋相似性比较（Hendlich et al.，2003）。

（四）高序列同源性建模

三维结构是基于结构的药物设计方法不可或缺的先决条件，但不是所有的蛋白质都有晶体结构，对于结构未知的蛋白质，就需要用计算的方法构建其结构。

来自不同种属具有相似功能的蛋白质氨基酸序列不同，随着不同种属在进化树中距离增大，这些差异也有所增加。进化相关的人类和黑猩猩的蛋白质具有100%序列同源性，相比之下，酵母菌与这些哺乳动物只有45%的序列同源性。

如果同源性很高，仅有少量突变，就比较容易构建模型，若序列同源性超过90%，构建模型的准确度可达到实验结构测定的误差范围之内。如果序列同源性低，构建模型就不太准确，在同源性为50%时，坐标的平均误差达到几埃；同源性在25%～30%时，模板蛋白质与模建蛋白质之间的结构相似性都很难被确认。同源蛋白质序列差异主要来自蛋白质表面的环肽链区域（loop region），而这个区域对蛋白质折叠并不重要。蛋白质内部替换对结构有很大影响，只有体积和物化性质相似的氨基酸能使蛋白质保持结构，如用亮氨酸替换异亮氨酸。

在氨基酸内部替换一个氨基酸时，通常伴随附近一个或多个氨基酸互补替换，尤其是位于蛋白质内部的通过盐桥稳定的极性氨基酸，在新蛋白质突变体中，这些氨基酸将建立一种稳定的排列。在折叠时，空间上接近的氨基酸残基不一定在序列上接近，因此这种结构识别相当复杂，蛋白质内部的突变可导致蛋白质的结构单元发生扩展、空间移位甚至扭曲。

如果序列同源性非常高，只替换几个氨基酸侧链，通过与已知蛋白质结构中处于相似环境的氨基酸比较，就可以得到这些被替换氨基酸的构象。随着序列同源性降低，必须考虑环肽链的插入和缺失，即多肽链的扩展或收缩。对于这种环肽链构象的预测，已有程序对已知蛋白质结构数据库进行整理，可以在模型构建时预测这部分结构的构象。在预测过程中，根据长度和序列，环肽链的构象可以分成不同的类型，这些构象可通过计算机程序来检测，以构建环肽链的三维构象。蛋白质模型的验证遵循经验规则，即检查构建的几何结构是否与实验数据一致。例如，必须确保疏水性的基团指向内部，亲水性的基团大多数指向外部（膜蛋白等特殊情况除外）；检查氨基酸基团之间的接触表面，将选取的扭转角与典型值进行比较。

（五）配体设计：播种、扩展和连接

对实验测定或模建蛋白质的结合口袋进行分析以后，下一步就是实际的配体设计。计算机辅助设计的各种方法可用于设计新的蛋白质-配体。第一种方法是提前从数据库中成功筛选出配体，然后用对接程序将其放置在结合口袋中（图8-8，左列），一般数据库中候选分子大多数

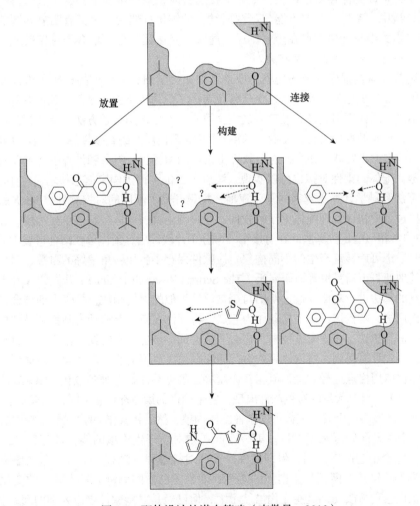

图8-8 配体设计的潜在策略（克勒贝，2010）

在分子对接过程中，将配体完整的三维结构放置在结合口袋中（左列）。新分子构建过程如中列和右列所示，原则上有两种方法：一种方法是先将一个分子片段当作"种子"放置在口袋中，然后一步步连接上其他基团（中列）；另一种方法是将多个小分子片段独立放置在结合口袋中，然后彼此连接（右列）

都是类药分子。第二种方法是从结合口袋中的一个"种子"（起始片段）开始，配体在结合口袋中逐步生长，这是大多从头设计软件的方法，第一个"种子"的放置尤其重要（图8-8，中列）。当结合口袋存在特定热点区域，后续优化工作都从这个区域开始时，这种方法将会特别成功。与带电氨基酸形成盐桥或与金属离子中心形成配位特别适合这种方法，如这一方法已成功应用于丝氨酸蛋白酶、胰蛋白酶、凝血酶及含锌碳酸酐酶。第三种方法是在结合口袋中放置多个片段，然后尝试用大小合适的连接片段将匹配好的分子片段彼此连接（图8-8，右列），这个策略可以通过"SAR-by-NMR"方法成功应用数次。

（六）将配体对接入结合口袋

分子对接是尝试使用计算机将潜在的蛋白质-配体匹配到结合口袋中的一种计算机程序。对接程序从一个预编译的分子库中连续地取出候选分子，为每一个分子生成一个三维结构，如果遇到柔性分子，可以先保存多个构象，或在对接运行时快速产生多个构象，然后将每个构象都匹配到结合口袋中。首先，舍弃不能与蛋白质结合的结构；然后，舍弃有明显问题的结构，如在假设的对接模式中与蛋白质存在静电排斥。通常，对接程序会产生多个对接模式，可根据产生的结合构象进行打分，评估其亲和力。

欧文·昆茨是对接程序领域的先驱，他带领加州大学旧金山分校的科研小组开发了对接软件DOCK。在1982年的原始版本中，这个软件仅考虑了配体和蛋白质之间的几何互补，结合口袋形状由一组不同的球体近似表征，使口袋被完全填充，然后使用数学方法将待测试的配体对接于分布的球体上，用互补性作为打分函数，即测量配体-蛋白质间的直接接触。自第一版问世以来，DOCK已经得到进一步发展，如今，这个软件不仅使用力场进行打分和计算去溶剂化贡献，通过考虑可旋转键，配体的柔性对接也可以实现。波恩（Bonn）德国国家信息技术研究中心（GMD）生物信息学算法和科学计算研究室的马蒂亚斯·拉里开发了不同的对接软件。FlexX软件是第一个可以在对接过程中快速处理配体柔性的软件，它将待测试的配体分解成单独片段，随后使用与LUDI程序中非常相似的定位算法，在对接第一个分子片段以后，配体可在结合口袋中成功进行结构重建，同时考虑可旋转键产生的不同构象，该软件保存了各扭转角偏好的参数，对构象能量进行评估。由圣地亚哥市斯克里普斯研究所（The Scripps Research Institute）开发的Auto Dock软件，使用基于格点的算法进行对接，通过使用与Grid软件类似的力场函数，将嵌入到结合口袋中的格点赋予相互作用能，随机选择一个构象作为起点，将配体在格点上移动直到找到最佳构象，同时围绕可旋转键进行扭转，在这个过程中，它会"感觉到"与蛋白质的相互作用势。由于格点上的相互作用势已预先计算得到，所以该算法运行速度很快。英国谢菲尔德大学的格里斯·琼斯开发的GOLD软件也使用格点进行对接，但相互作用势已根据晶体数据被参数化，GOLD使用遗传算法优化构象。目前，已有大量的对接软件出现，各个软件的策略都稍有不同，但都基于上述概念。另外，一些软件的策略是生成一定数量的刚性配体构象，然后将其作为刚性物体进行快速对接。

目前有3个主要问题限制了对接，第一个问题是对所产生构象的能量计算；第二个问题是水分子在配体结合中起决定作用，但即使在今天，对接过程中没有一个真正令人信服的处理水分子的解决方案；第三个问题是蛋白质的柔性，通常蛋白质的侧链会发生微小的变化，同时结合口袋的形状也会稍微改变，这些变化虽然不大，但已经是对接软件难以处理的问题。

（七）打分函数：对产生的构象进行排序

对所产生的结合构象进行相应的打分，对基于结构药物设计中所有的从头设计方法是必不可少的。从许多看似合理的几何构象中，必须凸显那些与实验所发现的情况非常吻合的构象。打分函数的目标是从给定相互作用构象中快速得到预测的亲和力值，该理论已经说明，一个单一的构象不足以解决这个问题。摩尔能量由分子的一组有限构象集合确定，这些构象被分配在被称为"系综"的多种状态中，各状态中分布的构象数量不同。

相反，使用基于回归的打分函数已经成为一种替代方法，假设某一特定状态中的构象非常多，那么在打分函数中只考虑一种状态是合理的。考查最能确定结合亲和力的焓和熵贡献，这种方法类似于建立QSAR方程，能量方程由各项贡献组成，分子描述符被认为能正确反映各项贡献。这里存在一个错误的假设，就是将各项对自由能◎的贡献直接相加。方程中各项都有可调整的加权因子，与QSAR方程一样，通过数学方法，用训练数据集对加权因子进行优化拟合。训练集由晶体结构已测定的蛋白质-配体复合物组成，实验的结合亲和力也已知。

另一种方法遵循所谓基于知识的概念，评估了蛋白质-配体复合物晶体结构中各个原子对接触距离出现的频率，将"正态分布"定义为参考状态，那么所有出现频率高于平均值的接触距离都归类为对能量有利，所有很少出现的接触距离都归类为对能量不利。接下来，通过求导得到一组配体与相同参考蛋白质的相对能量排序，使用已知构象和亲和力数据集进行训练，类似于基于回归的打分函数，可以得到预测的亲和力值。基于回归或知识的打分速度非常快，同时还开发了多种打分函数，但是没有一种是最完美的，必须在不同的情况下检查哪种打分函数对所研究的蛋白质体系最为合适。

三、从头计算的药物设计

全新药物设计（de novo drug design）又叫从头药物设计，它是以"锁钥学说"作为理论来源，根据靶标分子结合位点的几何特征和化学性质，设计出与其相匹配的具有全新结构的化合物。全新药物设计的方法要知道受体和配体之间相互作用的优势和稳定性，而且得到的先导化合物结构可能是全新的，不被个人因素所干扰。

（一）全新药物设计的一般过程

1. 确定活性位点　根据靶标的三维结构以及受体-配体的作用特征，合理定义受体活性结合位点的结构和化学特征，如疏水场分布、氢键作用位点、静电场分布、立体结构等特征。

2. 产生合适的配体分子　根据活性位点的特征，产生相匹配的配体分子片段，采用不同的策略把基本构建单元放置在活性位点中，并生成完整的分子。

3. 配体分子活性的评估　对于每个通过连接得到的配体分子，通过一定的方法来评估配体分子和靶标分子的结合能力。并且进行排序，从中选择出评价最佳的配体分子进行下一步的结构优化或合成。

4. 配体分子的合成和活性测试　选择评价最佳的配体分子进行合成，并且测定其活性，经过几轮循环，发现新的先导化合物。

（二）全新药物设计方法的分类

全新药物设计方法按药物分子构建时所用基本构建单元的不同，主要可分为模板定位法、原子生长法和分子碎片法。其中分子碎片法发展迅速，现已成为主要的方法。

1. 模板定位法　模板定位法是通过药效团定义出一个药物与受体作用的模板，该模板通过生长、旋转等得到基本骨架，再根据其他性质如静电、氢键和疏水性质，把图形骨架转化为

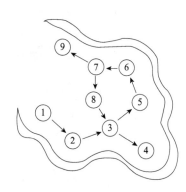

图8-9　原子生长法示意图
（梅森，2007）

一个具体的分子。

2. 原子生长法　　原子生长法是指在受体活性部位，根据其静电、氢键和疏水性质，逐个地添加原子（图8-9中1～9），生长出与受体活性部位形状、性质互补的分子。

3. 分子碎片法　　分子碎片法则是用单一官能团作为基本碎片，连结为分子。所谓碎片，是指分子构建过程中所用的基本构建单元，每个碎片由单一官能团（如羟基、羰基或苯环等）构成。目前已形成了几类不同的基于碎片的全新药物设计方法：活性位点分析法、位点连接法、碎片连接法、逐步生长法和随机连接法。

（1）活性位点分析法。主要预测与生物大分子有较好结合的原子或基团，用来分析的探针分子可能是一些简单的分子或碎片，如水或苯环，结果可找到这些分子或碎片在活性部位中的可能结合位置。

采用活性位点分析法的软件Grid的基本原理将受体生物大分子的活性部位划分为有规则的网格点，将探针分子放置在这些网格点上，用分子力场的方法计算网格点上各种探针分子与受体活性位点原子的相互作用能，从而搜寻出各种探针分子的最佳作用区域。

（2）位点连接法。位点连接法就是根据位点的特征和位置在活性口袋放入合适的小分子碎片，在片段上进行合适的生长和连接以得到完整的配体分子。由于位点连接法能把和活性位点产生结合的配体信息转化成了位点，因此位点连接法中配体片段的定位和选择主要是和位点相关，而不是和受体结构直接相关，这就大大加快了片段选择和定位的过程。

位点连接法的代表软件有LUDI、BUILDER等。LUDI是由博姆开发的进行全新药物设计的有力工具，已广泛地被制药公司和科研机构使用，其特点是以蛋白质三维结构为基础，通过化合物片段自动生长的方法产生候选的药物先导化合物。LUDI可根据用户确定好的蛋白质受体结合部位的几何形状和物理化学特征（氢键形成能力、疏水作用位点），通过对已有数据库中化合物的筛选并在此基础上自动生长或连接其他化合物的形式，产生大量候选先导化合物并按评估的分值大小排列，供下一步筛选；可以对已知的药物分子进行修改，如添加/去除基团、官能团之间的连接等。在LUDI模型中，对每一个作用基团，定义作用中心和作用表面。受体的作用表面近似地用离散的点表示，该点和对应的配体中心目标点相匹配。

（3）碎片连接法。将与受体活性位点有较好作用的基团用连接基团连接起来，这一基本思想就是组成整个分子的各部分，它们本身能与受体有很好的结合，对整个分子与受体的结合都有贡献。这种方法的优点是可以很快地把位于活性口袋中的候选片段进行连接得到完整的配体分子，碎片与受体活性部位的结合方式可以用多种方法得到，碎片间的连接方式也有多种。

（4）逐步生长法。以一个片段为起点，逐步生长得到一个完整的配体分子的方法。如果以不同的孤立片段作为起点，可以得到不同的配体分子，这种方法在生长的过程中，新加入的片段一般会进行构象分析来确定最佳构象，这样很大程度上可以避免漏筛。

（5）随机连接法。根据对受体活性部位的分析，通过分子对接的方法得到与各活性部位结合较好的分子或碎片；然后运用组合化学的思想将这些分子或碎片随机组合，得到一系列与受体具有潜在结合能力的化合物。再通过优化后，这些化合物就构成了虚拟样品库。这样通过虚拟样品库的高通量筛选，可以快速有效地产生一些新的化合物。基本原理和前三种连接法相类似。常见软件有CombiBUILD等。

（三）全新药物设计的局限性

全新药物设计正处于发展的阶段，已经有了很多算法，但每一种算法都并非完善，或多或少存在着各种局限性，在很大程度上人的经验因素在药物设计中占有很大的比重，目前面临的主要问题有以下几点。

（1）片段和受体的柔性。以片段作为设计分子的构建单元，往往会忽略片段本身的柔性，而这些片段并非刚性分子，导致所产生的分子优化后结构偏差很大，不能保持原有的构象。且在整个过程中不能考虑受体的构象变化。

（2）和分子对接的程序一样，全新药物设计的方法也缺乏一种完善、有效的评价方法来评估配体，现有的打分方法都存在着各自的缺陷和局限性。

（3）设计过程中只考虑受体和配体的作用，无法考虑药物复杂的作用机制。

（4）设计的基团在化学和生物上可能不稳定，或难以合成。

四、计算机辅助药物设计

计算机是一个非常有用的工具，可以用来模拟分子的性质和反应，特别是分子间的相互作用。除了处理复杂的数值问题外，计算机还可以是将数据结果转换成彩色图形的转换器。彩色图形比文本、数列或图像的处理速度更快，也更容易地被记住，因为大脑处理文本是按先后顺序的，但处理图像是平行进行的。X线晶体学和多维核磁共振光谱技术就像量子力学和分子力场计算一样，有助于理解分子的特点。

分子模拟是现代发明吗？是，也不是。弗里德里希·奥古斯特·凯库勒（1829～1896年）对苯环状结构的推测可能来自一条蛇自己环绕并咬住自己尾巴的梦。然而，这个著名的梦可以追溯到由奥地利教师约瑟夫·罗施密特（1821～1895年）所著的《有机化学的构成公式》（*Constitutionsformeln der Organischenchemie*）。今天，人们越来越关注分子的三维结构、立体空间和电子质量，而理论有机化学和X线晶体学的进步也对此起到了推动作用。彼得·古德福德研究组对血红蛋白进行了第一个基于结构的设计。血红蛋白对氧的亲和力受到结合在四聚体蛋白核心的所谓变构效应分子的调节。从三维结构上推断出变构效应分子结构为简单的二醛及其二亚硫酸氢盐混合物。这些物质以预期的方式与血红蛋白结合，并使血红蛋白与氧的结合曲线向预期方向偏移。

使用基于结构设计开发的第一种药物是抗高血压药卡托普利，它是一种血管紧张素转换酶（ACE）抑制剂。虽然先导结构来自蛇毒，但决定性的突破是在对结合位点进行建模后才取得的。为了模拟ACE结合位点的结合作用，人们使用了另一种锌蛋白酶——羧肽酶的结合位点，因为它的三维结构在当时是已知的。

通往新药的道路是艰难而乏味的。在图8-10中展示了从现代角度看到的不同研究方法和学科间相互影响的概述图。在过去的几年里分子模拟，特别是配体-受体相互作用的模拟变得很重要。虽然模拟主要用于先导化合物的靶向结构修饰，但它也适用于基于结构和计算机辅助的药物设计和虚拟库的计算机筛选。

除了建模和计算机辅助设计之外，构效关系分析有助于了解化合物的结构与其生物学效应之间的相关性。利用这些方法，在统计意义上，亲脂性、电负性、空间位阻等因素对生物系统中活性、转运和药物分布的影响首次被系统化。

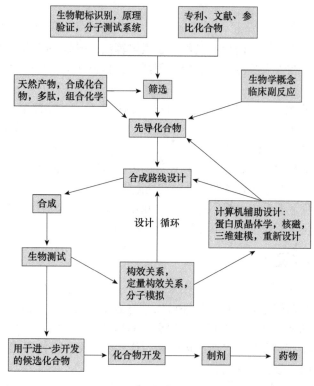

图 8-10　药物合成示意图

第三节　精 准 用 药

　　精准医疗，也被称为个性化医疗，是一种将个人基因、环境与生活习惯差异考虑在内的疾病预防与处置的新兴方法，其关键是精准用药。简单来说，就是先创建一个庞大的患者医学数据信息库，研究人员通过研究分析比对患者信息与数据库里的信息，进一步了解疾病的根本原因，从而开发治疗针对特定患者特定疾病基因突变的药物，并确定哪些患者服用哪些药物，以及预测可能出现的副作用。

　　然而，精准医疗领域一个令人担心的现状是割裂的数据和繁杂的平台带来的数据孤岛问题。因此，统一智能的数字化平台才是助力实现精准医疗药物研发的不二之选。以前药物研发的临床试验当中，大量临床数据被储存在不同平台上。这给试验管理带来了很多不必要的困难——研究人员必须花费宝贵的时间来管理分散的临床信息，这势必会减少为患者提供个性化药物和治疗的时间，同时也很难对海量的数据进行深度挖掘。为提升研究速度并保持数据质量，必须要打破临床操作的孤岛。一个巨大的机遇就是在数字化平台上用全新的方式把人们连接起来，去创造更高的效率、生成更优质的证据。

一、靶向药物

　　靶向治疗是一种癌症治疗，它使用药物或其他物质来精确识别和攻击某些类型的癌细胞。靶向治疗可以单独使用，也可以与其他治疗结合使用，如传统或标准的化学疗法、手术或放射疗法。它使用药物靶向帮助癌细胞存活和生长的特定基因和蛋白质。靶向治疗可以影响癌细胞生长的组织环境，也可以靶向与癌症生长相关的细胞，如血管细胞。

靶向治疗可以治疗多种癌症，靶向治疗也有很多不同的类型。为了开发靶向疗法，研究人员致力于确定有助于肿瘤生长和变化的特定基因变化，目标是发现存在于癌细胞中但不存在于健康细胞中的蛋白质。一旦研究人员确定了一个目标，他们就会开发一种药物来攻击它。

（1）血管生成抑制剂：这些抑制剂可以阻止新血管的形成，这些新血管为癌细胞提供营养。例如，贝伐珠单抗（许多不同的癌症）。

（2）单克隆抗体：这些抗体可以将分子自身或带有药物的分子输送到癌细胞中或癌细胞表面以杀死它。例如，阿仑单抗（某些慢性白血病）、曲妥珠单抗（某些乳腺癌）、西妥昔单抗（某些结直肠癌、肺癌、头颈癌）。只有部分单克隆抗体被用于靶向治疗，因为它们在癌细胞上有一个特定的目标。但其他单克隆抗体的作用类似于免疫疗法，因为它们可以使免疫系统做出更好的反应，从而让身体更有效地发现和攻击癌细胞。

（3）蛋白酶体抑制剂：它们会破坏细胞的正常功能，使癌细胞死亡。例如，硼替佐米（多发性骨髓瘤）。

（4）信号转导抑制剂：它们会破坏细胞信号，从而改变癌细胞的作用。例如，伊马替尼（某些慢性白血病）。

癌细胞的基因通常会发生变化，使其与正常细胞不同。这会使细胞分裂过多或过快，发生这种情况时，细胞的寿命会比正常情况长得多，这些细胞生长失控并形成肿瘤。但是有许多不同类型的癌症，并不是所有的癌细胞都是一样的。例如，结肠癌和乳腺癌细胞具有不同的基因变化，可以帮助它们生长和/或扩散。即使在患有相同类型癌症（如结肠癌）的不同人群中，癌细胞也可能有不同的基因变化，从而使一个人的特定类型的结肠癌与另一个人的不同。癌症具有某些类型的蛋白质或酶，它会发送某些信息来告诉癌细胞生长和自我复制。了解这些细节可以开发出"靶向"这些蛋白质或酶并阻止信息发送的药物。靶向药物可以阻断或关闭使癌细胞生长的信号，或者可以发出信号让癌细胞自我毁灭。

靶向治疗是癌症治疗的一种重要类型，随着研究人员更多地了解癌细胞的具体变化，他们将开发出更有针对性的药物。但到目前为止，只有少数类型的癌症能仅使用这些药物常规治疗。大多数接受靶向治疗的人还需要手术、化学疗法、放射疗法或激素疗法。

二、个性化用药

靶向治疗有时被称为精准医疗或个性化医疗。这是因为它们精确地针对癌细胞中的特定变化或物质，即使人们患有相同类型的癌症，这些目标也可能不同。对于某些类型的肿瘤，在活检或术后会针对不同的目标进行测试，这有助于找到最有效的治疗方法。找到一个特定的目标使匹配患者的治疗更加精确或个性化（图8-11）。

推进个体化差异化用药理念，促进临床安全、有效、经济地用药，主要是以临床诊断和药物基因组学为依据。然而随着人类基因组计划的完成和后基因组时代的到来，单纯从年龄、性别和健康状况等角度出发进行所谓的"个体化用药"已远远不够。基因变异是出现任何表型变化的根本因素，遗传因素是导致药物反应个体化差异的源头，真正意义上的个体化用药是利用先进的分子生物学技术（包括基因芯片技术）对不同个体的药物相关基因（药物代谢酶、转运体和受体基因）进行解读。临床医生可以根据患者的基因型资料实施给药方案，并"量体裁衣"式地对患者合理用药，以提高药物的疗效，降低药物的毒副反应，同时减轻患者的痛苦和经济

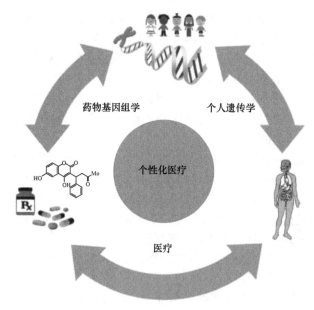

图8-11　个性化用药示意图（Beigh，2016）

负担。这就是基因导向的个体化用药，它代表了药物基因组学与临床药物治疗的完美结合，具有划时代的意义。

　　基因组学在个性化医疗的出现中发挥着重要作用，它提供了一个以非常具体的分子方式了解个体之间差异的窗口，有机会对疾病风险进行个体预测，从而帮助人们选择预防计划。它还允许在某些情况下为正确的人选择正确剂量的药物，而不是"一刀切"的药物治疗方法。最终，随着对个体的了解，许多完整基因组被测序并放入医疗记录中。对于个性化用药，在理想的意义上，这种个性化的方法只是通过使用基因组数据来确定哪种类型的药物方案最适合患者，这取决于个体的新陈代谢。其目的是提高有效性、无脱靶效应的行动精度和目标准确性。精准医学通过结合环境和遗传因素的影响，利用分子信息选取最优治疗方案。遗传、代谢和临床数据用于构建患者生物学更全面的图景，以便对特定疾病定制治疗或预防计划，其中包括关于药物使用的具体建议、降低疾病风险的健康习惯，或者比平时更早地开始筛查疾病。

本 章 小 结

　　药物研发越来越需要借助各种新技术的应用，基于结构和计算机辅助的新药设计已被应用于实际药物研究工作中。药物对系统的作用和系统对药物的作用是多层次的。为优化某个特定性质而对结构做的改变，同时也会改变药物其他性质间的精妙平衡。开发新药必须运用构效关系知识，同时结合最新技术和基因研究成果来共同开发，但也有必要对新技术的应用范围和局限性进行界定，计算结果很大程度上依赖于模拟的边界参数，理论和模拟不能脱离实验而存在。精准医疗通过综合考虑基因、环境和生活方式的个体差异，有望改善健康状况。研究人员已经使用医疗保健数据进行探索，识别癌症和其他许多常见及罕见疾病的基因组基础，引入转化性分子靶向疗法，并利用新的机器学习方法来掌握大规模计算能力。在利用精准医疗改变医疗保健的道路上，所有这些努力都已初见成效。根据现有的临床研究资料，在分子靶向药物作为癌症维持治疗的研究中，仍存在诸如患者纳入标准的制定、治疗方案、存在一定的不良反应，以及治疗费用昂贵等问题，这需要多中心、大样本、随机、对照临床试验数据为分子靶向药物维持治疗癌症提供依据，在此基础上可以应用个体化的思路来为其找到更为广阔的出路。总而言之，分子靶向药物维持治疗癌症前景光明，值得期待。

（本章由吴琼编写）

第九章　影像组学与人工智能

第一节　影像组学

一、影像组学的种类

影像组学作为一个快速发展的领域，通常旨在从医学图像中提取定量且理论上可重复的信息。影像组学可用于捕捉组织和病变的特性，如形状和异质性，以及在连续成像中，其随时间的变化，如在治疗或监测期间。

影像组学的分类可以按照医学影像的分类进行区分，医学影像学的种类按照工作机制划分，可以大致分为以下类别：X线成像、计算机体层成像、超声成像、磁共振成像、核素成像。

（一）X线成像

X线能使人体在荧光屏上或胶片上形成影像，一方面是基于X线的穿透性，荧光作用和感光作用，其中荧光作用是X线透视的基础，感光作用是X线摄影的基础；另一方面是基于人体组织结构之间有密度和厚度的差别。当X线透过人体不同组织结构时，被吸收的程度不同，到达荧光屏或胶片上的X线出现差异，从而在荧光屏或X线片上形成黑白对比不同的影像，如图9-1所示，钼靶图像分为4个视图，包括左（L）和右（R）的头尾（CC）、左和右的内侧斜位（MLO）。

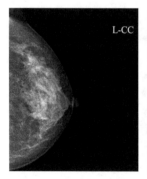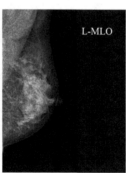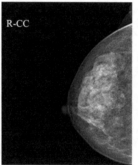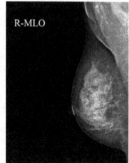

图9-1　乳房X线图像

1. 传统X线成像　传统X线成像又可分为常规成像和造影成像。常规成像是临床上最常用最基本的检查手段，适用于人体任何部位，所得照片称为平片（摄片）。主要优点是应用范围广，照片空间分辨率高，图像清晰，并可作永久性资料保存，便于复查对比和会诊，患者接受的X线也较透视少。其缺点是检查区域为胶片大小所限制，且不能观察运动功能。

常规成像依靠人体自身组织的天然对比形成影像，对于缺乏自然对比的结构或器官，可将密度高于或低于该结构或器官的物质引入器官内或其周围间隙，人为地使之产生密度差别而形成影像，此即造影成像。引入的物质以往称造影剂，现称对比剂。造影成像显著扩大了X线成像检查的范围，应用广泛。

2. 数字X线成像　　计算机X线摄影（computed radiography，CR）是X线平片数字化的比较成熟的技术，它不以X线胶片作为记录和显示信息的载体，而是使用可记录并由激光读出X线影像信息的成像板作为载体，经X线曝光及信息读出处理，形成数字式平片影像。CR系统实现了常规X线摄影信息的数字化，能够提高图像的分辨和显示能力；可采用计算机技术实现各种图像后处理功能，增加显示信息的层次；可降低X线摄影的辐射剂量；有利于实现X线摄影信息的数字化储存、再现及传输。CR的主要不足是时间分辨率较差，不能满足动态器官和结构的显示，另外在细微结构的显示上与传统X线成像比较，CR的空间分辨率有时稍有不足，需通过其他方式弥补。

数字X线摄影（digital radiography，DR）的工作原理是在X线电视系统的基础上，利用计算机数字化处理，使模拟视频信号经过采样和模/数转换后直接进入计算机形成数字化矩阵图像。其应用范围与CR基本相同。DR图像具有较高分辨率，图像锐利度好，细节显示清楚；放射剂量小，曝光宽容度大。与CR相同，DR也可根据临床需要进行各种图像后处理，能够直接进入图像存档与传输系统，便于临床应用、教学与远程会诊。

数字减影血管造影（digital subtraction angiography，DSA）是20世纪80年代继计算机体层成像之后出现的一种医学影像学新技术，它将影像增强技术、电视技术和计算机技术与常规的X线血管造影相结合，是数字X线成像技术之一，目前已广泛应用于临床。与常规血管造影相比，DSA的密度分辨率和对比分辨率高，对比剂用量少，具备实时成像和绘制血管路径图的能力，特别有利于介入诊疗操作。DSA对全身各部位血管性病变的诊断和介入治疗均具有不可替代的重要作用，对肿瘤的经血管化疗栓塞也很有帮助。

（二）计算机体层成像

计算机体层成像（computed tomography，CT）于1969年设计成功。与传统X线成像相比，CT图像是真正的断面图像，它显示的是人体某个断面的组织密度分布图。其图像清晰，密度分辨率高、无断面以外组织结构干扰，因而显著扩大了人体的检查范围，提高了病变的检出率和诊断准确率，大大促进了医学影像学的发展。

CT是用X线束对人体检查部位一定厚度的层面进行扫描，由探测器接收该层面上各个不同方向的人体组织对X线的衰减值，经模/数转换输入计算机，通过计算机处理后得到扫描断面的组织衰减系数的数字矩阵，再将矩阵内的数值通过数/模转换，用黑白不同的灰度等级在荧光屏上显示出来，即构成CT图像。根据检查部位的组织成分和密度差异，CT图像重建要使用合适的数学演算方式，常用的有标准演算法、软组织演算法和骨演算法等。图像演算方式选择不当会降低图像的分辨力。

CT的扫描方式分为平扫、对比增强（contrast enhancement，CE）扫描和造影扫描三种。平扫是指不用造影增强或造影的普通扫描，一般CT检查都是先做平扫。扫描方位多采用横轴位，检查颅脑以及头面部病变时可加用冠状位扫描。对比增强扫描指血管内注射对比剂后再行扫描的方法。目的是提高病变组织同正常组织的密度差，以显示平扫上未被显示或显示不清的病变。观察病变有无强化及强化类型，有助于病变的定性。根据注射对比剂后扫描方法的不同，可分为常规增强扫描、动态CT增强扫描、延迟增强扫描、双期或多期增强扫描等方式。动态增强扫描指注射对比剂后对某一选定层面或区域，在一定时间范围内进行连续多期扫描（常用三期扫描，即动脉期、静脉期和实质期），主要用于了解组织、器官或病变的血液供应状况。造影扫描是先做器官或结构的造影，然后再行扫描的方法。分为CT血管造影（CT angiography，CTA）

和CT非血管造影两种，常用的如CT动脉性门静脉造影和CT脊髓造影（CT myelography，CTM）等。CT血管造影采用静脉团注的方式注入含碘对比剂80～100ml，当对比剂流经靶区血管时，利用多层螺旋CT进行快速连续扫描再经多平面及三维CT重建获得血管成像。其最大优势是快速、无创，可多平面、多方位、多角度显示动脉系统、静脉系统，观察血管管腔、管壁及病变与血管的关系。该方法操作简便、易行，一定程度上可取代有创的血管造影，目前CTA的诊断效果已类似DSA，可作为筛查动脉狭窄与闭塞、动脉瘤、血管畸形等血管病变的首选方法。CT脊髓造影指在椎管脊髓蛛网膜下腔内注射非离子型水溶性碘对比剂5～10ml后，让患者翻动体位，使对比剂混匀后，再行CT扫描，以显示椎管内病变。CT关节造影指在关节内注入气体（如空气）或不透X线的对比剂后，进行CT扫描，可观察关节更清晰的解剖结构，如关节骨端、关节软骨、关节内结构及关节囊等。

（三）超声成像

超声检查是根据声像图特征对疾病作出诊断。超声波为一种机械波，具有反射、散射、衰减及多普勒效应等物理特性，通过各种类型的超声诊断仪，将超声发射到人体内，在传播过程中遇到不同组织或器官的分界面时，将发生反射或散射形成回声。这些携带信息的回声信号经过接收和放大等处理后，以不同形式的图像显示于荧光屏上，即超声像图。观察分析声像图并结合临床表现可对疾病作出诊断。常用的超声仪器有多种：A型（幅度调制型）是以波幅的高低表示反射信号的强弱，显示的是一种"回声图"。M型（光点扫描型）是以垂直方向代表从浅至深的空间位置，水平方向代表时间，显示为光点在不同时间的运动曲线图。以上两型均为一维显示，应用范围有限。B型（辉度调制型）即超声切面成像仪，简称"B超"。是以亮度不同的光点表示接收信号的强弱，在探头沿水平位置移动时，显示屏上的光点也沿水平方向同步移动，将光点轨迹连成超声束所扫描的切面图，为二维成像。至于D型是根据超声多普勒原理制成。C型则用近似电视的扫描方式，显示出垂直于声束的横切面声像图。近年来，超声成像技术不断发展，如灰阶显示和彩色显示、实时成像、超声全息摄影、穿透式超声成像、三维成像、体腔内超声成像等。

超声成像方法常用来判断脏器的位置、大小、形态，确定病灶的范围和物理性质，提供一些腺体组织的解剖图，鉴别胎儿的正常与异常，在眼科、妇产科及心血管系统、消化系统、泌尿系统的应用十分广泛。

（四）磁共振成像

磁共振成像（magnetic resonance imaging，MRI）是在物理学领域发现磁共振现象的基础上，于20世纪70年代继CT之后，借助电子计算机技术和图像重建数学的进展与成果而发展起来的一种新型医学影像检查技术。MRI是通过对静磁场中的人体施加某种特定频率的射频（radio frequency，RF）脉冲，使人体组织中的氢质子受到激励而发生磁共振现象，当终止射频脉冲后，质子在弛豫过程中感应出磁共振（MR）信号，经过对MR信号的接收、空间编码和图像重建等处理过程，即产生MR图像。人体内氢核丰富，而且用它进行磁共振成像的效果最好，因此目前MRI常规用氢核来成像。MRI的优点：无X线电离辐射，对人体安全无创；图像对脑和软组织分辨率极佳，解剖结构和病变形态显示清楚；多方位成像，便于显示体内解剖结构和病变的空间位置和相互关系；多参数成像。除可显示形态变化外，还能进行功能成像和生化代谢分析。

其中，磁共振弥散加权成像（magnetic resonance diffusion weighted，MRDW）与MRI不同，

它的基础是水分子运动。MRDW不仅在脑部疾病的诊断中发挥着作用，而且随着技术的不断改进，MRDW已经在乳腺、肝脏等处的疾病诊断中得到越来越广泛的应用（Lee et al., 2011）。总之，MRDW作为目前唯一非侵入性检测活体组织内水分子运动的技术，在病变的检出中具有重要价值，尤其对良、恶性病变的鉴别诊断具有重要意义。但是，MRDW对磁场的匀场要求较高，对靠近骨组织的脑内病变会出现伪影。另外，由于胶质瘤、脑膜瘤、淋巴瘤、急性脑梗死等都可以表现为MRDW高信号，而胶质瘤、脑膜瘤等由于内部组成成分的不同，使得同一种病在MRDW中可以有多种不同的表现，且表观弥散系数（apparent diffusion coefficient, ADC）值的统计也有一定程度的重叠。以上问题使得磁共振弥散加权成像的广泛应用存在一定困难。

（五）核素成像

1. 正电子发射计算机断层成像（positron emission computed tomography, PET）　PET是核医学领域比较先进的临床检查影像技术。其大致方法是，将某种物质，一般是生物生命代谢中必需的物质，如葡萄糖、蛋白质、核酸、脂肪酸，标记上短寿命的放射性核素（如F18、碳11等），注入人体后，通过检测该物质在代谢中的聚集，来反映生命代谢活动的情况，从而达到诊断的目的。PET分子显像有三种方法：直接显像、间接显像和替代显像。

（1）直接显像是基于特异性PET分子探针与靶分子直接作用而对靶进行显像，PET影像质量与PET分子探针和靶（如酶、受体及抗原决定簇）相互作用直接相关。由于直接显像采用靶特异性探针直接对靶进行显像，方法简便，因而广泛应用于显像特异性分子遗传学靶的高特异性正电子核素标记分子探针的研究。但是，直接显像需要针对各种靶分子研制特异性的分子探针，不仅耗资，而且耗时。

（2）间接显像是基于特异性PET报告探针与相应靶分子报告基因产物作用而间接对感兴趣目标报告基因表达进行显像，因涉及多种因素，较为复杂。报告基因表达PET是目前最常用的一种间接显像方法，必须具备报告基因和报告探针两因素，且报告探针与报告基因表达产物间应具有特异性相互作用。

（3）由于替代显像可应用现已研制成功并已用于人体的PET分子探针进行分子显像，因而是三种显像方法中最为简便的一种，且耗时短、耗资低。另外，因直接显像和间接显像只是用于起始临床研究，而替代显像可直接应用于近期临床研究，从而备受人们重视。然而，替代显像具有特异性差的缺点。

2. 单光子发射计算机断层成像（single-photon emission computed tomography, SPECT）　SPECT是一种放射性同位素CT扫描，属核医学范畴。其成像原理系将放射性核素显影与CT的三维成像一起，可以显示不同层面内放射性同位素的分布图像。SPECT是以普通γ射线为探测对象，所使用的放射性同位素能放出单光子，这些核素由原子反应堆产生，在衰变过程中发射出单方向的γ光子。

二、影像组学的特征

影像组学的特征可以大致细分为直方图特征、纹理特征、基于模型的特征、基于变换的特征和基于形状的特征。

（一）直方图特征

最简单的统计描述符基于全局灰度直方图，包括灰度均值、最大值、最小值、方差和百分位数。由于这些特征基于单像素或单体素分析，因此称为一阶特征。对于PET，常用的标准摄取值（SUV$_{max}$、SUV$_{mean}$和SUV$_{peak}$）都属于这一类。

更复杂的特征包括偏度和峰度，它们描述了数据强度分布的形状：偏度反映了数据分布曲线向左（负偏度，低于平均值）或向右（正偏度，高于平均值）的不对称性，而峰度反映了由于异常值导致的数据分布相对于高斯分布的尾部。

其他特征包括直方图熵和能量（也称为均匀性）。值得注意的是，它们与同名的共现矩阵不同。

（二）纹理特征

（1）绝对梯度反映了图像中灰度强度波动的程度或突然性。对于两个相邻像素或体素，如果一个是黑色，另一个是白色，则梯度最高，而如果两个像素都是黑色（或白色），则该定位处的梯度为零。灰度是从黑变白（正梯度）还是从白变黑（负梯度）与梯度大小无关。与直方图特征相似，梯度特征包括梯度平均值、方差、偏度和峰度。

（2）灰度共生矩阵（gray level co-occurrence matrix，GLCM）是二阶灰度直方图，GLCM在不同方向（2D分析的水平、垂直或对角线，或3D分析的13个方向）以及像素或体素之间的预定义距离，捕获具有预定义灰度强度的像素对或体素对的空间关系。GLCM特征包括：①熵，它是灰度级不均匀性或随机性的度量；②角二阶矩（也称为均匀性或能量），反映灰度级的均匀性或有序性；③对比度，度量图像中存在的局部变化，反映了图像的清晰度和纹理的沟纹深浅，纹理越清晰反差越大，对比度也就越大。

（3）灰度游程矩阵（gray level run length matrix，GLRLM）提供了关于具有相同灰度级的连续像素在一个或多个方向上，二维或三维的空间分布的信息。GLRLM特征包括分数，它评估作为运行一部分的感兴趣区（ROI）内像素或体素的百分比，从而反映了颗粒度；长期强调和短期强调（逆）矩，分别针对长期和短期运行的数量进行加权；灰度级和游程长度的不均匀性，分别评估不同灰度和游程长度上的游程分布。

（4）灰度大小区域矩阵（gray level size zone matrix，GLSZM）基于与GLRLM类似的原理，但在具有相同灰度级的互连相邻像素或体素的组（所谓的区域）的数量的计数构成了矩阵的基础。更均匀的纹理将导致更宽更平坦的矩阵。GLSZM不是针对不同方向计算的，而是可以针对定义邻域的不同像素或体素距离计算的。GLSZM特征可以在二维（8个相邻像素）或三维（26个相邻体素）中计算，计算过程如图9-2所示。

（5）邻域灰度差矩阵（neighborhood gray tone difference matrix，NGTDM）量化像素或体素的灰度级与其在预定义距离内的相邻像素或体素的平均灰度级之间的差异总和。主要特性包括NGTDM的粗糙度、繁忙度和复杂性。粗糙度反映中心像素或体素与其邻域之间的灰度差异，从而捕捉灰度强度变化的空间速率；也就是说，由具有相对均匀灰度级（即空间强度变化率

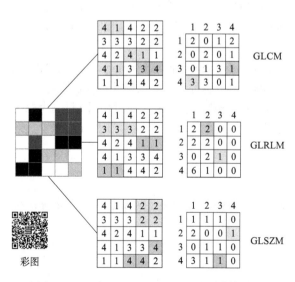

彩图

图9-2 GLCM、GLRLM和GLSZM计算过程

较低）的较大区域组成的ROI将具有较高的粗糙度值。另一方面，也反映了中心像素或体素与其相邻像素之间的快速灰度变化（即强度变化的高空间频率）。

（6）邻域灰度相关矩阵（neighborhood gray level dependence matrix，NGLDM）也是基于中心像素或体素与其邻域之间的灰度关系。如果在定义的灰度级差范围方面满足相关性标准，则将预定距离内的相邻像素或体素视为连接到中心像素或体素。然后分析ROI强度是否依赖于相邻像素或体素的中心像素或体素。同样，与GLRLM类似，NGLDM的特征包括反映异质性和同质性的大依赖性强调和小依赖性强调，以及反映整个ROI中灰度级相似性和灰度级依赖性的灰度级非均匀性和依赖性均匀性。

（三）基于模型的特征

基于模型的分析旨在解释空间灰度信息以表征对象或形状。计算纹理生成的参数化模型并将其拟合到ROI，并将其估计参数用作放射组学特征。自回归模型是一个基于模型的方法，它基于这样一个想法，即像素的灰度是4个相邻像素灰度的加权和：其左侧的像素（θ-1），顶部左（θ-2）、上（θ-3）和右上（θ-4）的像素。

分形分析还可以产生可用于放射组学的特征，尤其是分形维数，它反映了结构细节随放大率、比例或分辨率的增加而增加的速率，因此可以作为复杂性的度量。空隙度是衡量旋转或平移不变性缺失的特征，反映了不均匀性。

（四）基于变换的特征

傅里叶变换分析无空间定位的频率，因此不经常使用，而伽博变换（Gabor transform）是引入高斯函数的傅里叶变换，允许频率和空间定位椇但受单个滤波器分辨率的限制。小波特征是经小波分解计算获得原始图像的强度和纹理特征，并将特征集中在肿瘤体积内的不同频率范围；高斯滤波器的拉普拉斯算子，是一种边缘增强滤波器，强调的是灰度变化的区域，sigma参数定义要强调的纹理粗糙度，该值较低则强调较细的纹理，该值较高则强调较粗糙的纹理。一阶边缘提取（LoG）特征从具有越来越粗糙纹理图案的区域中提取。

（五）基于形状的特征

基于形状的特征描述了ROI的几何特性。许多基于形状的特征在概念上比其他放射学特征简单得多，如2D和3D直径、轴及其比率。基于使用网格（即三角形和四面体等小多边形）的基于表面和体积的方法更为复杂。特征包括紧凑性和球形度，它们描述了ROI的形状与圆形（对于2D分析）或球体（对于3D分析）的形状以及密度的不同，这取决于包围ROI的最小定向边界框（或2D分析的矩形）的构造。

第二节　影像组学的分析方法

一、影像特征的提取

（一）特征提取的认识

一张图像对于计算机来说只是一堆数字的排列，为了使计算机能够理解图像，从而实现计算机视觉，这需要从计算机的角度出发，让计算机从一堆的数字排列中得到有用的数据或者信息。提取出的这些数据，虽然不过是一堆非图像的数据，但是这些数据对于计算机来说就是图像的特征。通过这些数值或者向量形式的特征就可以让计算机通过学习这些特征而完成相应的任务，一般来说就是通过训练让计算机具有识别图像的能力。

对于一张简单的RGB像素画来说，一张图片由一个个像素方块紧密排列构成，每个像素都有自己的颜色，每个像素可以用RGB三个值来表示。那么对于计算机来说，每个像素的位置和它的RGB值便构成了这幅图片，这也就是这个图片的全部信息。

目前大部分图片的像素都成千上万，对于计算机来说，这些信息过于庞大，其中混淆了太多无用信息，特征提取的意义也就是选取有用的信息，将复杂的信息简单化，把大量参数降维到少量参数，再进行处理。值得注意的是，大部分情况下降维并不会影响结果，如1000像素的图片缩小成200像素，并不影响肉眼识别图片中的内容，机器也是如此。所以特征提取的两个重要作用：一方面是减少数据维度，另一方面是提取或整理出有效特征供后续使用。

（二）视觉机制与卷积神经网络

深度学习的研究基础离不开对大脑认知原理的研究，计算机视觉也是基于对大脑视觉原理的研究。1981年，诺贝尔生理学或医学奖颁发给了美国神经生物学家大卫·胡贝尔（David Hubel）、托尔斯滕·威塞尔（Torsten Wiesel）和罗杰·斯佩里（Roger Sperry）。前两位的主要贡献是发现了人类视觉系统的信息处理采用分级方式，即在人类的大脑皮质上有多个视觉功能区域，从低级至高级分别标定为V1~V5等区域，低级区域的输出作为高级区域的输入。人类的视觉系统从视网膜出发，经过低级的V1区提取边缘特征，如细节、特定方向的图像信号，到V2区的基本形状或目标的局部，如边缘轮廓信息构成的简单图案，再到高层V4的整个目标（如判定为一张人脸），以及到更高层进行分类判断等。也就是说高层的特征是低层特征的组合，从低层到高层的特征表达越来越抽象和概念化。至此，人们了解到大脑是一个多层深度架构，并具有连续的认知过程。

卷积神经网络（convolutional neural network，ConvNet，CNN）就可以看作是对人脑的这种机制的简单模仿，因此被称作神经网络。与神经生物学类似，感受野的概念也被延伸到CNN。在卷积神经网络中，感受野指每一层输出的特征图上的像素点在输入图片上映射的区域大小。通俗点的解释是，特征图上的一个点对应输入图上的区域。卷积神经网络先从左到右、从上到下地扫描整个图像，得到特征图，再通过一层层的卷积得到愈发抽象的信息。网络前面的卷积层一般捕捉图像的局部和细节信息，感受野小，后面卷积层的感受野逐渐增大，获得更加复杂的信息。经过多层的卷积运算，最后得到图像在不同尺度的抽象表示。

在计算机视觉上，CNN应用十分广泛，如图像分类和检索、目标定位检测、目标分割等（Zhang et al.，2023）。相较于其他神经网络，CNN主要解决了两个问题：图像处理的数据量太大，计算成本过高，效率低下；图像数字化难以保留原有特征，也就是难以提取有效特征，准确率不高。对于图像数据量过大的问题，解决的方法是通过卷积操作，对数据进行降维，从而大幅降低了计算量。CNN的机制类似人类视觉，所以它提取的特征是图像的特征，当图像发生变化扭曲时，它依旧可以观察局部特征，然后匹配组合得到整图信息，从而有效识别（Sarvamangala et al.，2022）。

（三）CNN关键结构

特征提取采用深度学习网络架构提取，常见的迁移学习中一般利用ResNet系列等网络对输入的影像进行特征提取，再接入后续的关键网络结构达到训练任务的目的。CNN的层级结构主要有数据输入层、卷积层、池化层、激活层、全连接层、输出层。其中卷积层、激活层和池化层可叠加使用，是CNN的核心结构（Tropea et al., 2022）。

1. 数据输入层 一般输入数据之前会进行一些操作，对于图像数据，不会把一张图片原始数据都输入进去，一般采取去均值化、归一化、主成分分析（PCA）/白化、数据增强等预处理手段。预处理的主要原因有，防止输入数据单位不一样，导致神经网络收敛速度慢、训练时间长；数据范围大的输入在模式分类中作用偏大，反之偏小；神经网络中存在的激活函数有值域限制，必须将网络训练的目标数据映射到激活函数值域；S形激活函数在（-4，4）区间外很平缓，区分度太低。此外在数据预处理时，还可以进行数据增强，对于小数据集有一定提升。

（1）去均值化：将数据的每一维特征都减去平均值。原始数据（original data）图中数据分布为红色圆点，把图像中的每个点减去均值点的坐标或者对应的向量的纬度值，就得到中心化数据（zero-centered data）图，相当于对整体数据进行平移，将均值的中心点移动到原点，让数据分布更加很合理。

（2）归一化：幅度归一化到同样的范围，即减少各维度数据取值范围的差异而带来的干扰。例如，有两个维度的特征A和B，A范围是0到10，而B范围是0到10 000，如果直接使用这两个特征是有问题的，好的做法就是归一化，即A和B的数据都变为0到1的范围。大体归一化就是（数据-数据均值）/标准差，效果就是从中心化数据图到标准化数据（normalized data）图的过程，将数据的范围都变为相同的范围（图9-3）。

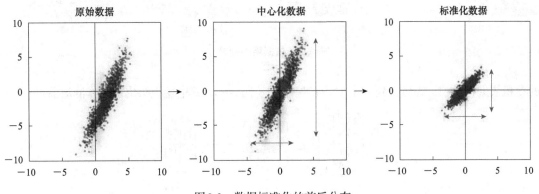

图9-3 数据标准化的前后分布

（3）主成分分析（PCA）/白化：PCA一般用于在降维中去相关，PCA处理过后维度之间是不相关的，从原始数据图到去相关数据（decorrelated data）图之间的差异十分明显。PCA处理过后，每个特征的幅度可能存在不一致，因此要对它进行幅度的缩放，白化就是对数据各个特征轴上的幅度归一化，最后得到标准的分布（图9-4）。

（4）数据增强：即增加训练数据，能够提升算法的准确率，因为这样可以避免过拟合，从而增大网络结构。当训练数据有限的时候，可以通过一些变换来从已有的训练数据集中生成一些新的数据，来扩大训练数据。数据增强的常用方法有：水平翻转、随机裁剪、平移变化、旋转/仿射变换、高斯噪声、模糊处理，以及改变图像亮度、饱和度、对比度等（图9-5）。

2. 卷积层 卷积层进行的处理就是卷积运算，相当于图像处理中的"滤波器运算"。例如，对于一张图片经过输入层后，转为一个矩阵，假设这个矩阵为4×4的图像，使用一个3×3

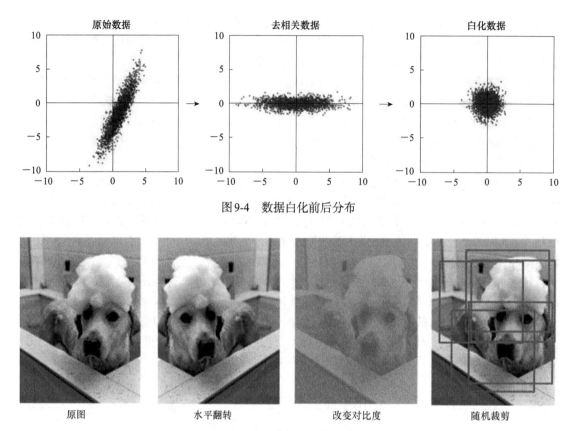

图9-4　数据白化前后分布

原图　　　　　水平翻转　　　　　改变对比度　　　　　随机裁剪

图9-5　数据增强变换

的卷积核进行卷积，即可得到一个2×2的特征图（图9-6），其中卷积核也被叫作滤波器。

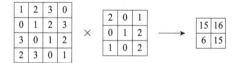

图9-6　卷积操作

　　具体操作是将卷积核在输入的矩阵中进行滑动，每滑动到一个位置，将对应数字相乘求和，有时将这个计算称为乘积累加运算，得到一个特征图矩阵的元素，将其保存到相应位置（图9-7）。

　　CNN中还存在偏置，运算处理流程如图9-8所示。

　　另外，卷积核可能无法恰好滑动到边缘，所以可以卷积前在输入数据的周围填入固定的数据进行填充，比如可以填入0，这也是卷积中常用的处理。填充过后的输出大小也会发生改变，如图9-9。

　　除了填充外，也可以改变卷积核的移动步幅。之前例子中的步幅都是1，将其改变为2，则如图9-10。步幅改变后输出大小也会发生改变。

　　假设输入大小为（H, W），滤波器大小为（FH, FW），输出大小为（OH, OW），填充为P，步幅为S。此时，输出大小可通过如下公式进行计算。

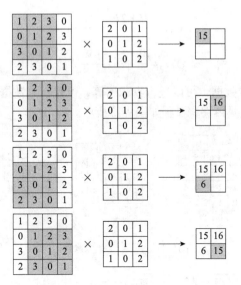

图9-7　卷积计算

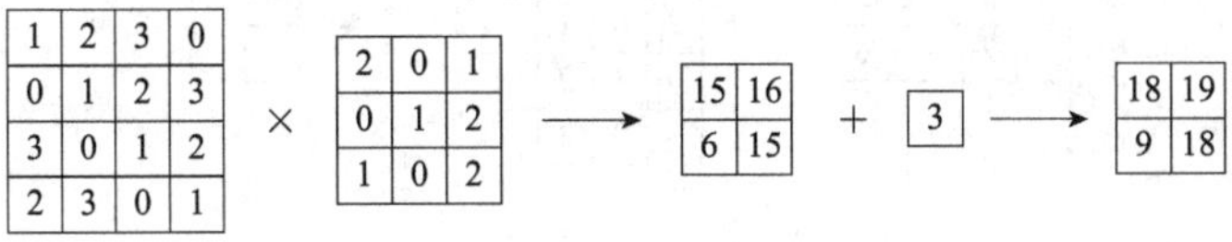

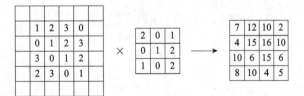

图9-8　偏置运算

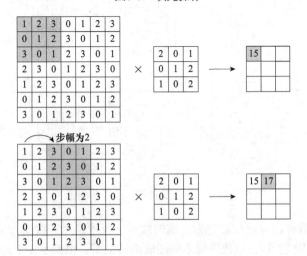

图9-9　填充操作

图9-10　改变步幅卷积核示意图

$$OH = \frac{H + 2P - FH}{S} + 1 \tag{9-1}$$

$$OW = \frac{W + 2P - FW}{S} + 1 \tag{9-2}$$

与二维数据类似，三维数据也可以进行卷积运算，但是三维数据相较于二维数据多出通道这一维度，如图9-11所示。具体卷积过程如图9-12所示。

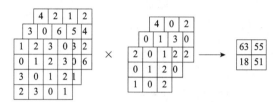

图9-11　三通道卷积操作

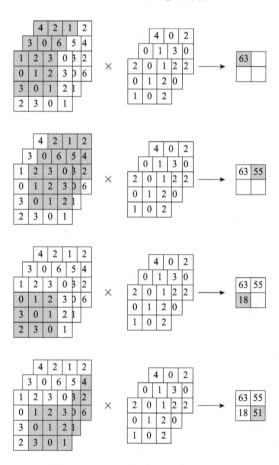

图9-12　三通道具体卷积操作示意图

可以看到，三维数据经过卷积后变为二维的数据，也就是通道数变为了1，如图9-13所示。但是可以通过多个卷积核卷积，以此得到不同的输出特征图，也就是多个通道，如图9-14所示。与二维数据同理，经过滤波器提取特征后，再增加偏置，运算示意图见图9-15。

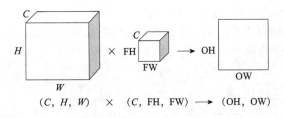

$$(C, H, W) \times (C, \mathrm{FH}, \mathrm{FW}) \longrightarrow (\mathrm{OH}, \mathrm{OW})$$

图 9-13 通道改变示意

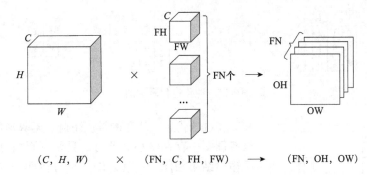

$$(C, H, W) \times (\mathrm{FN}, C, \mathrm{FH}, \mathrm{FW}) \longrightarrow (\mathrm{FN}, \mathrm{OH}, \mathrm{OW})$$

图 9-14 多个卷积输出特征示意图

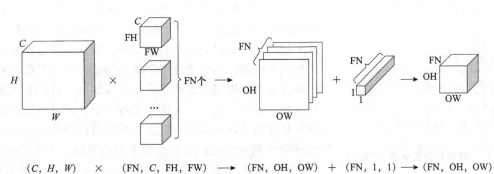

$$(C, H, W) \times (\mathrm{FN}, C, \mathrm{FH}, \mathrm{FW}) \longrightarrow (\mathrm{FN}, \mathrm{OH}, \mathrm{OW}) + (\mathrm{FN}, 1, 1) \longrightarrow (\mathrm{FN}, \mathrm{OH}, \mathrm{OW})$$

图 9-15 偏置运算示意图

在实际操作过程中，常常对数据进行打包的批处理。具体就是将原本的数据增加一维批次数，如图 9-16 所示。

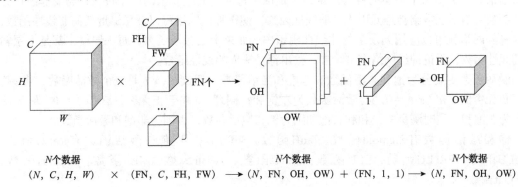

$$\underset{N\text{个数据}}{(N, C, H, W)} \times (\mathrm{FN}, C, \mathrm{FH}, \mathrm{FW}) \longrightarrow \underset{N\text{个数据}}{(N, \mathrm{FN}, \mathrm{OH}, \mathrm{OW})} + (\mathrm{FN}, 1, 1) \longrightarrow \underset{N\text{个数据}}{(N, \mathrm{FN}, \mathrm{OH}, \mathrm{OW})}$$

图 9-16 批次数据处理

3. 池化层 池化层，也被称为汇聚，是一个下采样的过程。主要用来缩小矩阵的尺寸，减小模型的规模，提高运算速度，同时也提高了提取特征的鲁棒性。简单来说，就是减少特征的参数数量，防止过拟合的发生。大体过程如图9-17所示。

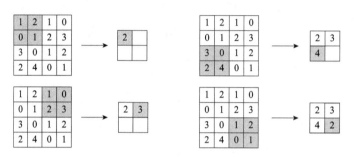

图9-17 池化过程示意图

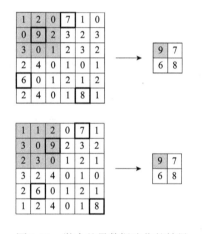

图9-18 微小差异数据池化的结果

经过池化后，特征的维度下降，运算速度提高。另外，当特征图中存在微小偏差时，只要不影响池化的数值，最后输出结果相同，也就是增加了鲁棒性。如下图，将特征偏移一个像素后，输出结果依然相同，如图9-18所示。

上述池化的例子只是池化的一种形式，即最大值池化。常见的还有均值池化、最小值池化、随机池化。均值池化、最大值池化、随机池化各有优缺点。均值池化是对所有特征点求平均值，均值池化可以减小邻域大小受限造成的估计值方差，但更多保留的是图像背景信息。最大值池化是对特征点求最大值，最大值池化能减小卷积层参数误差造成的估计均值误差偏移，能更多地保留纹理信息。随机池化则介于两者之间，通过对像素点按数值大小赋予概率，再按照概率进行亚采样，在平均意义上，与均值采样近似，在局部意义上，则服从最大值采样的准则。随机池化虽然可以保留均值池化的信息，但是随机概率值却是人为添加的，随机概率的设置对结果影响较大，不可估计。

4. 激活层 激活函数也是模拟人的神经系统，运行时激活神经网络中某一部分神经元，将激活信息向后传入下一层的神经网络，也是保留特征并去除冗余的一个过程，需要非线性的激活函数。激活函数给神经元引入了非线性因素，使得神经网络可以任意逼近任何非线性函数，这样神经网络就可以应用到众多的非线性模型中。如果不用激活函数，每一层输出都是上层输入的线性函数，无论神经网络有多少层，输出都是输入的线性组合。

激活函数主要分为饱和激活函数和非饱和激活函数。假设$h(x)$是一个激活函数，当x趋近于负无穷时，$h'(x)=0$，则激活函数为左饱和；同理，x趋于正无穷，$h'(x)=0$，则激活函数为右饱和。同时满足左饱和和右饱和则为饱和激活函数，否则为非饱和激活函数。

饱和激活函数有Sigmoid函数、TanH函数、Softmax；不饱和激活函数有ReLU函数、LReLU函数、PReLU函数、ELU函数、SELU函数、Swish函数、Mish函数、Softplus函数、MaxOut函数等。

Sigmoid函数也叫Logistic函数，如公式（9-3）所示，其函数曲线如图9-19所示，曾被广泛地应用，但由于其自身的一些缺陷，现在很少被使用了。

$$f(x) = \frac{1}{1+e^{-x}} \tag{9-3}$$

TanH 函数又称双曲正切激活函数，它如公式（9-4）所示，其函数曲线如图9-20所示，解决了Sigmoid函数的不是中心化数据（zero-centered）输出问题，然而梯度消失和幂运算的问题仍然存在。

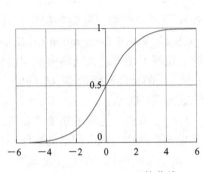

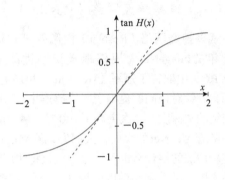

图9-19　Sigmoid 函数曲线　　　　　图9-20　TanH 函数曲线

$$\tan H(x) = \frac{e^x - e^{-x}}{e^x + e^{-x}} = \frac{2}{1+e^{-2x}} - 1 \tag{9-4}$$

5. 全连接层（fully connected layer，FC）　　FC层在整个卷积神经网络中起到"分类器"的作用。如果说卷积层、池化层和激活函数层等操作是将原始数据映射到隐层特征空间的话，全连接层则起到将学到的"分布式特征表示"映射到样本标记空间的作用。

全连接层将卷积结果排成一列向量，与所有输出神经元全连接，每个连接都有一个权重，根据权重求出输出，一般通过一个逻辑函数输出结果，将结果缩放到0到1之间。

CNN中FC层常出现在最后几层，用于对前面设计的特征进行加权。在CNN结构中，经多个卷积层和池化层后，一般连接着1个或1个以上的全连接层。卷积和池化相当于特征工程，全连接则是特征加权。如图9-21所示，28×28 的矩阵经过卷积和池化变为 $20 \times 12 \times 12$ 的三维矩阵，通过FC层变为 1×100 的向量。具体操作可以看作有 20×100 个 12×12 的卷积核对输出的池化层特征进行卷积，对于输入的每一张图，用了一个和图像一样大小的核卷积，这样整幅图就变成了一个数，如果厚度是20，就是那20个核卷积完了之后相加求和，最后也就产生了一个 1×100 的向量。

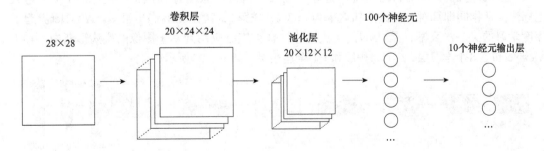

图9-21　矩阵卷积池化全连接过程

FC层在CNN网络中起分类器的作用，将前面学习到的特征映射到样本标记空间中，在一定程度上保留了模型的复杂度。通俗来讲，对应经典的分类问题来说，全连接层将之前提取的特征与要区分的类别进行对应，当某些特征出现时，相应的类别输出值就大，也就是通过这些特征对图像进行了分类。

二、常见深度学习框架

（一）残差神经网络（ResNet）

残差神经网络（ResNet）由微软研究院的何恺明、张祥雨、任少卿、孙剑等提出，并在2015年的ImageNet大规模视觉识别挑战（ImageNet Large Scale Visual Recognition Challenge，ILSVRC）中取得了冠军（He et al.，2016）。ResNet的贡献是发现了深度过大网络中的"退化"问题，并针对该问题提出了"快捷连接"，极大地消除了深度过大的神经网络训练困难问题。神经网络的"深度"首次突破了100层、最大的神经网络甚至超过了1000层。

随着AlexNet的大火，人们发现网络的深度至关重要。理论上来说，随着不断堆叠新的层，即使新增加的层什么也不学习，仅仅将浅层网络的结果恒等输出，这也与浅层网络的性能一样。但是实际上随着网络深度的增加，退化问题却暴露出来了：深度虽然增加，但是精度却到了饱和，而且这种饱和现象不是由于过拟合导致，当网络深度进一步增加，则会导致更高的训练误差。原因是当网络深度增加后，系统不再那么容易被优化，因此ResNet提出了通过构建一个较浅的体系结构，然后在此基础上添加更多层的较深的对应结构。

为了解决退化问题，ResNet提出了残差学习，也就是不通过直接的堆叠层来达到合适的映射，而是明确地让这些层去适应剩余映射。将上一层或者上一个残差块的输出表示为x，也就是浅层网络的输出值。要求解的映射设置为$H(x)$，所求的$H(x)=F(x)+x$。将$H(x)$分解为$F(x)+x$的好处就是，在极端情况下，当网络已经达到最优状态，则令$F(x)=0$，此时$H(x)$输出依然为x。实际操作中，相较于卷积层直接改变更新参数，使用ResNet就只需要更新部分$F(x)$参数即可。简单概括就是，ResNet将原先的学习任务$H(x)$改为了$F(x)$，不再需要学习完整的输出$H(x)$，只需要学习残差也就是$H(x)-x$，如图9-22所示。

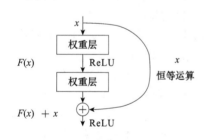

图9-22　残差神经网络示意图

（二）AlexNet

AlexNet是2012年LSVRC比赛的冠军，top-5（指对一张图像预测5个类别，有一个与人工标注类别相同即算对）测试集错误率为15.3%，较第二名的26.2%高出很多。AlexNet掀起了深度学习的又一次高潮，是CNN的大火之作，也被广泛应用到基于图像的疾病诊断中 [10]。AlexNet包含8个学习层，5个卷积层和3个全连接层，如图9-23所示。

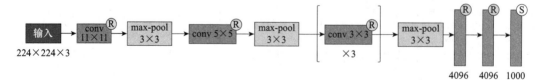

图9-23　AlexNet架构图

conv：卷积层；max-pool：最大值池化；R：ReLU函数；S：Softmax函数

第一层卷积层（conv），输入224×224×3的图像，使用96个大小为11×11×3的卷积核，步幅为4。卷积层后用ReLU激活函数，生成激活图。激活图采用局部响应归一化（LRN）处理。激活图再使用3×3的池化单元，步幅为2进行最大值池化。

局部响应归一化是AlexNet中首次引入的归一化方法，其灵感来自神经生物学中的侧抑制，指生物中被激活的神经元会抑制周围的神经元的现象。LRN也是对局部的值进行归一化操作，使其中比较大的值变得相对更大，增强了局部的对比度，在AlexNet中有1.2个百分比左右的提升。虽然目前对LRN存在争议，有观点认为其并没有实际作用。公式如下：

$$b_{x,\ y}^i = \alpha_{x,\ y}^i / \left\{ k + \alpha \sum_{j=\max\left(0,\ i-\frac{n}{2}\right)}^{\min\left(n-1,\ i+\frac{n}{2}\right)} \left(\alpha_{x,\ y}^j\right)^2 \right\}^{\beta} \tag{9-5}$$

式中，i表示第i个通道；x, y表示位置坐标；k表示防止除以0的现象；α和β表示常数；n表示邻域的范围，边界情况用0补齐。

LRN根据归一化的方向分为Inter-Channel LRN和Intra-Channel LRN，AlexNet使用的是Inter-Channel LRN。Inter-Channel LRN具体计算过程，假设参数设置为$(k, \alpha, \beta, n) = (0, 1, 1, 2)$，$n=2$表示进行归一化的时候只考虑在通道维度上，也就是计算(i, x, y)的归一化值时，只要考虑$(i-1, x, y)$、(i, x, y)、$(i+1, x, y)$三个点的值即可，超过边界认为该值为0。Intra-Channel LRN计算与之类似，只是邻域判断不同。

第二层卷积层（conv），每张显卡（GPU）使用128个5×5×48卷积核，步幅为1，增加了2个像素值的边缘扩充，同样使用ReLU激活函数、LRN，以及相同大小的池化单元和步幅。输出的特征图大小为256×13×13。

第三、四、五层均为卷积层（conv），但是中间没有池化和LRN。第三层使用384个3×3×256大小的卷积核，边缘扩充1像素；第四层使用384个3×3×256大小的卷积核，边缘扩充1像素；第五层使用256个3×3×192大小的卷积核，边缘扩充1像素，使用最大值池化（max-pool），池化单元大小3×3，步幅为2。最后输出特征图大小为6×6×256。

后三层为全连接层，输出维度分别为4096、4096、1000。最后输出Softmax函数为1000是因为ILSVRC比赛分类个数是1000。全连接层使用ReLU函数和Dropout。Dropout是为了防止过拟合的产生，使部分神经元随机失活，如AlexNet失活的概率为0.5。由于部分神经元的随机失活，使得权值更新时不依赖某些固有的关系，避免某些特征仅仅在其他特定特征下才有效果的情况。

此外AlexNet还使用了图像增强，一是在256×256的图像上随机取224×224的部分图像，还有镜像翻转；二是对RGB像素值进行PCA。

AlexNet的亮点有激活函数选择ReLU函数，较Sigmoid函数或TanH函数好很多；还有就是采用双GPU训练；另外还有LRN的使用，虽然目前仍有争议；最后是池化采用了重叠池化。

案例分析：构建卷积神经网络进行图片分类预测

下文以Fashion-MNIST数据集为例，构建卷积神经网络来进行图片的分类预测，模型采用两层二维卷积核函数，再通过两层全连接层进行分类，代码如下：

```python
import torch
import torch.nn as nn
import torch.optim as optim
import torch.nn.functional as F
import torchvision as vision
import torchvision.transforms as transforms
import tensorboard
from torch.utils.data import DataLoader
from torch.utils.tensorboard import SummaryWriter
from IPython.display import display,clear_output
import pandas as pd
import json
from itertools import product
from collections import namedtuple
from collections import OrderedDict
from tensorboard import notebook

class Network(nn.Module):
  def __init__(self):
    super().__init__()
    self.conv1=nn.Conv2d(in_channels=1,out_channels=6,kernel_size=5)
    self.conv2=nn.Conv2d(in_channels=6,out_channels=12,kernel_size=5)
    self.fc1=nn.Linear(in_features=12 * 4 * 4,out_features=120)
    self.fc2=nn.Linear(in_features=120,out_features=60)
    self.out=nn.Linear(in_features=60,out_features=10)

  def forward(self,t):
    t=F.relu(self.conv1(t))
    t=F.max_pool2d(t,kernel_size=2,stride=2)
    t=F.relu(self.conv2(t))
    t=F.max_pool2d(t,kernel_size=2,stride=2)
    t=t.flatten(start_dim=1)
    t=F.relu(self.fc1(t))
    t=F.relu(self.fc2(t))
    t=self.out(t)
        return t
```

本 章 小 结

影像组学的充分利用可更直观地实现对疾病的诊断。通过机器学习和生物信息学的方法可以实现对图像特征的提取，将提取到的特征与疾病相关的特征进行融合，纳入到机器学习模型中，从而对疾病进行准确的诊断。本章主要介绍了影像组学的定义、图像的特征提取和深度学习框架，以及应用影像组学如何进行迁移学习从而构建适合于应用场景的深度学习模型。

在第二节中介绍了深度学习特征提取的计算过程以及常见的深度学习框架模型。常见的对于疾病诊断的深度学习模型大多基于迁移学习，将大量的图像预训练模型迁移到疾病诊断分类的场景中，通过训练与调参，可以得到较为理想的深度学习模型。例如，ResNet-50已经在 ImageNet 数据库的一个子集上进行了训练，并在 2015 年赢得了 ImageNet 大规模视觉识别挑战（ILSVRC）比赛。ResNet-50 也大量应用于疾病诊断模型中，通过卷积神经网络进行特征提取，再经过全连接层以及激活函数得到分类概率。另外，ResNet 其他深度的网络（ResNet-18、ResNet-34 等）以及 VGG16 等经典的深度学习模型也同理可以根据具体问题进行迁移学习。

（本章由隽立然编写）

第十章　基因编辑系统的识别与功能分析

第一节　基因编辑系统概述

基因编辑（gene editing）技术指对基因组中的特定DNA序列（亦称靶DNA）进行插入、移除或替换等靶向性修改的技术，该技术被形象地称为"分子剪刀"。基因编辑技术在本质上是利用同源重组和非同源末端，联合特异性DNA的靶向识别及核酸内切酶完成DNA序列的改变。从20世纪80年代建立的基因打靶技术；到改进的嵌合核酸酶技术，包括锌指核酸酶（ZFN）技术和转录激活样效应因子核酸酶（TALEN）技术等；再到最新的RNA或DNA指导的核酸酶技术，包括CRISPR-Cas技术和ssDNA-Ago技术等，取得了快速发展，为生命科学研究和临床应用提供了便捷有效的遗传操作工具。

基因编辑技术在认识生命现象的基础研究、农业及医学等多个领域均具有巨大的价值和广阔的应用前景。近年来，基因编辑技术飞速发展，尤其是最新一代基因编辑技术CRISPR-Cas的出现，使得对基因组的精确改变和修饰越来越简单易行，带来了对复杂基因组和细胞进程进行操纵和研究范式的转变，成为21世纪生物技术革命的焦点。自2013年《科学》杂志将CRISPR技术选为年度突破开始，这一新技术就给基因组编辑世界带来了一场风暴。然而，在将其真正用于疾病治疗等应用前，还有很多问题需要解决。这些问题的存在为基因编辑机制和应用的研究提供了新的前沿研究方向，其深入研究不仅可以推动生命科学研究的发展，还可为开创新的高科技产业奠定基础。我国在基因编辑技术研究领域已经获得了一批创新性研究成果，发文数量居全球第二位，专利申请数量居世界首位。鉴于这一技术的重要应用前景，基因编辑的研发和应用已经成为各国政府、科技界和企业界高度关注和大力投入的重要研究领域，成为代表国家科技实力、驱动重大理论突破和应用创新的战略必争领域。

第二节　基因编辑技术的发展历程

一、基因编辑思想的建立

20世纪70年代，科学家们发现了可特异识别噬菌体双链DNA并发挥剪切作用的限制性内切酶及其在分子遗传学上的巨大应用潜力（1978年诺贝尔生理学或医学奖）。限制性内切酶的发现及应用为DNA研究提供了重要工具，它们被称为"DNA操作的手术刀"。在此项工作的基础上，科学家们进一步在体外实现了两个不同来源DNA的人工重组（1980年诺贝尔化学奖），并通过将重组DNA转入大肠杆菌而开启了基因工程的大门。重组DNA和基因工程的成功，使人类可以实现用技术手段对DNA进行主动操作，这奠定了今天基因编辑的思想基础。

基因编辑技术经过了逐步的发展，如图10-1所示。首先是基因打靶（gene targeting）技术，基因打靶技术是20世纪80年代发展起来的一种利用同源重组方法改变生物体某一内源基因的遗传学新技术。三位科学家因在小鼠胚胎干细胞中通过基因打靶技术进行小鼠特定基因修饰方面的一系列突破性发现分享了2007年诺贝尔生理学或医学奖。虽然基因打靶技术在生命科学多

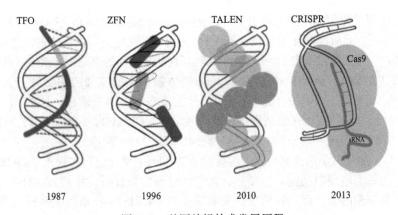

图 10-1　基因编辑技术发展历程

TFO：三链形成寡核苷酸；ZFN：锌指核酸酶；TALEN：转录激活样效应因子核酸酶

个领域中得到广泛应用并取得了巨大成功，但由于在正常情况下哺乳动物细胞和模式动物体内的同源重组发生率极低，因此基因打靶技术成功率不高，应用受到了极大的限制。后来发现，DNA 双链断裂（double-strand break，DSB）可使同源重组效率大大提高，于是研究人员开始寻找增加细胞内 DSB 发生的策略，他们的眼光又落回到限制性内切酶上。

二、嵌合核酸酶技术——ZFN 技术和 TALEN 技术

（一）锌指核酸酶（ZFN）技术

20 世纪 90 年代，基于细胞内不同锌指蛋白可特异性识别 DNA 上 3 联碱基的特征以及核酸酶 Fok I 二聚化后可以切割 DNA 的特点，美国科学家通过锌指蛋白偶联 Fok I 的策略制造出第一个嵌合型核酸内切酶——锌指核酸酶（zinc finger nuclease，ZFN），并逐渐发展出了锌指蛋白核酸酶技术。ZFN 技术是将多个锌指蛋白串联起来形成一个锌指蛋白组，识别一段特异的碱基序列，具有较强的特异性，不易脱靶。而且，ZFN 技术是蛋白质指导的剪切，效率比较高。2001 年，ZFN 技术首次在果蝇体内尝试成功，迅速成为基因编辑领域的新热点。

（二）转录激活样效应因子核酸酶（TALEN）技术

基于改造后的植物病原菌中黄单胞菌属的转录激活样效应蛋白（TALE）可以特异性识别 DNA 中的一个碱基的特性，人们又发展出了新的基因组编辑技术——转录激活样效应因子核酸酶（transcription activator-like effector nuclease，TALEN）技术。此技术理论上可以实现对任意基因序列的编辑，又具有比 ZFN 更容易设计的优点，迅速应用于基因编辑领域。2012 年 12 月 TALEN 技术被《科学》杂志评为 2012 年度十大科学进展之一，并将 TALEN 称为基因组的"巡航导弹"。

三、由 RNA 介导的核酸编辑系统——CRISPR-Cas 基因编辑家族

就在大家对 TALEN 技术的前景充满期许时，另一高效基因编辑技术横空出世，瞬间改变了该领域的发展走向，它就是 CRISPR-Cas 技术。CRISPR 系统介导的免疫机制分为 3 个阶段：获得、表达、干扰。在获得阶段，来源于病毒或质粒的小段 DNA 整合到细菌的 CRISPR 阵列中，产生一个新的间隔序列-重复序列单元。在一些系统中，外源 DNA 的间隔序列前体（protospacer）侧翼

有一段保守短序列，即间隔序列前体旁基序（protospacer adjacent motif, PAM），是获取DNA片段所需的识别序列。此阶段的作用机制在不同的CRISPR系统中是高度保守的，主要作用蛋白为Cas1和Cas2蛋白。第二阶段是表达，即CRISPR阵列在前导序列的驱动下转录出一条前体CRISPR RNA（pre-CRISPR RNA, pre-crRNA），随后pre-crRNA被特定的核酸内切酶加工成短的CRISPR RNA（crRNA），每段包含不同的间隔序列和部分重复序列。第三阶段，这些crRNA与入侵的DNA或RNA配对，指引特定的Cas酶降解外源核酸。根据CRISPR的进化、序列、基因座结构和组成的不同，CRISPR系统可以分成2个大类、6种类型和23种子类型。

2012年8月，加州大学伯克利分校的道德纳（Doudna）研究组首次揭示了CRISPR-Cas这一天然免疫系统的基因组编辑功能。半年后，博德研究所的张锋研究小组首次证实了CRISPR技术能够编辑人类细胞的基因组，这两项研究成果开启了CRISPR技术在生命科学领域的广泛应用和研究热潮。

四、由DNA介导的DNA编辑技术——ssDNA-Ago

Ago蛋白质是一类庞大的蛋白质家族，是组成RNA诱导沉默复合物（RISC）的主要成员。它的PIWI区具有切割mRNA的催化中心。2014年，荷兰瓦赫宁根大学暨研究中心的研究人员发现古菌中嗜热栖热菌的Ago蛋白（TtAgo）还具有DNA核酸内切酶活性。但和Cas9依赖于RNA的引导不同，TtAgo剪切靶DNA时由单链DNA（single-stranded DNA, ssDNA）（Chen et al., 2022）进行引导，是一种由DNA介导的核酸酶（DNA-guided nuclease, DGN）。该研究提示ssDNA-Ago系统可以作为一种由DNA介导的DNA编辑技术应用于基因编辑，然而该技术的应用前景尚待进一步研究。

近年来基因组编辑领域连续取得突破性进展，基因编辑的工具越来越多，且性能越来越好，已广泛应用于生物医学各个领域，其中以ZFN、TALEN和CRISPR-Cas系统的应用最为广泛。这三类基因编辑技术从原理上都是借助于核酸酶来实现DNA双链断裂（DSB），从而实现DNA的靶向修饰，但其对靶DNA序列的特异性识别机制不同。ZFN和TALEN系统利用天然核酸内切酶或人工嵌合核酸酶，通过蛋白质-DNA互作来识别靶DNA，而CRISPR-Cas系统则是利用指导RNA（guide RNA, gRNA）加核酸内切酶的双组分，突破性地利用精确碱基配对RNA-DNA取代蛋白质-DNA识别。鉴于RNA和蛋白质的不同生物学特征，将更多发挥中介和调节等多重生物学作用的RNA作为引导分子，可能比蛋白质在基因编辑方面更具有优势。但这三类技术均存在一个重大缺陷，就是需要原核核酸内切酶，意味着应用于临床存在诱发机体免疫应答的潜在危险。

ZFN技术是最早被广泛使用的基因组定点修饰技术，各大平台均比较完善，有很多可以直接使用的资源。然而其存在需要由锌指蛋白模块来识别三联碱基对，且锌指蛋白数量有限，导致可以识别的DNA序列有限；针对DNA特异性序列的锌指结构域的组合与设计需要大量时间及成本进行优化和筛选；高度依赖于目标序列及其上下游序列；细胞毒性大等诸多限制性因素。TALEN技术在理论上可以实现对任意基因序列的编辑，无基因序列、细胞、物种的限制；识别区更长、特异性高、脱靶效应低；具有ZFN相等或更好的活性，但比ZFN更容易设计、实验周期短、成本低。TALEN技术是目前商业化最成功的技术，很多商业公司可以提供组装好的三联密码子TALEN模块，甚至四联密码子TALEN模块，这样就大大缩短了构建TALEN元件的实验周期。

第三代基因编辑技术CRISPR-Cas与ZFN和TALEN这些既往的基因编辑技术相比，具有设计简单、构建相对容易，操作周期短等优点。CRISPR-Cas技术突破性的进展在于利用RNA-DNA代替蛋白质-DNA的靶序列识别机制，摆脱了合成并组装具有特异性DNA识别能力蛋白质模块的繁琐操作，对 gRNA 的设计和合成灵活简易，且毒性远远低于 ZFN 技术；可同时进行多靶点操作，适合于高通量实验；克服甲基化敏感的问题，实验效率不低于 ZFN 及 TALEN；无须重复构建融合蛋白，实验周期短，成本低。但其也有上下文依赖性，识别的靶序列范围在一定程度上受到 PAM 序列的限制；具有较高的脱靶率。此外，CRISPR-Cpf1 作为第二代的 CRISPR-Cas 基因编辑系统，和 CRISPR-Cas9 系统相比在结构上更为简单，更容易进入组织和细胞；剪切 DNA 分子的双链后形成黏性末端，预计更便于新 DNA 序列的精确插入；可以将 CRISPR 阵列切割成多个引导 RNA，更容易实现多位点编辑；特异性更高，脱靶率更低；通过识别不同的 PAM，扩充了基因组编辑的范围。作为基因编辑的新工具，它进一步扩大了基因编辑靶位点的选择范围，同时几乎没有脱靶效应，已广泛引起人们的关注。

第三节　基因编辑工具

自从 2012 年 CRISPR 热潮开始以来，科学家们就不断地尝试对这种强大的基因编辑工具进行改进，以提高基因编辑的特异性和效率，降低脱靶效应，进一步扩大基因编辑的适用范围。

一、基因编辑工具的主要技术指标

（一）基因编辑工具的效率和准确率

2016 年，两个研究团队通过构建 Cas9 的突变体，分别筛选得到特异性增强版的 Cas9 蛋白，命名为 eSpCas9 和保真度增强版的 Cas9 蛋白，命名为 SpCas9-HF1。eSpCas9 是通过用一些中性氨基酸来替代正电荷的氨基酸，来减少 Cas9 与"脱靶"序列的结合，而 SpCas9-HF1 是通过降低 Cas9 酶与靶 DNA 分子骨架之间的相互作用来消除脱靶效应。同年，来自加拿大西安大略大学的研究人员，通过向 Cas9 上添加一种工程酶（称为 I-Tev1）制备了 TevCas9，用来切割靶 DNA 的两个部位，从而增加了系统的特异性而且降低了脱靶的可能性（Liu et al., 2022）。2017 年 7 月，博德研究所提出利用测序来辅助基因编辑技术的方法，利用全基因组测序来获得患者的遗传变异信息，然后结合此信息来选择最为高效的指导 RNA（gRNA），让其因靶位点发生基因变异而使脱靶的可能性最小化，以便削弱人体遗传变异对 CRISPR-Cas9 基因编辑精度的影响。9 月份，瑞典乌普萨拉大学的研究人员通过对 Cas9 搜索靶 DNA 的动力学进行研究，发现 PAM 序列决定着 Cas9 打开 DNA 双螺旋的位置和频率，从而为改进 Cas9，加速其对靶序列的搜索和剪切效率，从而降低副作用，提供了可能的解决方案。来自加州大学伯克利分校等机构的研究人员鉴定出 Cas9 的 REC3 结构域决定着 CRISPR-Cas9 对靶 DNA 序列的编辑精度，通过对此结构域进行微调可产生超精准的基因编辑器，并大幅降低 CRISPR-Cas9 的脱靶效应。中国科学院的研究团队成功地在小麦中建立了全程无外源 DNA 的基因组编辑体系 CRISPR-Cas9 核糖核蛋白复合体（RNP），可以明显降低脱靶效应。

在基因编辑的过程中，Cas9 酶负责在整个浩瀚的基因组中搜索并锁定待编辑的目标 DNA 片段（可谓超过亿里挑一的难度），称为基因靶向定位。但有时靶向定位可能不够精准，或会在基因组非目标位置错误修改 DNA，造成脱靶编辑。*Nature Methods* 上的一篇文章就指出了 CRISPR-Cas9 编辑会令小鼠产生上千个非目标基因突变，因此 CRISPR-Cas9 基因编辑技术还需要不断的改造与完善。目前，提高特异性多是通过改变 Cas9 核酸酶的活性与敏感性来实现的，如 Cas9 切口酶（nickase）只对双链 DNA 进行单链缺口切割，从而增强基因修饰的特异性。另外对 Cas9 基因本身活性位点进行特定修饰与筛选，从而获得比野生型Cas9具有更强特异性与敏感性的新型Cas9核酸酶。现在CRISPR基因编辑技术中常用的Cas9酶有两种版本：SpyCas9（来自化脓性链球菌的Cas9核酸酶）和SaCas9（来自金黄色葡萄球菌的Cas9核酸酶），两种工具都会出现一定程度上的脱靶效应，研究人员已设计出SpyCas9变体（xCas9）和SaCas9变体（SaCas9-HF），来提高其靶向精准度。

（二）基因编辑工具的广谱性

Cas9能够切割双链DNA，从而可以实现在特定位置破坏靶基因。同样地，Cas9切割双链DNA后也可以通过同源重组和非同源末端连接的DNA修复方式实现序列的突变和插入，但由于同源定向修复（HDR）的编辑效率低，CRISPR-Cas9技术精确修复碱基突变的效率也非常低，只有1%左右，很难在诸多的遗传疾病治疗中推广。因此，CRISPR-Cas9技术常被用于实现特定基因的失活突变与删除，而在致病基因的精准修复方面却很少被采用。因此，研究人员们尝试通过用失活的Cas9或Cas9切口酶绑定另外一种酶来实现特定DNA序列的改变，在这个系统中失活的Cas9仍然能在RNA引导下定位到特定的DNA序列，而基因编辑则由绑定的另一种酶来实现。比如，通过融合Cas9和脱氨酶衍生出单碱基编辑技术可以在不切断DNA双链的情况下实现单核苷酸的定向突变；通过将Cas9酶和逆转录酶结合起来使用，直接支持靶向点突变、精准插入、精准删除及其各种组合。这些由Cas9融合蛋白所衍生的新型基因编辑技术由于引入了其他的酶来进行基因编辑，从而也引入了其他风险和问题。2019年，单碱基编辑工具的安全性受到了质疑，中国科学院杨辉研究组等报道了胞嘧啶单碱基编辑器存在严重的DNA脱靶和RNA脱靶，且证明了RNA脱靶主要是由于融合在Cas9上的脱氨酶导致。研究人员们通过对脱氨酶进行突变优化，采取融合Rad51蛋白的单链DNA结合结构域等方式来提高碱基编辑器的编辑活性和降低脱靶率。同时，这些基于Cas9融合蛋白的基因编辑工具仍受限于Cas9的PAM序列要求，限制了可靶向的序列数量。根据NCBI ClinVar数据库，科莫尔（Komor）等预计仅有一小部分临床相关的变异位于NGG-PAM附近，可利用基于Cas9融合蛋白的编辑器来编辑，更多的变异需要开发其他碱基编辑技术来靶定。2015年6月，*Nature*杂志介绍了CRISPR-Cpf1（最新命名为Cas12a）系统，与Cas9具有不同的PAM序列要求，扩展了基因编辑范围。2016年4月，哈尔滨工业大学通过结构生物学和生化研究手段揭示了CRISPR-Cpf1识别crRNA以及Cpf1剪切pre-crRNA成熟的分子机制，麻省理工学院张锋教授根据该Cpf1结构成功改造出识别其他PAM序列的新型CRISPR-Cpf1基因编辑工具。

二、基因编辑工具的应用

（一）CRISPR-Cas系统的应用研究进展

2012年8月，首次揭示了CRISPR-Cas这一来源于细菌的适应性免疫系统具备基因组编辑的能力（Andrade et al.，2012）。CRISPR技术首次被应用到人类细胞的基因组编辑（Smith et al.，1970），这两项研究成果使CRISPR技术得到了广泛的关注，并开启了CRISPR技术在生命科学领域的研究热潮。CRISPR-Cas9技术具有操作简便、效率高、特异性强、应用广泛等优势，被称为第三代基因编辑技术。目前，该基因编辑技术已成功应用于酵母、果蝇、线虫、斑马鱼、小鼠、大鼠、猪、猴，以及各种哺乳类动物和人的细胞系等基因的修饰。然而科学家们发现CRISPR-Cas9技术存在着缺陷，具有较高的脱靶率，还需要不断的改造与完善。

2015年6月，*Nature*杂志介绍了一类新型的CRISPR-Cas系统——CRISPR-Cpf1系统。2016年4月，哈尔滨工业大学通过结构生物学和生化研究手段揭示了CRISPR-Cpf1识别CRISPR RNA（crRNA）以及Cpf1剪切pre-crRNA成熟的分子机制（Dong et al.，2016）。2017年5月，中国科学院上海生命科学研究院鉴定了Cpf1蛋白的精确切割位点，并基于该切割特性开发了一种大DNA片段体外无缝编辑的新工具。6月，哥本哈根大学从结构上揭示了CRISPR-Cpf1的分子剪刀让DNA解链并进行切割的分子机制（Stella et al.，2017）。8月，通过突变AsCpf1和LbCpf1的方法进一步扩展了CRISPR-Cpf1的PAM选择范围。同月，斯克里普斯研究所对CRISPR-Cpf1基因编辑系统的作用效率和多位点编辑能力进行了优化。此外，2016年，中国科学院生物物理研究所与美国斯隆凯特琳研究所课题组合作解析了一类V-B亚型的CRISPR系统CRISPR-C2c1的C2c1-sgRNA-DNA三元复合物的结构，揭示了C2c1不同于Cas9和Cpf1的靶DNA识别和切割方式。该研究也首次明确了C2c1对双链DNA的切割会产生7nt的黏性末端，这是目前所有用于基因组编辑的CRISPR-Cas系统所能产生的最长黏性末端，这种特性将有助于提高切割后的连接效率。2017年4月，哈尔滨工业大学黄志伟课题组进一步揭示了C2c1结合sgRNA严谨型识别PAM序列的分子机制，为C2c1系统的改造和优化提供了结构基础。CRISPR-Cas系统除了在基因编辑领域得到广泛应用外，在2016年，科学家们以靶向RNA的CRISPR-Cas13为核心，开发出了可以用于核酸检测的试纸。研究表明，该试纸可以成功检测癌症患者血液样品中的游离肿瘤DNA，同时可以检测寨卡病毒和登革热病毒。

目前对于具有明确突变位点的遗传性疾病，最直接的治疗方法便是在DNA水平修复突变位点，从而在源头上解决问题。目前已经开展的CRISPR-Cas9基因编辑的临床试验多集中在血液系统疾病、癌症以及获得性免疫缺陷综合征。在眼科领域，以CRISPR-Cas9为基础构造的EDIT-101体内基因编辑系统，通过眼内注射的方式将其传递至视网膜下，从而治疗先天性黑蒙症10型（LCA10）。该项目已经进入临床试验阶段（NCT03872479），并且正在研发运用EDIT-102治疗厄舍（Usher）综合征视网膜色素变性（RP）以及常染色体显性RP4。目前在体内主要通过CRISPR-Cas的非同源末端连接修复方式抑制某个基因的表达，从而逆转疾病表型，延缓疾病进展。但是在体内抑制一个正常基因的表达，可能会带来未知的风险。这便需在有同源修复模板的情况下进行更加精准的定向修复。

（二）Anti-CRISPR蛋白的应用研究进展

随着CRISPR技术在基础研究和临床上有了越来越多的应用，控制好这种技术也变得越来越紧迫。早在2012年的*Nature*杂志上，多伦多大学的科研人员第一次证实一些基因能够对CRISPR-Cas系统起抑制作用（Swarts et al.，2014）。研究人员指出，噬菌体编码的这些Anti-CRISPR有可能代表了噬菌体战胜非常普遍的CRISPR-Cas系统的一种广泛机制。在2017年，发表在*Cell*杂志上的两篇文章陆续发现了7个能够抑制Cas9酶的天然蛋白质家族，而且更重要的是，这些Anti-CRISPR蛋白能够被作为人类细胞基因编辑的有效抑制剂（Gao et al.，2017）。对Anti-CRISPR蛋白抑制机制的研究，有助于揭开细菌免疫系统与噬菌体防御系统"军备竞赛"共进化的神秘"面纱"，同时为设计控制、抑制基因编辑系统活性的工具提供理论基础。

基因编辑技术CRISPR-Cas9的迅速崛起引发了生物医学研究的革命。然而，这一被誉为"改写生命神笔"的突破技术仍有需要完善的地方。使用计算生物学方法面向CRISPR开发的分析工具CRISPRminer（Zhang et al.，2018）与CRISPRimmunity（Zhou et al.，2023）有助于完善基因编辑技术，其中CRISPRimmunity是目前最全面的CRISPR一站式综合分析服务平台，可全面注释CRISPR-Cas系统与Anit-CRISPR系统共进化过程中关键分子事件，从头识别新型Ⅱ类CRISPR-Cas基因座，预测细菌与可移动元件（噬菌体、质粒）之间的相互作用，更加综合地从进化视角理解CRISPR-Cas系统和Anti-CRISPR系统。减少在使用CRISPR-Cas9的过程中使基因组产生未预估到的变化，导致脱靶突变。有助于提高CRISPR-Cas9技术在治疗应用中的安全性和有效性。

三、基因编辑系统的识别

（一）CRISPR元件和Cas蛋白的识别和系统分类

2002年，荷兰乌得勒支大学的扬森（Jansen）实验室首次提出了CRISPR和Cas蛋白的概念，并通过生物信息学分析，发现Cas蛋白只存在于包含CRISPR的细菌或古细菌基因组中，基因位于CRISPR位点邻近的4个Cas基因（*Cas1*、*Cas2*、*Cas3*和*Cas4*）。2005年，美国国立基因组研究所的研究人员以已知的CRISPR和Cas基因作为种子利用迭代搜索算法在其周围筛选新的Cas蛋白，通过对200多个原核基因组进行分析，共发现了41个新Cas蛋白家族并将这些CRISPR-Cas系统分成了8个亚型。2011年，尤金（Eugene）课题组又对已发现的Cas基因进行了重新命名，并考虑到CRISPR-Cas系统组成的复杂性和其进化关系将这些系统重新分为Ⅰ型、Ⅱ型、Ⅲ型3个类型，这也是如今普遍接受的3种CRISPR-Cas系统类型。

2015年，Eugene课题组进一步利用代表93个已知的CRISPR-Cas系统相关蛋白质家族的394个打分矩阵PSSM在2751个完整的细菌和古细菌基因组上进行Cas蛋白的搜索，并通过分析信号蛋白和Cas蛋白基因座的组成结构特征，在保留了先前分类的整体结构基础上进一步扩展到2个大类、6种类型和19个亚类型。在所有CRISPR-Cas亚类型中，CRISPR-Cas9是研究最为充分的，并在2012年开始被应用在基因编辑领域。在2015年9月，张锋研究组报道了一种不同于Cas9的新型2类CRISPR效应蛋白Cpf1（Cas12a），鉴于其具备较低的脱靶率，CRIPSR-Cpf1系统也在基因编辑领域得到较为广泛的应用。同年，Eugene课题组采用生物信息学方法来搜索NCBI基因组数据库并鉴别了其他3种CRISPR-Cas系统效应蛋白，包括C2c1（Cas12b）、C2c2（Cas13a）和C2c3。伴随着在原核生物基因组数据库中对CRISPR-Cas系统成分进行的大量生物信息学分析工作，Cas13b、Cas13d、Cas12c、Cas12g、Cas12h和Cas12i等新亚型CRISPR-Cas效应蛋白得到了鉴定。此外，来自美国加州大学伯克利分校的研究人员，分析了上万个来自于地下水、土壤、婴儿肠道和其他各种环境中发现的微生物群落的基因组，结果发现了两种新型CRISPR-Cas系统，CRISPR-CasX和CRISPR-CasY，并证实了其活性。新的亚类型效应蛋白不断得到鉴定，2020年7月，来自加州大学伯克利分校的珍妮弗·道德纳（Jennifer Doudna）在巨型噬菌体中发现了更为小巧的CRISPR-CasΦ（Cas12j）系统，其分子量仅为Cas9基因组编辑酶的一半。纵观CRISPR-Cas系统发现的整个历程，相信目前对CRISPR-Cas系统的功能多样性研究远未完善，这些功能多样性将有助于发现更多有效的Cas蛋白来扩大和增强CRISPR基因编辑工具的应用范围和能力。

（二）Anti-CRISPR蛋白的识别和分类

2013年，多伦多大学的研究组首次在感染铜绿假单胞菌的溶原性噬菌体中发现了5个抑制Ⅰ-F型CRISPR-Cas系统的Anti-CRISPR蛋白（AcrF1～AcrF5）。随后，该研究组又在某些相同噬菌体的Ⅰ-F型Anti-CRISPR蛋白旁边找到了抑制铜绿假单胞菌Ⅰ-E型系统的4个Anti-

CRISPR蛋白（AcrE1～AcrE4）。2016年，在对已经发现的9个不同Anti-CRISPR蛋白质家族进行分析时，发现这些基因没有共同的序列模式，但是在它们的下游有一个保守的具有螺旋-转角-螺旋（helix-turn-helix，HTH）结构域的基因（命名为Anti-CIRSPR相关蛋白Aca1），并依据这个特点设计了生物信息学方法来自动预测更多的Anti-CRISPR蛋白，鉴定出了AcrF6和AcrF7，并发现了新的Anti-CRISPR相关蛋白Aca2，进而鉴定出3个新的Ⅰ-F型抑制蛋白AcrF8～AcrF10。后续的研究也基于这种思想以Aca1和Aca2为搜索种子，在编码Ⅱ-C型系统的细菌基因组中鉴定了3种新的Anti-CRISPR蛋白（AcrⅡC1～AcrⅡC3）。2017年，研究人员基于自我靶向（self-targeting）的思想，对41个编码Ⅱ-A型CRISPR-Cas9系统的单核细胞增生李斯特菌基因组进行分析，通过对检测到和未检测到self-targeting事件的2个细菌基因组进行比较分析，找到差异的基因位点和进一步的同源搜索分析，鉴定出了4种新的Ⅱ-A型Anti-CRISPR蛋白（AcrⅡA1～AcrⅡA4）。随后，靶向Ⅲ、Ⅴ和Ⅵ型的Anti-CRISPR蛋白也得到了鉴定，包括AcrⅢB1、AcrⅤA1、AcrⅤA2、AcrⅤA3、AcrⅤA4、AcrⅤA5和AcrⅥA1等。目前为止，已经检测出了22种Anti-CRISPR蛋白，然而根据现有的研究表明，这些Anti-CRISPR蛋白缺少序列和结构的同源性，倾向于是独立进化的，因此很可能还存在很多未被发现的Anti-CRISPR蛋白，鉴于Anti-CRISPR蛋白具有重大生物学研究意义，这些未被发现的蛋白有必要进一步地鉴定和验证。在这22种Anti-CRISPR蛋白当中，共有6种Anti-CRISPR蛋白及其拮抗的CRISPR-Cas系统的复合物结构得到解析，包括AcrF1、AcrF2、AcrF10及其靶向的Ⅰ-F型CRISPR-Cas系统复合物；AcrF3及其靶向的Cas3蛋白复合物；AcrⅡA4及其靶向的Ⅱ-A型SpyCas9复合物；AcrⅡC1及其靶向的Ⅱ-C型NmeCas9复合物。结合结构生物学和生物化学研究手段，科学家们对这6种Anti-CRISPR蛋白拮抗CRISPR-Cas系统的机制进行了详细阐述。研究表明AcrF1蛋白能够与Ⅰ-F型CRISPR-Cas系统的Cas7亚基相互作用，通过空间位阻抑制crRNA识别靶单链DNA；AcrF2是个酸性蛋白，折叠成类似于DNA的结构，AcrF2与底物DNA的结合位置部分重叠，因此AcrF2可以抑制Ⅰ-F型CRISPR-Cas系统识别底物双链DNA；与AcrF2蛋白类似，AcrF10也是一个核酸模拟蛋白，它的结合位置与底物DNA的结合位置完全重叠，因此AcrF10与AcrF2类似，可以抑制Ⅰ-F型CRISPR-Cas系统识别底物双链DNA（Bondy-Denomy et al.，2015）。

本 章 小 结

　　基因编辑，是指对生物体的DNA序列进行高度特异性改变的能力，基本上是对其基因构成进行定制。基因编辑是使用酶进行的，特别是经过设计以特定DNA序列为目标的核酸酶，它们在DNA链中引入切割，使现有的DNA被移除并插入替代的DNA。

　　本章系统地学习了基因编辑系统的建立和发展，以及基因编辑工具的应用和识别方法。基因编辑工具的重大飞跃给围绕人类基因工程的伦理和社会影响的长期讨论带来了新的紧迫性。随着便捷高效的基因编辑技术的出现，特别是CRISPR-Cas9的引入，使得许多医学问题得到了实际的解答，并且有可能重新定义人类遗传学的未来。

（本章由张帆编写）

第十一章 大数据资源及工具

第一节 大型测序数据库

一、癌症基因组图谱（TCGA）数据库

癌症基因组图谱（TCGA）是一项具有里程碑意义的癌症基因组学计划，对超过20 000种原发性癌症和匹配的正常样本进行了分子表征，涵盖33种癌症类型。美国国立癌症研究所（NCI）和美国国立人类基因组研究所的这项合作始于2006年，汇集了来自不同学科和多个机构的研究人员。在接下来的十几年中，TCGA产生了超过2.5PB的基因组、表观基因组、转录组和蛋白质组数据（图11-1）。这些数据已经帮助了科研人员在诊断、治疗和预防癌症的研究，将继续公开供研究界的任何人使用。

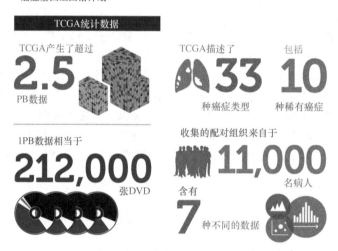

图11-1　TCGA储存的数据

TCGA帮助确立了癌症基因组学的重要性，改变了对癌症的理解，甚至开始改变临床治疗疾病的方式。更进一步，TCGA中包含的海量数据影响了健康和科学技术、计算生物学和其他研究领域。经过12年，超过11 000名患者的贡献，以及数千名研究人员的努力，TCGA产生了丰富数据集。这些数据具有不可估量价值，作为值得信赖的参考可被持续挖掘并供公众使用。

（一）TCGA成果和影响

（1）通过分子特征加深对癌症的理解。除了规范替换和插入缺失，DNA改变还可以以各种其他类型发生，如融合、拷贝数改变和其他复杂的结构变异。研究人员已检测到DNA序列、基因表达、表观遗传学（如miRNA、ncRNA和甲基化），以及蛋白质表达和结构中的异常，每一

项都涉及不同的功能后果。虽然已经确定了数千种改变，但它们可以在功能通路的背景下很好地理解或组合在一起作为不同的突变特征。与起源相同组织的其他肿瘤相比，不同组织的肿瘤可以共享相同的改变，并且在生物学上更相似。肿瘤是由具有不同异质性的肿瘤克隆和免疫细胞组成的不同细胞群。

（2）为广泛的研究界建立了丰富的基因组学数据资源。研究宏基因组学、免疫学和其他疾病等主题的科学家继续从 TCGA 数据中挖掘和学习。

（3）支持计算生物学领域。TCGA 产生的海量数据和多种数据类型刺激了计算生物学领域的巨大发展。研究人员为广泛的目的开发工具，如检测体细胞和种系突变、预测具有预后意义的基因、构建监管网络、批量分析和校正，以及癌症图像的自动分析，通常会使用 TCGA 数据。

（4）帮助推进健康和科学技术。对 TCGA 使命的追求有助于大幅提高数据质量并降低 DNA 和 RNA 测序的成本。反相蛋白质阵列、福尔马林固定石蜡包埋样品分析物提取和其他分子技术也取得了长足的发展。

（5）改变了癌症患者的治疗方式。现在可以通过分子和临床数据提供更准确的疾病分层和预后，特别是在低级别胶质瘤和胃癌的情况下。许多癌症的分子亚型可以通过可用药物治疗，或者有潜在的研究靶点

（二）基于 TCGA 的高水平研究

从 2008 年开始，TCGA 研究网络一直致力于高学术水平的文献发表，至今已发表数十篇高水平文献。本节选取部分文献进行简要讲解。

（1）"全面的基因组表征定义了人类胶质母细胞瘤基因和核心通路"（"Comprehensive genomic characterization defines human glioblastoma genes and core pathways"）于 2008 年发表于 *Nature* 杂志（Cancer Genome Atlas Research Network，2008）。TCGA 报告了 206 例胶质母细胞瘤（成人脑癌的最常见类型）中 DNA 拷贝数、基因表达和 DNA 甲基化异常，以及 206 例胶质母细胞瘤中 91 例核苷酸序列异常的中期综合分析。该分析为 *ERBB2*、*NF1* 和 *TP53* 的作用提供了新的见解，揭示了磷脂酰肌醇 -3-OH 激酶调节亚基基因 *PIK3R1* 的频繁突变，并提供了胶质母细胞瘤发展过程中改变的通路的网络视图。此外，突变、DNA 甲基化和临床治疗数据的整合揭示了 *MGMT* 启动子甲基化与治疗胶质母细胞瘤错配修复缺陷导致的超突变体表型之间的联系，这一观察具有潜在的临床意义（图 11-2）。

（2）"卵巢癌的综合基因组分析"（"Integrated genomic analyses of ovarian carcinoma"）于 2011 年发表于 *Nature* 杂志（Cancer Genome Atlas Research Network，2011）。TCGA 项目分析了 489 例高级别浆液性卵巢腺癌的信使 RNA 表达、miRNA 表达、启动子甲基化和 DNA 拷贝数，以及其中 316 例肿瘤中编码基因的外显子 DNA 序列。在这里，TCGA 报告高级别浆液性卵巢癌的特征是几乎所有肿瘤中都有 *TP53* 突变（96%）；包括 *NF1*、*BRCA1*、*BRCA2*、*RB1* 和 *CDK12* 在内的 9 个其他基因的体细胞突变发生率低，但统计上经常发生；113 个显著的局灶性 DNA 拷贝数异常；和涉及 168 个基因的启动子甲基化事件。分析描绘了四种卵巢癌转录亚型、三种 miRNA 亚型、四种启动子甲基化亚型和与生存期相关的转录特征，并为 *BRCA1/2*（*BRCA1* 或 *BRCA2*）和 *CCNE1* 突变的肿瘤对生存的影响提供了新的启示。通路分析表明，在所分析的大约一半肿瘤中同源重组存在缺陷，并且 NOTCH 和 FOXM1 信号传导参与了浆液性卵巢癌的病理生理学（图 11-3）。

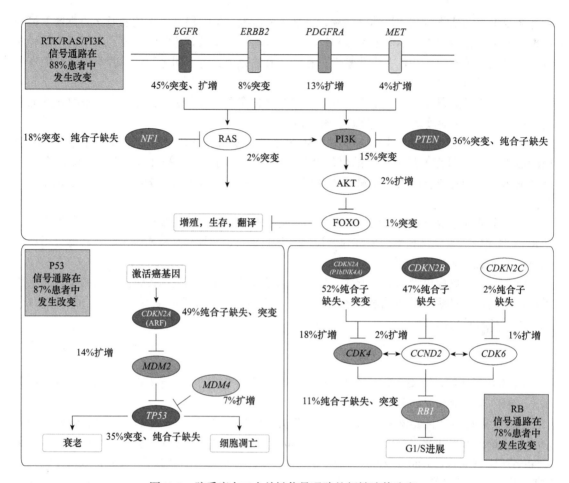

图 11-2　胶质瘤中三个关键信号通路的频繁遗传改变

（3）"人类乳腺肿瘤的综合分子画像"（"Comprehensive molecular portraits of human breast tumors"）于 2012 年发表在 *Nature* 杂志（Cancer Genome Atlas Research Network，2012）。TCGA 通过基因组 DNA 拷贝数阵列、DNA 甲基化、外显子组测序、信使 RNA 阵列、miRNA 测序和反相蛋白质阵列分析了原发性乳腺癌。TCGA 跨平台整合信息的能力为先前定义的基因表达亚型提供了关键见解，并在结合来自五个平台的数据时证明了四个主要乳腺癌类别的存在，每个平台都显示出显著的分子异质性。在所有乳腺癌中，只有三个基因（*TP53*、*PIK3CA* 和 *GATA3*）的体细胞突变发生率＞10%；然而，有许多与亚型相关的新基因突变，包括 *GATA3*、*PIK3CA* 和 *MAP3K1* 中特定突变与 Luminal A 亚型的富集。确定了两个新的蛋白质表达定义的亚组，可能由基质/微环境元素产生，综合分析确定了在每个分子亚型中占主导地位的特定信号通路，包括人表皮生长因子受体 2（HER2）富集表达亚型中的 HER2、磷酸化 HER2、HER1 和磷酸化 HER1 特征。基底样乳腺肿瘤与高级别浆液性卵巢肿瘤的比较显示了许多分子共性，表明相关的病因和类似的治疗机会。由不同亚型的遗传和表观遗传异常引起的四种主要乳腺癌亚型的生物学研究提出了这样的假设，即临床上可观察到的大部分可塑性和异质性发生在这些主要的乳腺癌生物学亚型内，而不是跨越这些主要生物学亚型（图 11-4）。

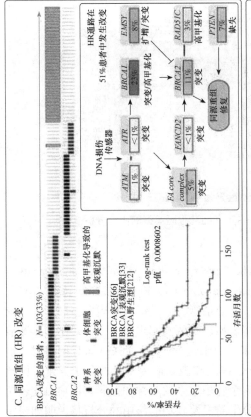

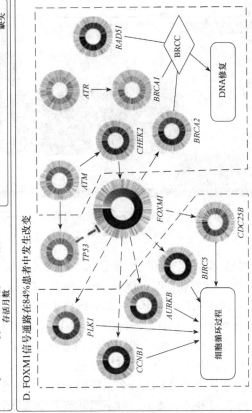

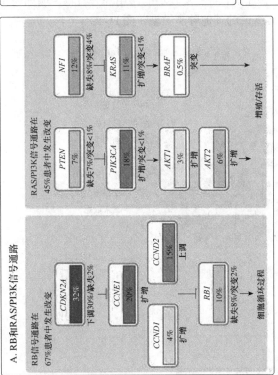

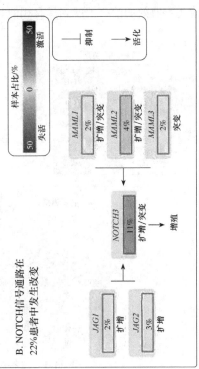

图 11-3　卵巢癌中关键信号通路遗传改变

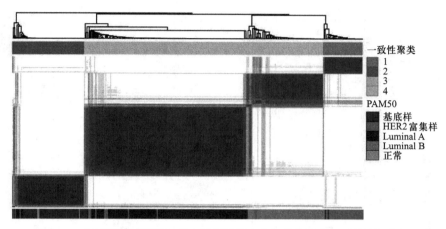

彩图　　　　图 11-4　五个不同的基因组/蛋白质组学平台定义的乳腺癌亚型的协调分析

（4）"癌症基因组图谱泛癌分析项目"（"The Cancer Genome Atlas Pan-Cancer analysis project"）于 2013 年发表在 *Nature Genetics* 杂志（Cancer Genome Atlas Research Network，2013）。癌症可以采取数百种不同的形式，具体取决于位置、起源细胞，以及促进肿瘤发生和影响治疗反应的基因组改变谱。尽管已经确定了许多具有直接表型影响的基因组事件，但对于大多数癌症谱系而言，许多复杂的分子景观仍未完全绘制出来。出于这个原因，TCGA 研究网络对大量人类肿瘤进行了剖析和分析，以发现 DNA、RNA、蛋白质和表观遗传水平的分子异常。由此产生的丰富数据提供了重要的机会，可以全面了解整个肿瘤谱系的共性和差异。该项目比较了 TCGA 描述的前 12 种肿瘤类型。对不同肿瘤类型的分子畸变及其功能作用的分析将说明如何将对一种肿瘤类型有效的治疗扩展到具有相似基因组谱的其他肿瘤类型（图 11-5）。

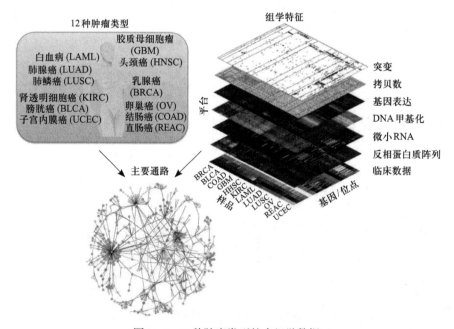

图 11-5　12 种肿瘤类型的多组学数据

（5）"嫌色细胞肾细胞癌的体细胞基因组景观"（"The somatic genomic landscape of chromophobe renal cell carcinoma"）于2014年发表于*Cancer Cell*杂志（Davis et al., 2014）。TCGA基于多维和综合表征，包括线粒体DNA（mtDNA）和全基因组测序，描述了66个嫌色细胞肾细胞癌（ChRCC）的体细胞基因组改变的情况。与其他起源更近的肾癌相比，ChRCC起源于远端肾单位的结果是一致的。结合mtDNA和基因表达分析表明线粒体功能的变化是疾病生物学的一个组成部分，同时表明mtDNA突变在依赖氧化磷酸化癌症中的替代作用。基因组重排导致*TERT*启动子区域内反复出现结构断点，这与高度升高的*TERT*表达和局部超突变（kataegis）的表现相关，代表癌症中*TERT*上调的机制，不同于先前观察到的扩增和点突变（图11-6）。

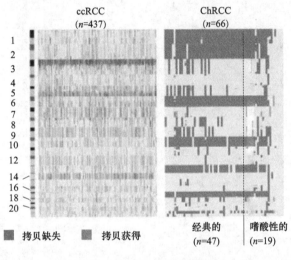

图11-6 ChRCC拷贝数的改变
ccRCC：普通肾细胞癌

彩图

（6）"原发性前列腺癌的分子分类"（"The molecular taxonomy of primary prostate cancer"）于2015年发表在*Cell*杂志（Cancer Genome Atlas Research Network，2015）。原发性前列腺癌之间存在显著的异质性，这在分子异常谱及其临床过程中很明显。TCGA对333种原发性前列腺癌进行了全面的分子分析。TCGA的研究结果揭示了其中74%的这些肿瘤属于由特定基因融合（*ERG*、*ETV1/4*、*FLI1*）或突变（*SPOP*、*FOXA1*、*IDH1*）定义的七种亚型之一。表观遗传图谱显示出显著的异质性，包括具有甲基化表型的*IDH1*突变子集。雄激素受体（AR）活性差异很大，并且以亚型特异性方式变化，其中*SPOP*和*FOXA1*突变肿瘤具有最高水平的AR诱导转录物。25%的前列腺癌在PI3K或MAPK信号通路中存在假定的可治疗病变，19%的DNA修复基因失活。TCGA的分析揭示了原发性前列腺癌之间的分子异质性，以及潜在的可操作分子缺陷（图11-7）。

（7）"机器学习识别与致癌去分化相关的干性特征"（"Machine learning identifies stemness features associated with oncogenic dedifferentiation"）于2018年发表在*Cell*杂志（Malta et al.，2018）。癌症进展涉及分化表型的逐渐丧失以及祖细胞和干细胞样特征的获得。在这里，TCGA提供了用于评估致癌去分化程度的新干性指数。使用创新的一类逻辑回归机器学习算法（OCLR）来提取源自非转化多能干细胞及其分化后代的转录组和表观遗传特征集。使用OCLR能够识别与去分化致癌状态相关的以前未发现的生物学机制。对肿瘤微环境的分析揭示了癌症

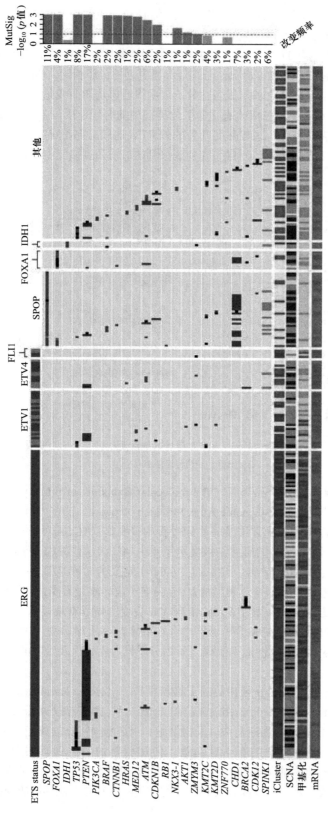

图 11-7　原发性前列腺癌的复发性改变

iCluster: 一种聚类算法；SCNA: 体细胞拷贝数改变；MutSig: 突变统计

彩图

干性与免疫检查点表达和浸润免疫系统细胞的出乎意料的相关性。TCGA发现去分化的致癌表型通常在转移性肿瘤中最为突出。将干性指数应用于单细胞数据揭示了肿瘤内分子异质性的模式。最后，这些指数允许识别新的靶标和可能的针对肿瘤分化的靶向治疗（图11-8）。

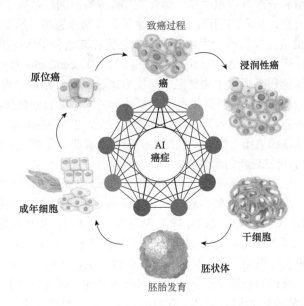

图11-8 从TCGA肿瘤的转录组和表观遗传数据中提取的干性特征揭示了抗癌治疗的新药物靶标

（8）"癌症遗传血统及其分子相关性的综合分析"（"Comprehensive analysis of genetic ancestry and its molecular correlatesin cancer"）于2020年发表于*Cancer Cell*杂志（Carrot-Zhang et al., 2020）。TCGA评估了来自癌症基因组图谱的33种癌症类型的10 678名患者的祖先对突变率、DNA甲基化以及mRNA和miRNA表达的影响。证明了癌症亚型和与祖先相关的技术伪影是重要的混杂因素，但尚未得到充分考虑。一旦考虑到，与血统相关的差异跨越了所有分子特征和数百个基因。生物学上的显著差异通常是组织特异性的，但不是癌症特异性的。然而，混合和通路分析表明，其中一些差异与癌症有因果关系。具体发现包括非洲裔患者的*FBXW7*突变增加，非洲裔肾癌患者的*VHL*和*PBRM1*突变减少，东亚裔膀胱癌患者的免疫活性降低（图11-9）。

（三）TCGA数据下载

TCGA数据的下载方式有很多种，包括使用TCGA官方提供的下载器下载、R软件包下载，以及从第三方权威数据库中下载数据。由于TCGA官方提供的下载器下载操作繁琐，本节主要介绍使用R软件包下载以及从第三方权威数据库中下载数据。

图11-9 多组学研究癌症遗传血统

1. R软件包下载 TCGAbiolinks是一个常用的下载TCGA数据的R软件包（Colaprico et al., 2016）。癌症基因组图谱（TCGA）研究网络公开了33种不同肿瘤类型的10 000多名肿瘤患者的大量临床和分子表型。利用这个队列，TCGA发表了20多篇标记论文，详细介绍了与这些肿瘤类型相关的基因组和表观基因组改变。尽管TCGA的研究网络取得了许多重要发现，但仍然存在实施新方法的机会，从而阐明新的生物学途径和诊断标志物。然而，挖掘TCGA数据带来了一些生物信息学挑战，如数据检索以及与临床数据和其他分子数据类型（如RNA和DNA甲基化）的整合。因此开发了一个名为TCGAbiolinks的R/Bioconductor软件包来应对这些挑战，并通过使用引导式工作流程来提供生物信息学解决方案，以允许用户查询、下载和执行TCGA数据的综合分析。TCGAbiolinks将计算机科学和统计学的方法结合到分析流程中，并结合了以前的TCGA标记研究和TCGAbiolinks研发团队开发的方法。TCGAbiolinks以四种不同的TCGA肿瘤类型（肾、脑、乳腺和结肠）为例，提供案例研究来说明可重复性、综合分析和利用不同Bioconductor包推进和加速发现新的示例。

TCGAbiolinks是一个R包，可通过Bioconductor存储库免费获得。通过遵守向Bioconductor提交包裹的严格指南，能够利用和整合现有的R/Bioconductor包和统计数据，以帮助识别由突变、拷贝数、表达或DNA甲基化定义的差异改变的基因组区域；重现以前的TCGA标记研究；并在TCGA内和跨TCGA之外的其他数据类型集成数据类型。TCGAbiolinks包含三个主要级别的功能：数据、分析和可视化。更具体地说，该软件包提供了用于分析单个实验平台的多种方法（如差异表达分析或识别差异甲基化区域或拷贝数改变）和可视化方法（如生存图、火山图），以促进开发完整的分析管道。此外，TCGAbiolinks提供对多个平台的深入整合分析，如拷贝数和表达或表达和DNA甲基化。这些功能可以单独使用或组合使用，为用户提供适用于TCGA数据的完全可理解的分析管道（图11-10）。

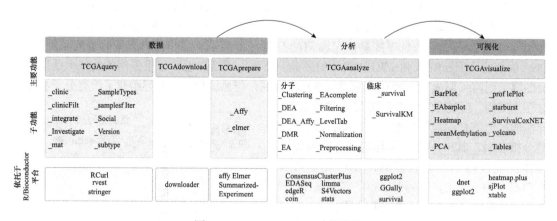

图11-10 TCGAbiolinks功能总览

2. 从第三方权威数据库中下载数据 目前已经有多个第三方数据库整合了TCGA的数据，其中最为广泛使用的为UCSC Xena数据库。UCSC Xena提供一个专门的网页来记录数据库中储存的公共数据，不仅储存了TCGA公开的数据，还包括其他公共数据库公开的数据，如ICGC、GETx、CCLE等多个数据库。本节以乳腺癌相关基因（*BRCA*）为例详细说明如何下载TCGA数据（图11-11）。

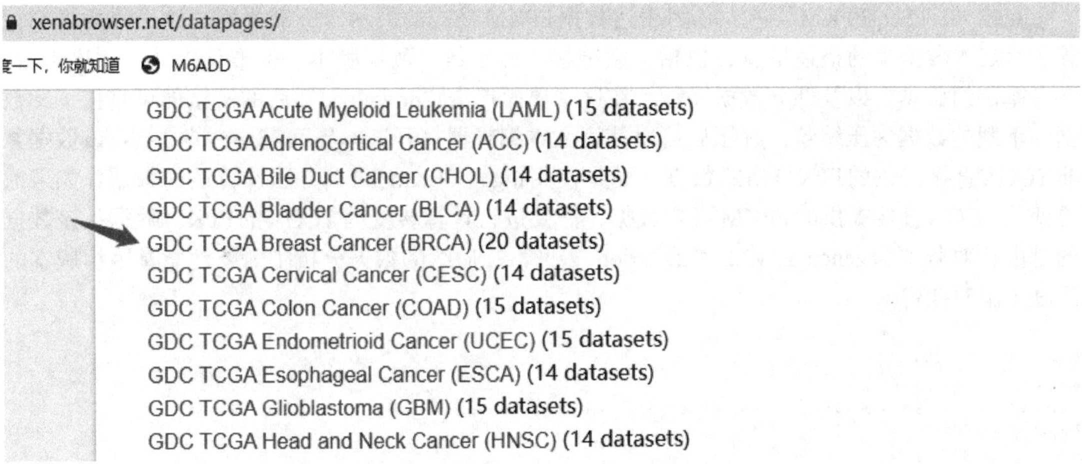

一下，你就知道　　M6ADD

GDC TCGA Acute Myeloid Leukemia (LAML) (15 datasets)
GDC TCGA Adrenocortical Cancer (ACC) (14 datasets)
GDC TCGA Bile Duct Cancer (CHOL) (14 datasets)
GDC TCGA Bladder Cancer (BLCA) (14 datasets)
GDC TCGA Breast Cancer (BRCA) (20 datasets)
GDC TCGA Cervical Cancer (CESC) (14 datasets)
GDC TCGA Colon Cancer (COAD) (15 datasets)
GDC TCGA Endometrioid Cancer (UCEC) (15 datasets)
GDC TCGA Esophageal Cancer (ESCA) (14 datasets)
GDC TCGA Glioblastoma (GBM) (15 datasets)
GDC TCGA Head and Neck Cancer (HNSC) (14 datasets)

图 11-11　UCSC Xena 提供的 TCGA 部分数据展示

点击"GDC TCGA Breast Cancer（BRCA）"进入乳腺癌的详细数据分类界面。该界面对数据进行分类，储存了 ATAC-seq 数据、拷贝数（copy number）数据、DNA 甲基化（DNA methylation）数据、基因表达（gene expression）测序数据、表型（phenotype）数据、体细胞突变（somatic mutation）数据和 miRNA 表达数据。在基因表达数据中又按照标准化的方法分为了3 类，分别是 HTSeq-Counts、HTSeq-FPKM 和 HTSeq-FPKM-UQ。这里需要注意的是，虽然这3类数据都是由同一套原始数据计算得到，但是由于标准化方法的不同，在后续进行数据分析时需使用对应标准化方法的软件或者统计学模型（图 11-12）。

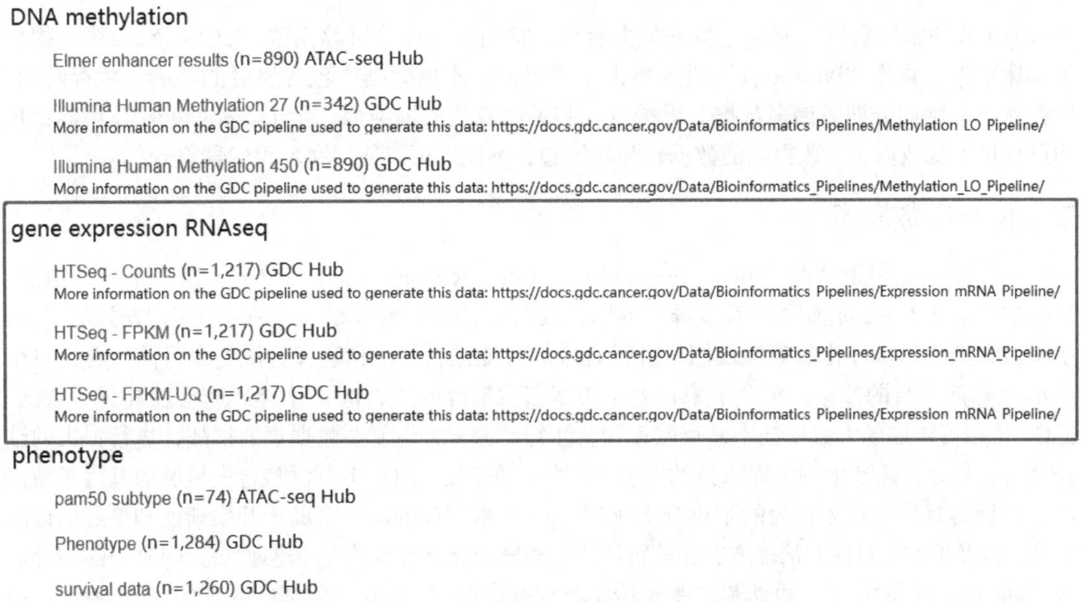

DNA methylation

Elmer enhancer results (n=890) ATAC-seq Hub

Illumina Human Methylation 27 (n=342) GDC Hub
More information on the GDC pipeline used to generate this data: https://docs.gdc.cancer.gov/Data/Bioinformatics Pipelines/Methylation LO Pipeline/

Illumina Human Methylation 450 (n=890) GDC Hub
More information on the GDC pipeline used to generate this data: https://docs.gdc.cancer.gov/Data/Bioinformatics_Pipelines/Methylation_LO_Pipeline/

gene expression RNAseq

HTSeq - Counts (n=1,217) GDC Hub
More information on the GDC pipeline used to generate this data: https://docs.gdc.cancer.gov/Data/Bioinformatics Pipelines/Expression mRNA Pipeline/

HTSeq - FPKM (n=1,217) GDC Hub
More information on the GDC pipeline used to generate this data: https://docs.gdc.cancer.gov/Data/Bioinformatics_Pipelines/Expression_mRNA_Pipeline/

HTSeq - FPKM-UQ (n=1,217) GDC Hub
More information on the GDC pipeline used to generate this data: https://docs.gdc.cancer.gov/Data/Bioinformatics_Pipelines/Expression mRNA Pipeline/

phenotype

pam50 subtype (n=74) ATAC-seq Hub

Phenotype (n=1,284) GDC Hub

survival data (n=1,260) GDC Hub

图 11-12　UCSC Xena 中提供的乳腺癌部分数据展示

点击"HTSeq-FPKM"进入基因表达数据FPKM格式的展示与下载界面。这个界面详细记载了BRCA数据集的描述信息，包括下载链接、样本数、数据版本、标准化方法、测序平台、参考基因组版本，以及部分数据展示。在这个界面点击"download"后的链接即可直接下载数据，下载的数据为压缩包，解压后可以使用文本编辑器打开。本界面需要注意2点：该数据并非TCGA直接提供的FPKM格式数据，而是使用$\log_2$（FPKM＋1）方法计算后的数据，如果需要使用TCGA直接提供的FPKM格式数据，需要进行计算转变为TCGA的FPKM数据；该数据的基因比对版本为gencode. v22. Annotation. gene，在后续的数据分析中需要注意基因组版本的问题（图11-13）。

图11-13 乳腺癌基因表达数据下载界面

TCGA的临床数据是非常宝贵的数据资源，常用于生存分析等模型。UCSC Xena中也提供了临床数据，点击"Phenotype"进入数据下载界面。临床数据中包含患者的年龄、生存时间、生存状态、肿瘤分期等诸多数据。下载方式与基因表达数据类似，点击"download"后的链接即可直接下载数据。下载得到的数据也为压缩包，解压后可以使用文本编辑器打开。

二、ICGC 数据库

国际癌症基因组联盟（International Cancer Genome Consortium，ICGC）是一个全球组织，旨在建立全球统一的肿瘤类型突变异常的综合数据库。ICGC数据库门户是一个用户友好的平台，用于对大型的、多样化的癌症数据集进行有效的可视化、分析和解释。该门户目前包含来自全球84个癌症项目的数据，包含了来自20 000多名贡献者的约7700万个体细胞突变和分子数据。ICGC使用可扩展的大数据技术来克服存储、注释和探索大型复杂数据集的挑战，进行强大的综合分析，从而为癌症生物学提供新的启示。例如，在ICGC门户中可以整合大量肿瘤基因组数据用于识别具有独特临床行为的罕见分子亚型。ICGC数据库的成立有助于开发新的和更好的诊断工具，以及更有针对性的治疗方法和药物。测序和分子分析技术的进步迅速加速了癌症相关基因、分子和临床数据的产生。虽然最初基于传统结构查询语言（SQL）数据库的ICGC门户系统在前三年支持对ICGC项目的贡献，但它无法支持不断增长的数据需求。为了克服这些挑战，开发了ICGC数据门户，不仅具有用于交互式查询和浏览的高效搜索算法，而且具有直观和强大的用户界面，以帮助用户解释复杂的分子和相关临床数据。ICGC的网址为：https://dcc.icgc.org/（图11-14）。

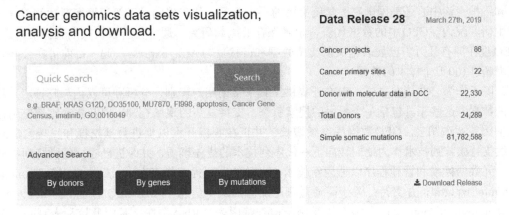

图 11-14　ICGC 网站主界面

　　基于 web 的交互式搜索界面分为两大部分，提供不同的功能。首先，为了快速搜索结果，ICGC 提供了一个谷歌风格的搜索，它接受自由文本的输入，并返回相关的结果排名，以保障提供最相关的术语。例如，用户可以输入 "brain" 以获得 ICGC 脑癌项目列表，或输入 "BRAF" 以获得有关 *BRAF* 基因及其在癌症中最常见变体的信息。其次，高级搜索为用户提供了强大的多维搜索，同时通过使用分面搜索维护直观的用户界面。刻面分为三个不同的部分，分别对应于供体、基因和突变相关的维度，用户可以任意组合。查询时，界面会动态变化，以显示它们应用到的数据项的数量，并立即响应用户交互。例如，当在搜索框中添加一个新的基因时，数据将重新计算，显示出至少包含一个样本且所输入基因发生突变的肿瘤部位的数量。门户网站同时返回受影响供体、基因和体细胞突变的超链接排名列表，以及动态计数。

　　大数据框架还使 ICGC 能够开发复杂的生物信息可视化和实时浏览器内分析。例如，富集分析应用具有 Benjamini-Hochberg 多重检验校正的超几何检验，以在比较用户输入基因集时识别反应组途径或基因本体（GO）术语的统计显著富集。队列比较允许用户使用 Kaplan-Meier 估计执行和绘制总体或无病生存分析。该网页中用户可以选择数据集之间的表型比较（如诊断时的性别和年龄），并且使用 OncoGrid 绘制了一组供体中突变的发生情况，可以一组基因识别突变共现和互斥的趋势。所有查询的结果都可以保存为一个集合，该集合可以使用交集和联合等基本操作进一步与用户的其他保存集组合。最后，可以本地安装 ICGC Python API（应用程序编程接口）的集成 Jupyter Notebook（http://jupyter.org/）对所有门户数据进行编程访问。

　　ICGC 数据库还提供多种机制来访问用户本地系统或虚拟云计算环境中的 ICGC 数据。首先，使用基于 HDFS 的下载服务，该网页提供了一种称为 "动态下载" 的功能，允许用户按需自定义构建感兴趣的临床和分子数据集，并将它们直接传输到浏览器以供下载。其次，数据门户 "文件存储库" 提供了一个单一的 web 界面，用于在地理分布的数据存档存储库和计算云中搜索ICGC原始数据文件。此外，icgc-get通用数据下载客户端支持使用用户身份验证和授权，并可以同时下载多个文件，且该客户端中可以下载ICGC的完整历史版本。

三、GEO 数据库

基因表达综合存储库（Gene Expression Omnibus，GEO）存档并免费分发微阵列、二代测序和其他形式的高通量功能基因组数据。该数据库由美国国家生物技术信息中心（NCBI）建立和维护，该中心是美国国家医学图书馆的一个部门，位于美国马里兰州贝塞斯达的美国国立卫生研究院内。GEO中的数据代表科学界保存的原始研究，通常符合授权或期刊标准，因此，GEO现在拥有几万份已发表论文的支持数据和链接。与ArrayExpress一起，目前可在公共领域获得超过100万个样本的数据。

除了作为公共档案之外，GEO还提供工具来帮助用户识别、分析和可视化与其特定兴趣相关的数据。这些工具包括一个强大的搜索引擎，支持复杂的现场查询，以及样本比较应用程序和基因表达谱图表。GEO数据库继续增长，并正在积极开发以促进数据挖掘和发现。GEO将继续支持微阵列技术作为他们转向下一代序列技术的优先事项，并改进已建立的微阵列提交格式、元数据标准和管理程序以适应新技术。完整的序列提交指南在http://www.ncbi.nlm.nih.gov/geo/info/seq.html，并支持"关于高通量测序实验的最少信息"（MINSEQE）标准（http:///www.fged.org/projects/minseqe/）。GEO接受用于检查基因表达RNA测序、基因调控和表观基因组学（如ChIP-seq、Methyl-seq、DNase超敏性）的研究或包含测量某种形式的序列丰度或表征的其他研究的序列数据目标。GEO将处理后的数据文件与样本和研究元数据一起托管；包含原始序列读取的原始数据文件被代理并与NCBI的序列读取存档数据库链接。迄今为止，GEO已将超过44TB的读取数据加载到序列读取存档数据库。此外，数千个处理过的数据文件已被整合到NCBI的Epigenomics数据库中，在那里它们被进一步整理并可作为基因组浏览器上的轨迹被查看；将数千条轨道与GEO互惠链接合并的工作正在进行中。

GEO中绝大部分数据都是可以直接下载的。GEO数据主要分为2个部分，分别为GEO DataSets和GEO Profiles。GEO DataSets将精选的基因表达数据集以及原始系列和平台记录存储在GEO中。GEO Profiles输入搜索词以查找感兴趣的实验。GEO DataSet包含其他资源，包括集群工具和差异表达式查询；存储来自GEO存储库中精选数据集的单个基因表达谱；根据基因注释或预先计算的配置文件特征搜索感兴趣的特定配置文件。下载GEO中的数据通常从GEO DataSets数据库中获取。本节以乳腺癌为例讲解如何在GEO中下载数据。

首先在GEO DataSets中搜索"breast cancer"，点击"Search"后跳转到GEO中储存乳腺癌数据的界面（图11-15）。从这个界面中可知在GEO数据库中储存148 727套乳腺癌相关的数据。选择一个条目"Single-cell and spatially resolved analysis uncovers cell heterogeneity of breast cancer"进入该套数据的描述界面（图11-16）。该界面包含发布状态、标题、物种、实验方法、数据简介、实验设计简介、贡献人员、数据集发表的对应文献、提交日期、最后更新日期、提交者方式、城市与国家、测序平台、样本信息和下载地址。在这些条目中最重要的是物种、实验方法、实验设计简介、测序平台、样本信息和下载链接（图11-17）。

四、SEER 数据库

美国国立癌症研究所的"监测、流行病学和最终结果"（Surveillance, Epidemiology, and End Results，SEER）计划是有关美国癌症发病率和生存率的权威信息来源。SEER目前覆盖约

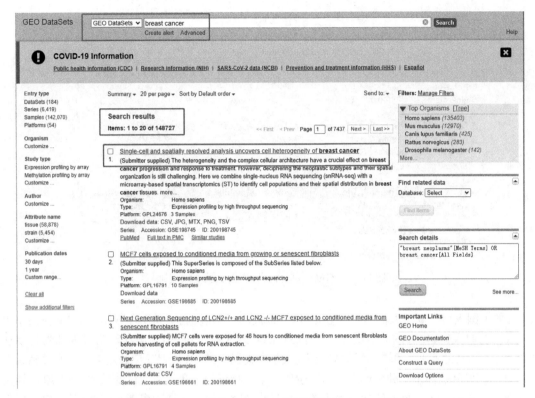

图 11-15　GEO 搜索界面

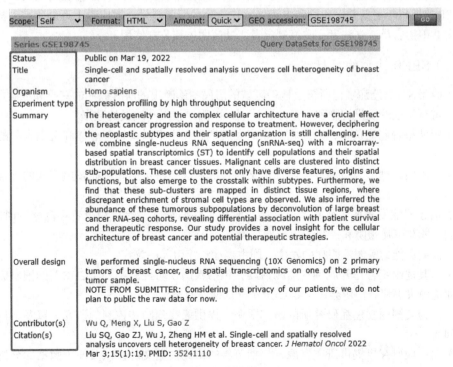

图 11-16　数据集描述界面

Platforms (1)   GPL24676 Illumina NovaSeq 6000 (Homo sapiens)

Samples (3)   GSM5956093 BC-A snRNAseq

                     GSM5956094 BC-B snRNAseq

                     GSM5956095 BC-A ST

Relations

BioProject   PRJNA816721

Download family	Format
SOFT formatted family file(s)	SOFT ⍰
MINiML formatted family file(s)	MINiML ⍰
Series Matrix File(s)	TXT ⍰

Supplementary file	Size	Download	File type/resource
GSE198745_RAW.tar	161.2 Mb	(http) (custom)	TAR (of CSV, JPG, MTX, PNG, TSV)

Processed data provided as supplementary file

Raw data not applicable for this record

图 11-17　GEO 中平台、样本信息及下载链接

48.0% 的美国人口，基于人群的癌症登记处收集和发布癌症发病率和生存数据。SEER 覆盖率包括 42.0% 的白人、44.7% 的非裔美国人、66.3% 的西班牙裔、59.9% 的美洲印第安人和阿拉斯加原住民、70.7% 的亚洲人和 70.3% 的夏威夷 / 太平洋岛民。SEER 计划登记处定期收集有关患者人口统计、原发肿瘤部位、肿瘤形态和诊断阶段、第一疗程和生命状态随访的数据。SEER 计划是美国唯一全面的基于人群的癌症信息来源，包括诊断时的癌症分期和患者生存数据。SEER 报告的死亡率数据由国家卫生统计中心提供。用于计算癌症发病率的人口数据定期从人口普查局获得。SEER 数据每年更新并以印刷和电子格式作为公共服务提供，被成千上万的研究人员、临床医生、公共卫生官员、立法者、政策制定者、社区团体和公众使用。

（一）SEER 计划的目标

（1）收集 SEER 癌症登记所覆盖地理区域的居民中诊断出的所有癌症的完整和准确数据。

（2）进行持续的质量控制和质量改进计划，以确保收集高质量的数据。

（3）定期报告癌症负担，因为它与癌症发病率和死亡率以及患者总体和选定人群的生存率有关。

（4）识别由地理、人口和社会特征定义的人群亚群中特定形式癌症发生模式的异常变化和差异。

（5）描述癌症发病率、死亡率、诊断（阶段）疾病程度、治疗和患者存活率的时间变化，因为它们可能与癌症预防和控制干预措施有关。

（6）监测可能的医源性癌症的发生，即由癌症治疗引起的癌症。

（7）与其他组织合作开展癌症监测活动，包括疾病预防控制中心（CDC）的国家癌症登记计划和北美中央癌症登记协会（NAACCR）外部网站政策。

（8）作为美国国立癌症研究所的研究资源，提供癌症预防和控制的研究，以及项目和注册操作的问题。

（9）向一般研究界提供研究资源，包括每年的研究数据文件，以及便于数据库分析的软件正确性。

（10）向癌症登记社区提供培训材料和基于网络的培训资源。

（二）SEER数据库的注册

SEER数据与TCGA与GEO这种免费开放的数据库不同，如需要SEER数据库中的数据，需要进行账号注册。本节主要讲解SEER数据库的账号注册流程。注册网址为：https://seerdataaccess.cancer.gov/seer-data-access。

关于机构账户：如果隶属于公司、医院、研究机构或大学，并且拥有机构电子邮件账户（.edu、.gov、.org或工作电子邮件地址），必须使用eRACommons凭据通过其中的机构账户选项。

关于非机构账户（推荐）：如果不打算请求专门的数据集或使用与某个机构有关联的SEER研究数据，可以注册一个非机构账户（图11-18）。

当选择非机构账户时，注册界面中的"组织"项需要选择None（图11-19）。

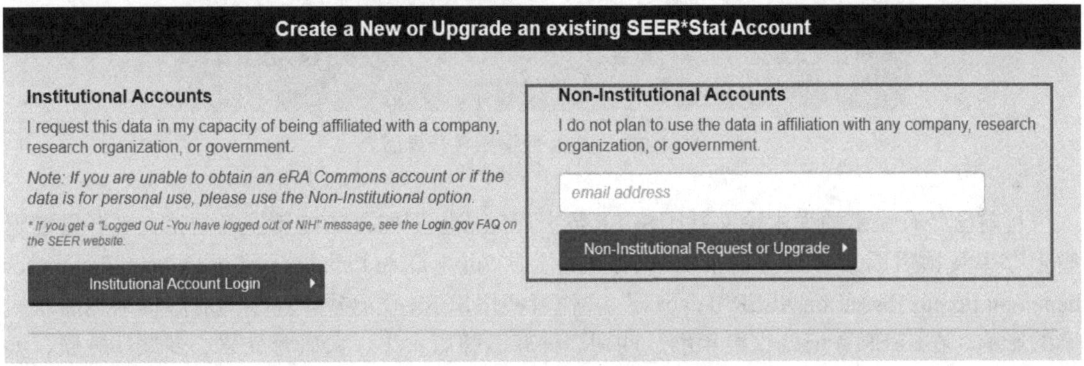

图 11-18　SEER数据库邮箱注册界面1

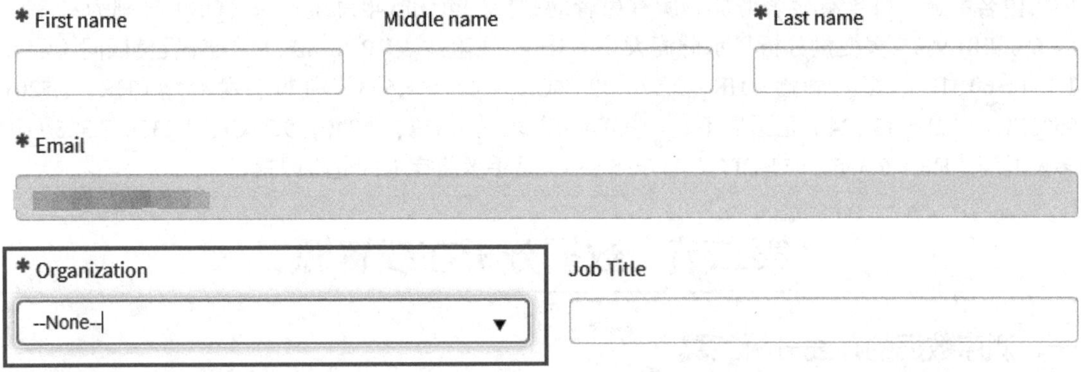

图 11-19　SEER数据库邮箱注册界面2

验证并填写剩余注册信息。点击提交后会立即收到验证邮件，点击链接填写剩余信息。这一步没有需要注意的信息，按要求填写提交即可。提交后立即收到申请已收到的邮件。1～10min后收到申请已通过邮件。获取账号密码下载软件。上述步骤结束后1～10min会收到两个邮件，一个是账号，一个密码，两个邮件中均带有软件下载链接。将账号密码记下，点击链接下载软件并安装。登录SEER数据库：Profile→Client-Server Login→输入账号密码（图11-20）。

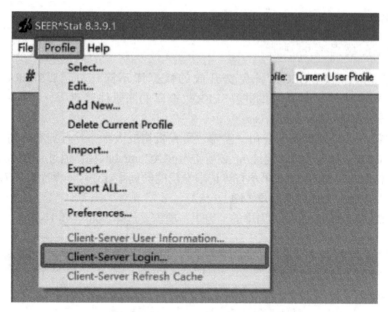

图 11-20　SEER 数据库登录界面

目前已经有大量的学术论文基于 SEER 数据库完成。例如，2019 年发表的论文"肝母细胞瘤生存率及预后因素分析：基于 SEER 数据库"（"Survival and analysis of prognostic factors for hepatoblastoma：based on SEER database"），作者使用 SEER 登记并计算年龄对肝母细胞瘤发病率的影响。在 SEER 登记处收集年龄、性别、种族、肿瘤大小、大血管受累、多灶性肿瘤、远处转移、治疗方式和生存情况，用于生存和预后因素分析。根据不同的因素，通过 Kaplan-Meier 估计得到生存曲线。结果发现肝母细胞瘤总体随年龄变化的发病率为每 100 000 名儿童中 0.19 名患者，每年有显著增加。所有患者的 1 年、3 年和 5 年总生存率（OS）分别为 89.3%、84.6% 和 81.9%。多变量分析显示肿瘤大小＞5cm［风险比（HR），8.271；95% 置信区间（CI），1.134～60.310］、多发肿瘤（HR，2.578；95%CI，1.424～4.668）和非手术治疗（HR，7.520；95%CI，4.121～13.724）是预后不良。只有年龄≥2 岁（HR，3.240；95%CI，1.433～7.326）和多发肿瘤（HR，2.395；95%CI，1.057～5.430）是手术治疗组的危险因素。

第二节　数据分析在线资源

一、测序数据的在线分析工具

MEME 套件（MEME Suite）是一套功能强大的集成网络工具，用于研究蛋白质、DNA 和 RNA 中的序列基序（Bailey et al.，2009）。这些基序编码许多生物学功能，它们的检测和表征对于细胞中分子相互作用的研究非常重要，包括基因表达的调节。自从 2009 年 *Nucleic Acids Research* 的网络服务器专刊对 MEME 套件进行介绍以来，其又添加了 6 个新工具。本节描述了套件中所有工具的功能，就它们的最佳使用提供了建议，并提供了几个案例研究来说明如何结合各种 MEME 套件工具的结果来成功进行基于基序（motif）的分析。MEME 套件可在 http://meme-suite.org 上免费用于学术用途，源代码也可供下载和本地安装。

MEME套件基于web的版本包括13个工具，用于执行基序发现、基序富集分析、基序扫描和基序-基序比较。对于基序发现和基序富集分析，用户需提供一组DNA、RNA或蛋白质序列。通常，这些序列可能是来自紫外交联免疫沉淀结合高通量测序（CLIP-seq）实验的ChIP-seq峰区、交联位点，共表达基因或蛋白质的启动子具有共同的功能，如被相同的激酶修饰。

"Motif Discovery"用于在用户提供的序列中发现从头基序。这些基序可以直接输入到MEME套件的基序扫描和基序比较工具中，来识别可能包含已发现基序的其他蛋白质或基因组序列，或确定基序是否与先前研究的基序相似。MEME套件提供了大量的蛋白质组和基因组序列数据库用于基序扫描和许多基序数据库用于基序比较。

四种不同的基序发现算法适合不同的目的。MEME是一种用于核苷酸和肽基序的通用基序发现算法，但在寻找短核苷酸基序方面不如DREME敏感。MEME和DREME都不允许在他们找到的基序中插入或删除，但GLAM2可以。最后，MEME-ChIP适用于MEME无法处理的非常大的数据集，它实际上在其输入序列上执行基序发现、基序丰富和基序比较，生成一个完全集成的报告。

基序富集分析在一组用户提供的序列中测试已知基序的富集。这种方法比基序发现更敏感，但基序富集分析仅限于检测选择作为输入的基序数据库中包含的基序的富集。CentriMo的敏感性最高，它利用了包含在每个输入序列基序位置中的额外信息。输入到CentriMo的序列都必须具有相同的长度，而不太敏感的基序富集算法AME则不是这种情况。SpaMo算法在输入序列中寻找两个基序之间的首选间距，而不是对单个基序的富集。最后，GOMo算法执行启动子序列的基序扫描，然后进行基因本体富集分析，因此它通常应用于从头发现的基序以识别它们可能的生物学功能。

基序富集分析在一组用户提供的序列中测试已知基序的富集。这种方法比基序发现更敏感，但基序富集分析仅限于检测选择作为输入的基序数据库中包含的基序富集。CentriMo的敏感性最高，它利用了有时包含在每个输入序列基序位置中的额外信息。输入到CentriMo的序列都必须具有相同的长度，而不太敏感的基序富集算法AME则不是这种情况。SpaMo算法在输入序列中寻找两个基序之间的首选间距，而不是对单个基序的富集。最后，GOMo算法执行启动子序列的基序扫描，然后进行基因本体富集分析，因此它通常应用于从头发现的基序以识别它们可能的生物学功能。

基序扫描涉及识别给定序列集内给定基序集的出现位置。与基序发现一样，四种基序扫描工具适用于不同的目的。FIMO算法识别所有单个基序出现，是扫描基因组的首选方法。它的输出可以上传到UCSC基因组浏览器供查看。相比之下，MAST算法是面向序列的，并根据它与用户输入的所有基序的匹配程度为所选数据库中的每个序列分配一个分数。因此，MAST最适合扫描短序列，如蛋白质或启动子。MCAST算法扫描基因组中包含与其输入中任何或所有基序的多个匹配簇。它被设计用于检测由一组已知转录因子结合的顺式调节模块（CRM）。最后，GLAM2Scan算法与FIMO相似，但旨在接受GLAM2基序；因此，生成的基序匹配可能包含插入和删除。

MEME套件为其13个基于web的工具提供了一组一致的输入表单。对于每个输入字段，"帮助气泡"提供了需要哪些信息、如何提供信息，以及在许多情况下有效输入示例的说明。用户可以通过单击位于输入字段右侧的问号"？"来查看帮助气泡。在MEME套件基序分析工具的每个分组（Motif Discovery、Motif Enrichment、Motif Scanning和Motif Comparison）中，用户界面都是一致且灵活的。例如，可以通过选择要上传的文件或键入（或剪切和粘贴）来输入前三个分组所需的序列。作为一致性和多功能性的第二个示例，所有接受基序作为输入的工具（用于基序发现、基序丰富和基序比较）都允许通过选择文件名或通过键入（或剪切和粘贴）一个或多个基序来上传它们的许多不同格式（图11-21）。

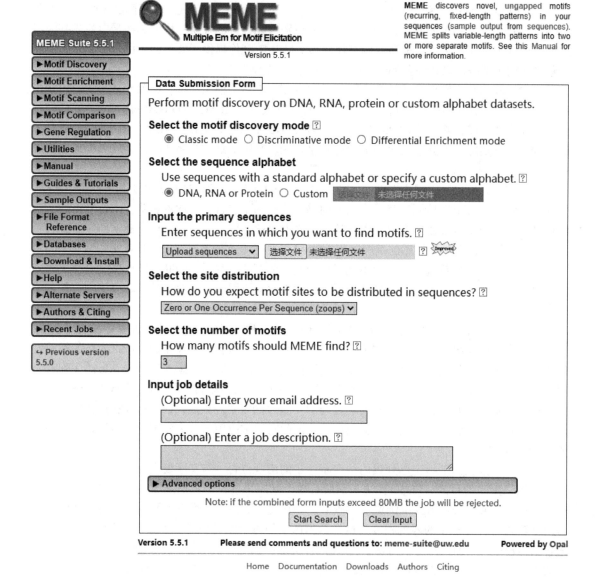

图11-21　MEME套件的操作界面

当通过键入输入基序时，web界面会自动检测用户是否将基序指定为一个或多个序列位点（如共有序列或多重比对）或作为计数或概率矩阵，并以交互方式显示该基序的徽标。分型序列位点允许DNA和蛋白质使用整个国际纯粹与应用化学联合会（IUPAC）字母表（包括模棱两可的字符）。如果用户输入数字而不是字母，则web界面假定用户输入的是计数矩阵或概率矩阵，并自动确定行是对应于基序中的位置还是对应于字母表中的字母。当用户通过键入输入基序时，web界面会报告错误，如不支持的字符或序列站点的长度不一致。可以简单地通过用空行分隔多个基序来指定多个基序。所有键入的序列都会自动转换为字母格式的图案。但是请注意，GLAM2Scan不支持类型化的基序，因为它使用不同的基序格式。

MEME套件网站还提供对大量基序和序列数据库的访问，以供用户在分析中使用。例如，用户可以从38个不同的motif数据库中进行选择，并与motif富集和比较工具一起使用。所有这些数据库也可供用户通过MEME套件网站上的"下载和安装"菜单在自己的计算机上下载和使用。

同样，用户可以从DNA和蛋白质数据库的大菜单中进行选择，以便与基序扫描工具一起使用。其中包括来自Ensembl和GenBank的蛋白质和基因组数据库、来自UCSC的基因组数据库，以及许多生物体的启动子组（上游区域）数据库。要指定用户要搜索的序列数据库，用户首先选择数据库类别（如"Ensembl AbInitio Predicted"），然后选择生物体（如"人类"），后跟数据库的版本（如"75"）。

将作业提交到MEME套件工具后，用户将被带到显示作业进度的状态页面。只要用户当前的浏览器会话处于活动状态，大多数MEME套件网络服务器页面左侧的"近期工作"菜单项将允许用户访问此状态页面。如果用户计划在工作完成之前退出浏览器或注销，用户应该为状态页面添加书签，或者用户可以选择在提交工作时提供（可选）电子邮件地址。工作完成后，状态页面将包含指向HTML和其他格式结果的链接。用户的结果只会在服务器上保存几天，因此如果用户希望无限期地保存它们，则应该下载它们（使用浏览器的"文件/保存"功能）。

二、疾病数据的在线分析工具

（一）GEPIA：用于癌症和正常基因表达谱分析和交互式分析的在线工具

TCGA和GTEx等大型项目已经产生了大量的RNA测序数据，为数据挖掘和更深入地了解基因功能创造了新的机会。虽然一些现有的在线工具很有价值并且被广泛使用，但这些工具仍然没有充分解决实验生物学家所需的基因表达分析功能。GEPIA（Gene Expression Profiling Interactive Analysis）是一种基于web的工具，可基于TCGA和GTEx数据提供快速且可定制的功能（Tang et al., 2017）。GEPIA提供关键的交互式和可定制功能，包括差异表达分析、表达谱绘图、相关性分析、患者生存分析、相似基因检测和降维分析。只需单击GEPIA即可进行全面的表达分析，极大地促进了生物医学领域的数据挖掘、科学讨论和治疗发现过程。GEPIA填补了癌症基因组学大数据与向最终用户提供综合信息之间的空白，从而帮助释放当前数据资源的价值。GEPIA可在http://gepia.cancer-pku.cn/获得。

GEPIA网站对所有用户免费开放且无须登录即可访问GEPIA中的任何功能。为了解决肿瘤和正常数据之间不平衡可能导致的各种差异分析效率低下，开发者下载了TCGA和GTEx数据资源中的基因表达数据，这些数据是由UCSC Xena项目基于统一流程从原始RNA测序数据重新计算，咨询医学专家以确定最适合肿瘤与正常比较的样本分组。数据集存储在MySQL关系数据库（版本5.7.17）中（图11-22）。GEPIA网站的功能分为以下几个方面。

1. 快速查询 GEPIA提供了一个简单的搜索界面。用户可以在"输入基因名称"字段中输入基因符号（如ERBB2）或Ensembl ID（如ENSG00000141736）来搜索感兴趣的基因。单击"GoPIA！"按钮将获得输入基因在点图或身体图中在所有肿瘤和正常组织中的表达谱。用户还可以根据肿瘤和正常样本的整个数据集获取基本的基因注释和与输入基因最相似的基因列表。

2. 差异分析 根据肿瘤与匹配的正常样本或所有正常样本的比较，从差异表达基因中筛

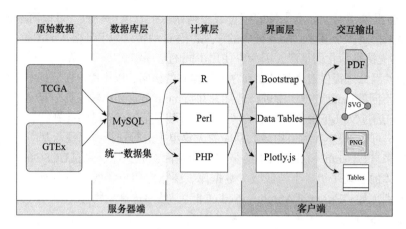

图 11-22　GEPIA 可视化工具的数据处理和数据显示的模式

选候选癌症药物靶标、癌基因或抑制基因。同时，沿染色体聚集的具有相似表达模式的基因通常表明导致特殊表达特征的潜在基因组机制。因此，GEPIA 允许用户为给定的数据集输入自定义的统计方法和阈值，以动态获取差异表达的基因及其染色体分布。统计方法见补充在线信息（GEPIA 网站的"帮助"页面）。

3. 表达 DIY　　GEPIA 根据用户定义的样本选择和方法动态绘制给定基因的表达谱。结果可以点图（在"配置文件"选项卡中）或箱线图（在"箱线图"选项卡中）的形式呈现。此外，GEPIA 根据 TCGA 临床注释按病理阶段绘制基因表达图。为了快速比较多种组织类型的不同基因，GEPIA 提供了基于输入基因列表和感兴趣的数据集的矩阵图。每个块的颜色密度表示给定组织类型中基因的中值表达值，由所有块中的最大中值表达值标准化。GEPIA 在各种表达 DIY子功能中提供了绘图修改参数，如宽度、抖动大小和组颜色。

4. 生存分析　　GEPIA 根据基因表达水平进行生存分析。此功能允许用户选择他们自定义的癌症类型进行总体或无病生存分析。例如，要检查输入基因在肺癌中的生存曲线，用户可以仅选择肺鳞状细胞癌（LUSC），也可以同时选择 LUSC 和肺腺癌进行生存分析。GEPIA 使用对数秩检验（Log-rank test，有时称为 Mantel-Cox 检验）进行假设评估。Cox 比例风险比和 95% 置信区间信息也可以包含在生存图中。可以调整高 / 低表达水平群组的阈值。

5. 相似基因挖掘　　使用此功能，用户可以快速识别具有与感兴趣的输入基因相似的表达特征的其他基因，如已知的药物靶标。可以选择数据集来表示一种癌症类型或多种癌症和正常组织的组合，并且此函数报告与所选数据集中的输入基因具有相似表达模式的基因列表。

6. 相关性分析　　该函数使用皮尔逊（Pearson）、斯皮尔曼（Spearman）和肯德尔（Kendall）相关性统计等方法，对任何给定的 TCGA 和 / 或 GTEx 表达数据集执行成对基因相关性分析。对于这个特征，一个基因也可以被另一个基因标准化。例如，用户可以查看 *AK6-TAF9*基因对之间的简单相关系数，或者查看 AK6/ 甘油醛 -3- 磷酸脱氢酶（GAPDH）和 TAF9/GAPDH相对比率之间的相关分析结果。

7. 降维　　对于给定的基因列表和样本数据集，GEPIA 提供 PCA，产生可旋转的 3D 图。此功能可以揭示某些癌症类型的子集，如输入基因列表分层，或确认基因集是否可以进一步用作有效的生物标志物。GEPIA 呈现前三个主成分（PC）的 3D 图，并为每个 PC 解释的方差生成条形图。GEPIA 还提供基于用户指定 PC 的 2D 绘图或 3D 绘图（图 11-23）。

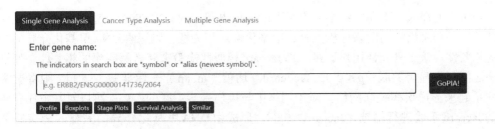

图11-23 GEPIA的功能

（二）DiseaseMeth version 3.0：人类疾病与甲基化在线工具

由于DNA甲基化与疾病的发生机制有关，因此其用作生物标志物的潜力越来越大。在过去十几年中，DNA甲基化数据的数量也大幅增长。为了便于获取这些碎片化数据，人类疾病与DNA甲基化的数据库DiseaseMeth目前已经升级到了DiseaseMeth version 3.0，其中疾病包括的数量从88个增加到162个，高通量DNA甲基化谱（high-throughput DNA methylation profiles）样本从32 701个增加到包含62种与DNA甲基化相关的疾病数据的49 949个样本（Xing et al.，2022）。从PubMed的1472篇论文中通过手动文献挖掘获得的实验证实的疾病和基因关系对包括3328个。搜索、分析和工具部分已更新以提高性能。特别是，功能搜索（function search）现在提供了来自本地化GO和KEGG注释的基因功能富集信息。还开发了一个统一的、标准化的分析流程，用于从存储在数据库中的原始数据中识别差异DNA甲基化基因（DMG），在99种疾病中发现了22 718个DMG。针对癌症还专门开发了预后和共甲基化分析工具，提供自主研发的在线工具，支持用户探索单基因在癌症样本和正常样本的DNA甲基化分布、癌症患者高低甲基化组的生存曲线，以及癌症样本在高低甲基化组中不同生存时间节点的样本数占比。DiseaseMeth version 3.0可在http://diseasemeth.edbc.org/免费使用。

DiseaseMeth version 3.0中提供了4种搜索方法：GeneSearch、DiseaseSearch、FunctionSearch和AdvanceSearch（图11-24）。在GeneSearch页面上，可以输入基因符号（基因名称/转录ID）或基因组位置，以获取数据库疾病样本中特定基因的甲基化水平。输出将显示为表格和热图。基因的DNA甲基化水平由热图展示，它可以显示所有样本中特定基因的DNA甲基化水平的差异。疾病类型可以在DiseaseSearch页面查询，所选疾病DMG的相应DNA甲基化水平在热图中显示。FunctionSearch基于GO和KEGG，对DMG的生物学功能和通路进行了注释。所有DMG的功能富集信息都本地化在DiseaseMeth3.0版中，所以用户可以更快地得到功能查询结果。此外，包括基因符号、GO术语和通路ID在内的附加查询参数可以用作更精确的查询要求。AdvanceSearch页面允许进行更具体的查询，可以输入一个或多个符合条件的条目，即基因名称/转录本ID、基因组位置、疾病类型和数据类型，以帮助用户快速获得所需的数据集。

Search

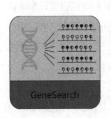
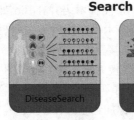

图11-24 DiseaseMeth version 3.0的搜索界面

随着研究的深入，不同组织中的疾病可能表现出相似的全球DNA甲基化模式。因此，开发者开发了一种跨疾病的网络分析工具：甲基化疾病相关性，以探索DNA甲基化介导的疾病之间的相关性。该工具允许用户通过计算Jaccard相似性检验来获得跨疾病的相关性。如果两种疾病之间存在显著关联 [$p < 0.05$，Jaccard>均值（mean）± 标准差（sd）]，则将这两种疾病联系起来形成疾病关联网络。对于网络中与疾病一步关联的疾病，可以对其中任意两种疾病的Jaccard系数进行筛选（Jaccard>0.6），形成由DNA甲基化介导的完整的全疾病关联网络。

此外，在癌症中经常观察到DNA甲基化模式的扰动，如肿瘤抑制基因的CGI启动子的甲基化。这些扰动意味着致癌作用。DiseaseMeth version 3.0提供癌症预后与共甲基化工具，通过生存分析和基因模块挖掘，从TCGA数据库中挖掘31种癌症的关键DNA甲基化基因。可以在Cancer Prognosis&Co-methylation工具中使用下拉菜单选择癌症名称、临床因素T、临床因素N、临床因素M、癌症临床分期、年龄、生存分析或模块挖掘。该工具使用箱线图说明不同类型基因/多基因之间DNA甲基化水平的差异，以提供临床特征。例如，可以选择临床因子T来查看输入基因的DNA甲基化水平在T1、T2、T3和T4之间的差异。还提供全新自主研发的在线生存分析工具。对数秩检验和Kaplan-Meier曲线反映了特定输入基因具有不同DNA甲基化水平的患者之间的生存差异。此外，可以从DMG共甲基化网络中挖掘共甲基化模块。为了说明这一点，对数据库中所有癌症的DMG进行了Pearson相关分析，保留$p < 0.01$、相关系数（cor）>0.6的基因对，分别形成31种癌症的共甲基化网络。这些模块是使用R包"igraph"挖掘的。由于使用具有过多基因的网络模块的图片清晰度的限制，仅显示具有最大相关系数的前250个关系对。也可以下载模块列表的文本版本文件。

（三）功能富集分析工具

1. DAVID：一套全面的功能注释工具　在大多数情况下源自新兴的高通量基因组、蛋白质组学和生物信息学获得的大型基因列表的功能分析仍然是一项具有挑战性的任务。基因注释富集分析是一种很有前途的高通量分析策略，它增加了研究人员识别与其研究最相关的生物过程的可能性。注释、可视化和集成数据库DAVID收集了目前可用的大约68种生物信息学富集工具（Sherman et al., 2022）。根据其基础富集算法，工具被独特地分为三大类，以更简单的工具类级别而不是逐个工具的方法来了解优势、缺陷和最新趋势。因此，DAVID将帮助工具设计人员/开发人员和经验丰富的用户了解特定工具类别、工具的底层算法和相关细节，使他们能够针对他们的特定研究兴趣做出最佳选择。

DAVID为研究人员提供了一套全面的功能注释工具，以了解基因背后的生物学意义。这些工具由基于DAVID基因概念构建的综合DAVID知识库提供支持，该概念将多个功能注释来源整合在一起。对于任何给定的基因列表，DAVID工具能够识别丰富的生物学主题，尤其是GO术语；发现丰富的功能相关基因组；聚类冗余注释术语并在BioCarta和KEGG通路图上可视化基因；在二维视图上显示相关的多基因对应多术语；搜索不在列表中的其他功能相关基因；列出相互作用的蛋白质；批量探索基因名称；链接基因-疾病关联；突出蛋白质功能域和基序；重定向到相关文献；将基因标识符从一种类型转换为另一种类型（图11-25）。

基因ID，如Entrez Gene 3558，通常本身并不能传达生物学意义。基因名称批量处理查看器能够通过将基因ID快速翻译成相应的基因名称加到基因ID列表中。因此，在使用其他更全面的分析工具进行分析之前，研究人员可以快速浏览基因名称，以进一步了解他们的研究并回答诸

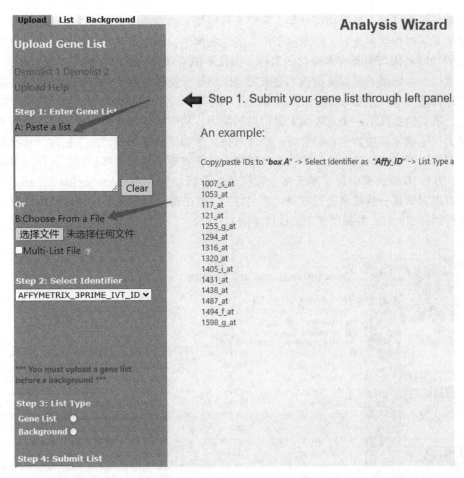

图11-25 DAVID的基因输入界面

如"基因列表是否包含与研究相关的重要基因?"等问题。此外,每个基因条目都提供了一组超链接,允许用户进一步探索每个基因的附加功能信息(图11-26)。

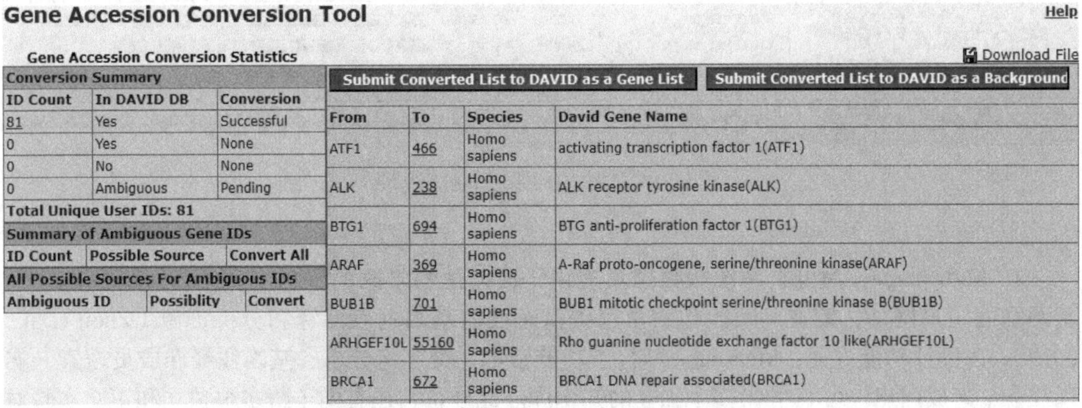

图11-26 DAVID的基因标识转化功能界面

随着分析的进行，基因功能分类为研究人员提供了独特的能力，可以将功能相关的基因作为一个单元同时搜索和查看，以专注于更大的生物网络，而不是单个基因的水平。事实上，大多数协同功能基因可能具有多样化的名称，因此不能简单地根据其名称将基因分类为功能组。然而，通过一组新颖的模糊聚类技术完成的基因功能分类能够基于它们的注释术语共现而不是基因名称将输入基因分类为功能相关的基因组（或类）。将大型基因列表压缩成具有生物学意义的模块，极大地提高了一个人吸收大量信息的能力，从而将功能注释分析从以基因为中心的分析转换为以生物学模块为中心的分析。结合与每个生物模块相关的"向下钻取"功能和可视化来查看多基因对多术语关联之间的关系，研究人员能够更全面地了解基因如何相互关联以及功能注释。DAVID的结果中包含基于多个数据集的分析结果，在"Annotation Summary Results"界面中可以对数据分析结果进行选择（图11-27）。点击特定的结果可以查看使用该数据集进行富集分析的详细内容，并提供了下载链接（图11-28）。

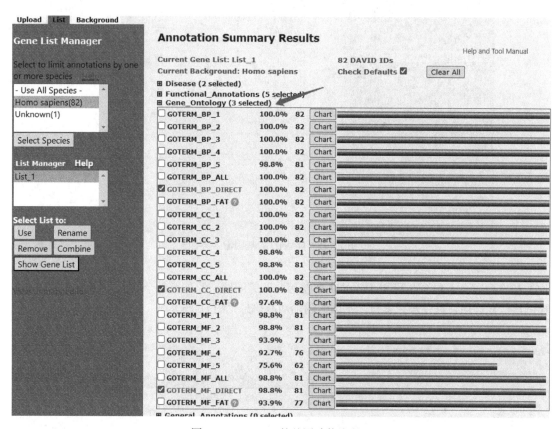

图11-27　DAVID的基因功能注释

2. Metascape：为分析系统级数据集提供了面向生物学家的资源　　Metascape是一个基于网络的门户网站，旨在为实验生物学家提供全面的基因列表注释和分析资源（Zhou et al., 2019）。在设计功能方面，Metascape结合了功能富集、交互组分析、基因注释和成员搜索，实现在一个集成门户中可利用40多个独立的知识库。此外，它还有助于跨多个独立和正交实验对数据集进行比较分析。Metascape通过一键式快速分析界面生成可解释的输出，提供显著简化的

Functional Annotation Chart

Current Gene List: List_1
Current Background: Homo sapiens
82 DAVID IDs
⊞ Options

[Rerun Using Options] [Create Sublist]
225 chart records　　　　　　　　　　　　　　　　　　　　　　⬇ Download File

Sublist	Category	Term	RT	Genes	Count	%	P-Value	Benjamini
☐	GOTERM_BP_DIRECT	regulation of apoptotic process	RT		12	14.6	5.2E-9	6.9E-6
☐	GOTERM_BP_DIRECT	positive regulation of transcription from RNA polymerase II promoter	RT		22	26.8	1.5E-8	9.7E-6
☐	GOTERM_BP_DIRECT	cellular response to DNA damage stimulus	RT		11	13.4	2.3E-7	1.0E-4
☐	GOTERM_BP_DIRECT	protein phosphorylation	RT		13	15.9	8.6E-7	2.3E-4
☐	GOTERM_BP_DIRECT	chromatin remodeling	RT		9	11.0	8.6E-7	2.3E-4
☐	GOTERM_BP_DIRECT	thymus development	RT		6	7.3	1.5E-6	3.3E-4
☐	GOTERM_BP_DIRECT	regulation of cell cycle	RT		10	12.2	1.7E-6	3.3E-4
☐	GOTERM_BP_DIRECT	negative regulation of cell proliferation	RT		12	14.6	3.0E-6	5.0E-4
☐	GOTERM_BP_DIRECT	I-kappaB kinase/NF-kappaB signaling	RT		6	7.3	6.6E-6	9.6E-4
☐	GOTERM_BP_DIRECT	positive regulation of protein phosphorylation	RT		8	9.8	3.0E-5	3.9E-3
☐	GOTERM_BP_DIRECT	positive regulation of peptidyl-serine phosphorylation	RT		6	7.3	4.0E-5	4.8E-3
☐	GOTERM_BP_DIRECT	positive regulation of transcription, DNA-templated	RT		13	15.9	4.4E-5	4.9E-3
☐	GOTERM_BP_DIRECT	histone H2A monoubiquitination	RT		4	4.9	5.5E-5	5.6E-3
☐	GOTERM_BP_DIRECT	intrinsic apoptotic signaling pathway in response to DNA damage	RT		5	6.1	6.1E-5	5.8E-3
☐	GOTERM_BP_DIRECT	positive regulation of apoptotic process	RT		9	11.0	6.7E-5	5.9E-3

图 11-28　DAVID 的基因功能注释结果展示

用户体验。综上所述，Metascape 是实验生物学家在大数据时代全面分析和解释基于组学数据研究的有效工具。

通过一键式分析界面提供主要的 Metascape 用户体验。用户首先提供单个或多个输入基因列表，启动由四个主要部分组成的自动分析工作流程：标识符转换、基因注释、成员搜索和富集分析。生成的分析报告总结了关键结果，并附有 Excel 工作簿、PowerPoint 演示文稿和包含所有支持数据文件的 Zip 包（图 11-29）。

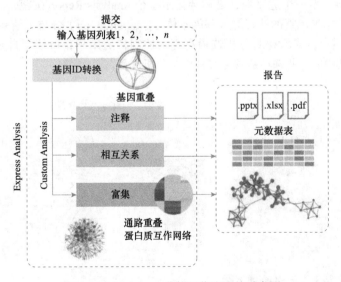

图 11-29　Metascape 分析工作流程的示意图

在选择后续研究的候选者时，基因的详细注释提供了生物学背景，可作为重要的选择标准。Metascape整合了来自40多个知识库的注释信息，包括基因描述、基因摘要、疾病影响、基因组变异、亚细胞定位、组织表达、化学探针的可用性等。其中的工具Express Analysis提供九种描述性结果，默认情况下，自定义分析（Custom Analysis）功能允许用户将多达47列元数据附加到基因注释电子表格中。

富集分析包括大多数现有基因注释门户的核心。在富集分析期间，将输入基因列表与数千个基因集进行比较，这些基因集由它们参与特定的生物过程、蛋白质定位、酶功能、通路成员或其他特征定义。向用户报告其成员在输入基因列表中显著过多的基因集，以作为对其研究的推定生物学见解。当前大多数分析中一个被忽视的问题是描述符和本体中的冗余通常会使输出的解释复杂化。例如，在GO中发现的本体术语形成了粒度递增的层次结构，使得术语本质上是冗余的。跨不同本体源的术语，如GO、KEGG和MSigDB等，也可以密切相关。因此，功能富集分析可以识别重叠或相关的术语，从而在分析输出中报告难以提取的非冗余和有代表性的富集结果。这个问题在其他分析门户使用列表的示例中得到了证明，该列表报告了数十个高度相关类别的丰富性。在对通过Metascape分析生成的数据进行后处理期间，计算所有富集术语对之间的相似性，并用于首先将术语层次聚类到树中，然后将子树转换为相似术语的聚类。通过将大多数冗余吸收到代表性集群中，富集集群消除了可能由多个本体的报告引起的混淆数据解释问题。

在Metascape主页，用户可以在图11-30 Step1处粘贴一个由逗号、冒号、空格、制表符或行分隔符组成的基因列表（基因名可以是：Entrez Gene ID、Ensembl ID、RefSeq、Symbol、UniProt ID、UCSC ID等），或者可以选择本地的一个电子表格文件（xlsx、xls、csv或txt），其中的一列必须包含基因名称。其他的数据列是可选的，在分析期间会被忽略。如果在上传文件中提供了多个列，而基因只是其中的一列，注意使用下拉菜单确保正确选择含有基因名称的列。粘贴或上传好基因数据后，在图11-30 Step2中先选择Input as species，如果有对应物种的基因就选择对应物种，如果没有可以选择括号中数字最大的物种（说明可以进行转换的基因比较多），选择Analysis as species也遵循上述原则。选择好物种后点击Express Analysis即可进行快速分析。此时下方会显示一个进度条，之后会显示一个Analysis Report按钮，点击后会打开一个报告页面。报告包括最流行的注释源和基因本体（gene ontology）分类（结果见图11-30右图）。对于经验丰富的用户，或希望对分析选项有更大控制权的用户，可使用自定义分析（Custom Analysis），设置其中的一些选项能够更好地控制分析流程。

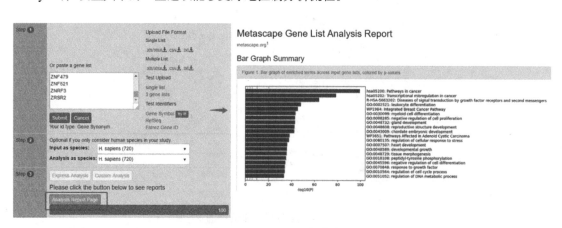

图11-30　Metascape操作界面

本 章 小 结

　　本章介绍了4个大型生物医学数据库：TCGA、ICGC、GEO和SEER，覆盖了基因组、转录组、DNA甲基化、蛋白质组学及临床数据等多个方面。另外，也介绍了5个常用的在线工具：MEME、GEPIA、DiseaseMeth version 3.0、DAVID和Metascape。对于从事生命科学的研究者来说，熟悉并学会操作这些数据库和工具能够大大减少解决某一方面科研问题所用的时间。对于一些计算生物学的初学者来说，熟练地使用在线工具也能避免因基础薄弱而导致数据处理的错误。在未来的研究中会出现越来越多的功能更加强大的计算生物学在线分析工具以方便科研人员使用。

（本章由顾悦编写）

傅奇，庄峥厦，黄华斌，等．2020．基于全基因组序列的新型冠状病毒SARS-CoV-2多算法发育树分析．病毒学报，36（6）：1014-1019．

克勒贝．2010．药物设计：方法、概念和作用模式．上海药明康德新药开发有限公司，译．北京：科学出版社．

梅森．2007．计算机辅助药物设计．北京：科学出版社．

Akinyelu AA, Zaccagna F, Grist JT, et al. 2022. Brain tumor diagnosis using machine learning, convolutional neural networks, capsule neural networks and vision transformers, applied to MRI: a survey. J Imaging, 8 (8): 205.

Anders S, Pyl PT, Huber W. 2015. HTSeq: a Python framework to work with high-throughput sequencing data. Bioinformatics, 31 (2): 166-169.

Andrade E, Naumis GG, Carrillo-Bastos R. 2021. Electronic spectrum of Kekulé patterned graphene considering second neighbor-interactions. J Phys Condens Matter, 33 (22): 5301.

Andrews S. 2010. FASTQC: a quality control tool for high throughput sequence data.

Aran D, Hu Z, Butte AJ. 2017. xCell: digitally portraying the tissue cellular heterogeneity landscape. Genome Biol, 18 (1): 220.

Bailey TL, Boden M, Buske FA, et al. 2009. MEME SUITE: tools for motif discovery and searching. Nucleic Acids Res, 37 (Web Server issue): W202-W208.

Bankevich A, Nurk S, Antipov D, et al. 2012. SPAdes: a new genome assembly algorithm and its applications to single-cell sequencing. J Comput Biol, 19 (5): 455-477.

Barker WC, Dayhoff MO. 1979. Evolution of homologous physiological mechanisms based on protein sequence data. Comp Biochem Physiol B, 62 (1): 1-5.

Barnes L, Blaber H, Brooks DTK, et al. 2019. Free-Wilson analysis of comprehensive data on phosphoinositide-3-kinase (PI3K) inhibitors reveals importance of N-methylation for PI3Kdelta activity. J Med Chem, 62 (22): 10402-10422.

Barrangou R. 2022. CRISPR rewrites the future of medicine. CRISPR J, 5 (1): 1.

Becht E, Giraldo NA, Lacroix L, et al. 2016. Estimating the population abundance of tissue-infiltrating immune and stromal cell populations using gene expression. Genome Biol, 17 (1): 218.

Beigh MM. 2016. Next-Generation Sequencing: the translational medicine approach from "bench to bedside to population". Medicines, 3 (2): 14.

Bietz S, Fährrolfes R, Rarey M. 2016. The art of compiling protein binding site ensembles. Mol Inform, 35 (11-12): 593-598.

Blumer G. 1952. George Dock, 1860-1951. Trans Assoc Am Physicians, (65): 16-17.

Bolger AM, Lohse M, Usadel B. 2014. Trimmomatic: a flexible trimmer for Illumina sequence data. Bioinformatics, 30 (15): 2114-2220.

Bondy-Denomy J, Garcia B, Strum S, et al. 2015. Multiple mechanisms for CRISPR-Cas inhibition by anti-CRISPR proteins. Nature, 526 (7571): 136-139.

Bondy-Denomy J, Pawluk A, Maxwell KL, et al. 2013. Bacteriophage genes that inactivate the CRISPR/Cas bacterial immune system. Nature, 493 (7432): 429-432.

Brinkman AB, Simmer F, Ma K, et al. 2010. Whole-genome DNA methylation profiling using MethylCap-seq. Methods, 52: 232-236.

Brunner AL, Johnson DS, Kim SW, et al. 2009. Distinct DNA methylation patterns characterize differentiated human embryonic stem cells and developing human fetal liver. Genome Res, 19 (6): 1044-1056.

Cancer Genome Atlas Research Network. 2008. Comprehensive genomic characterization defines human glioblastoma genes and core pathways. Nature, 455 (7216): 1061-1068.

Cancer Genome Atlas Research Network. 2011. Integrated genomic analyses of ovarian carcinoma. Nature, 474 (7353): 609-615.

Cancer Genome Atlas Research Network. 2012. Comprehensive molecular portraits of human breast tumours. Nature, 490 (7418): 61-70.

Cancer Genome Atlas Research Network. 2013. The Cancer Genome Atlas Pan-Cancer analysis project. Nat Genet, 45 (10): 1113-1120.

Cancer Genome Atlas Research Network. 2015. The molecular taxonomy of primary prostate cancer. Cell, 163 (4): 1011-1025.

Carrot-Zhang J, Chambwe N, Damrauer JS, et al. 2020. Comprehensive analysis of genetic ancestry and its molecular correlates in cancer. Cancer Cell, 37 (5): 639-654. e6.

Chakravarty D, Porter LL. 2022. AlphaFold2 fails to predict protein fold switching. Protein Sci, 31 (6): e4353.

Chen C, Gong L, Zhang W, et al. 2022. A novel damping control of grid-connected converter based on optimal split-inductor concept. Micromachines (Basel), 13 (9): 1507.

Cheng X, Wang X, Nie K, et al. 2021. Systematic Pan-cancer analysis identifies TREM2 as an immunological and prognostic biomarker. Front Immunol, 12: 646523.

Colaprico A, Silva TC, Olsen C, et al. 2016. TCGAbiolinks: an R/Bioconductor package for integrative analysis of TCGA data. Nucleic Acids Res, 44 (8): e71.

Danaher P, Warren S, Lu R, et al. 2018. Pan-cancer adaptive immune resistance as defined by the Tumor Inflammation Signature (TIS): results from The Cancer Genome Atlas (TCGA). J Immunother Cancer, 6 (1): 63.

Davis CF, Ricketts CJ, Wang M, et al. 2014. The somatic genomic landscape of chromophobe renal cell carcinoma. Cancer Cell, 26 (3): 319-330.

Dekker FJ, Koch MA, Waldmann H. 2005. Protein structure similarity clustering (PSSC) and natural product structure as inspiration sources for drug development and chemical genomics. Curr Opin Chem Biol, 9 (3): 232-239.

Dong D, Ren K, Qiu X, et al. 2016. The crystal structure of Cpf1 in complex with CRISPR RNA. Nature, 532 (7600): 522-526.

Dose K. 1981. Ernst Haeckel's concept of an evolutionary origin of life. Biosystems, 13 (4): 253-258.

Edgar R, Domrachev M, Lash AE. 2002. Gene Expression Omnibus: NCBI gene expression and hybridization array data repository. Nucleic Acids Res, 30 (1): 207-210.

Elliott G, Hong C, Xing X, et al. 2015. Intermediate DNA methylation is a conserved signature of genome regulation. Nat Commun, 6: 6363.

Espinoza JL, Dong LT. 2020. Artificial intelligence tools for refining lung cancer screening. J Clin Med, 9 (12): 3860.

Farhat H, Sakr GE, Kilany R. 2020. Deep learning applications in pulmonary medical imaging: recent updates and insights on COVID-19. Mach Vis Appl, 31 (6): 53.

Finotello F, Mayer C, Plattner C, et al. 2019. Molecular and pharmacological modulators of the tumor immune contexture revealed by deconvolution of RNA-seq data. Genome Med, 11 (1): 34.

Gao L, Cox DBT, Yan WX, et al. 2017. Engineered Cpf1 variants with altered PAM specificities. Nat Biotechnol, 35 (8): 789-792.

Gonçalves-Kulik M, Mier P, Kastano K, et al. 2022. Low complexity induces structure in protein regions predicted as intrinsically disordered. Biomolecules, 12 (8): 1098.

Gong T, Szustakowski JD. 2013. DeconRNASeq: a statistical framework for deconvolution of heterogeneous tissue samples based on mRNA-Seq data. Bioinformatics, 29 (8): 1083-1085.

Hagemann-Jensen M, Ziegenhain C, Chen P, et al. 2020. Single-cell RNA counting at allele and isoform resolution using Smart-seq3. Nat Biotechnol, 38 (6): 708-714.

Hänzelmann S, Castelo R, Guinney J. 2013. GSVA: gene set variation analysis for microarray and RNA-seq data. BMC Bioinformatics, 14: 7.

He KM, Zhang XY, Ren SQ, et al. 2016. Deep Residual Learning for Image Recognition. Las Vegas: 2016 IEEE Conference on Computer Vision and Pattern Recognition (CVPR), 770-778.

Hendlich M, Bergner A, Günther J, et al. 2003. Relibase: design and development of a database for comprehensive analysis of protein-ligand interactions. J Mol Biol, 326 (2): 607-620.

Hodge EA, Benhaim MA, Lee KK. 2020. Bridging protein structure, dynamics, and function using hydrogen/deuterium-exchange mass spectrometry. Protein Sci, 29 (4): 843-855.

Holm L. 2022. Dali server: structural unification of protein families. Nucleic Acids Res, 50 (W1): W210-W215.

Hosny KM, Kassem MA, Fouad MM. 2020. Classification of skin lesions into seven classes using transfer learning with AlexNet. J Digit Imaging, 33 (5): 1325-1334.

ICGC/TCGA Pan-Cancer Analysis of Whole Genomes Consortium. 2020. Pan-cancer analysis of whole genomes. Nature, 578 (7793):

82-93.

Iqbal S, N Qureshi A, Li J, et al. 2023. On the analyses of medical images using traditional machine learning techniques and convolutional neural networks. Arch Comput Methods Eng, 30 (5): 3173-3233.

Jinek M, Chylinski K, Fonfara I, et al. 2012. A programmable dual-RNA-guided DNA endonuclease in adaptive bacterial immunity. Science, 337 (6096): 816-821.

Jisna VA, Jayaraj PB. 2021. Protein structure prediction: conventional and deep learning perspectives. Protein J, 40 (4): 522-544.

Joglekar AV, Leonard MT, Jeppson JD, et al. 2019. T cell antigen discovery via signaling and antigen-presenting bifunctional receptors. Nat Methods, 16 (2): 191-198.

Jones DT, Taylor WR, Thornton JM. 1992. The rapid generation of mutation data matrices from protein sequences. Comput Appl Biosci, 8 (3): 275-282.

Jukes TH, Cantor CR. 1969. Evolution of Protein Molecules. In: Munro HN. Mammalian Protein Metabolism. New York: Academic Press, 21-132.

Kim D, Pertea G, Trapnell C, et al. 2013. TopHat2: Accurate alignment of transcriptomes in the presence of insertions, deletions and gene fusions. Genome Biol, 14 (4): R36.

Kimura M. 1968. Evolutionary rate at the molecular level. Nature, 217 (5129): 624-626.

Kimura M. 1981. Estimation of evolutionary distances between homologous nucleotide sequences. ProcNatl Acad Sci USA, 78 (1): 454-458.

Klein AM, Mazutis L, Akartuna I, et al. 2015. Droplet barcoding for single-cell transcriptomics applied to embryonic stem cells. Cell, 161 (5): 1187-1201.

Koh G, Degasperi A, Zou X, et al. 2021. Mutational signatures: emerging concepts, caveats and clinical applications. Nat Rev Cancer, 21 (10): 619-637.

Kumar P, Narasimhan B, Sharma D, et al. 2009. Hansch analysis of substituted benzoic acid benzylidene/furan-2-yl-methylene hydrazides as antimicrobial agents. Eur J Med Chem, 44 (5): 1853-1863.

Kumar S. 2005. Molecular clocks: four decades of evolution. NatRevGenet, 6 (8): 654-662.

Lee JY, Chang IH, Moon YT, et al. 2011. Effect of prostate biopsy hemorrhage on MRDW and MRS imaging. Korean J Urol, 52 (10): 674-680.

Li B, Dewey CN. 2011. RSEM: Accurate transcript quantification from RNA-Seq data with or without a reference genome. BMC Bioinformatics, 12: 323.

Li H, Handsaker B, Wysoker A et al. 2009. The Sequence Alignment/Map format and SAMtools. Bioinformatics, 25: 2078-2079.

Li T, Fan J, Wang B, et al. 2017. TIMER: a web server for comprehensive analysis of tumor-infiltrating immune cells. Cancer Res, 77 (21): e108-e110.

Liu M, Xie X, Bao M, et al. 2022. Gold-catalyzed carbocyclization and imidization of alkyne-tethered diazo compounds with nitrosoarenes for the synthesis of nitrones and naphthalene derivatives. Mol Divers.

Love MI, Huber W, Anders S. 2014. Moderated estimation of fold change and dispersion for RNA-seq data with DESeq2. Genome Biol, 15 (12): 550.

Luecken MD, Theis FJ. 2019. Current best practices in single-cell RNA-seq analysis: a tutorial. Mol Syst Biol, 15 (6): e8746.

Lynn RC, Weber EW, Sotillo E, et al. 2019. C-Jun overexpression in CAR T cells induces exhaustion resistance. Nature, 576 (7786): 293-300.

Macosko EZ, Basu A, Satija R, et al. 2015. Highly parallel genome-wide expression profiling of individual cells using nanoliter droplets. Cell, 161 (5): 1202-1214.

Malta TM, Sokolov A, Gentles AJ, et al. 2018. Machine learning identifies stemness features associated with oncogenic dedifferentiation. Cell, 173 (2): 338-354. e15.

Miyake K, Karasuyama H. 2021. The role of trogocytosis in the modulation of immune cell functions. Cells, 10 (5): 1255.

Moreira MH, Almeida FCL, Domitrovic T, et al. 2021. A systematic structural comparison of all solved small proteins deposited in PDB. The effect of disulfide bonds in protein fold. Comput Struct Biotechnol J, 19: 6255-6262.

Muratcioglu S, Guven-Maiorov E, Keskin Ö, et al. 2015. Advances in template-based protein docking by utilizing interfaces towards completing structural interactome. Curr Opin Struct Biol, 35: 87-92.

Newman AM, Liu CL, Green MR, et al. 2015. Robust enumeration of cell subsets from tissue expression profiles. Nat Methods, 12 (5): 453-457.

Oda M, Glass JL, Thompson RF, et al. 2009. High-resolution genome-wide cytosine methylation profiling with simultaneous copy number analysis and optimization for limited cell numbers. Nucleic Acids Res, 37: 3829-3839.

Picelli S, Björklund ÅK, Faridani OR, et al. 2013. Smart-seq2 for sensitive full-length transcriptome profiling in single cells. Nat Methods, 10 (11): 1096-1098.

Racle J, Gfeller D. 2020. EPIC: a tool to estimate the proportions of different cell types from bulk gene expression data. Methods Mol Biol, 2120: 233-248.

Ramsköld D, Luo S, Wang YC, et al. 2012. Full-length mRNA-Seq from single-cell levels of RNA and individual circulating tumor cells. Nat Biotechnol, 30 (8): 777-782.

Robichaux JP, Elamin YY, Vijayan RSK, et al. 2019. Pan-cancer landscape and analysis of ERBB2 mutations identifies poziotinib as a clinically active inhibitor and enhancer of T-DM1 activity. Cancer Cell, 36 (4): 444-457. e7.

Robinson MD, McCarthy DJ, Smyth GK. 2010. EdgeR: a Bioconductor package for differential expression analysis of digital gene expression data. Bioinformatics, 26 (1): 139-140.

Roney JP, Ovchinnikov S. 2022. State-of-the-art estimation of protein model accuracy using AlphaFold. Phys Rev Lett, 129 (23): 238101.

Sarvamangala DR, Kulkarni RV. 2022. Convolutional neural networks in medical image understanding: a survey. Evol Intell, 15 (1): 1-22.

Schaefer KA, Wu WH, Colgan DF, et al. Unexpected mutations after CRISPR-Cas9 editing in vivo. Nat Methods, 14 (6): 547-548.

Schellhammer I, Rarey M. 2004. FlexX-Scan: fast, structure-based virtual screening. Proteins, 57 (3): 504-517.

Serre D, Lee BH, Ting AH. 2010. MBD-isolated genome sequencing provides a high-throughput and comprehensive survey of DNA methylation in the human genome. Nucleic Acids Res, 38: 391-399.

Sherman BT, Hao M, Qiu J, et al. 2022. DAVID: a web server for functional enrichment analysis and functional annotation of gene lists (2021 update). Nucleic Acids Res, 50 (W1): W216-W221.

Skvortsova K, Stirzaker C, Taberlay P. 2019. The DNA methylation landscape in cancer. Essays Biochem, 63 (6): 797-811.

Smith HO, Wilcox KW. 1970. A restriction enzyme from Hemophilus influenzae. I. Purification and general properties. J Mol Biol, 51 (2): 379-391.

Stella S, Alcón P, Montoya G. 2017. Structure of the Cpf1 endonuclease R-loop complex after target DNA cleavage. Nature, (546): 559-563.

Swarts DC, Jore MM, Westra ER, et al. 2014. DNA-guided DNA interference by a prokaryotic Argonaute. Nature, 507 (7491): 258-261.

Tang Z, Li C, Kang B, et al. 2017. GEPIA: a web server for cancer and normal gene expression profiling and interactive analyses. Nucleic Acids Res, 45 (W1): W98-W102.

Tappeiner E, Finotello F, Charoentong P, et al. 2017. TIminer: NGS data mining pipeline for cancer immunology and immunotherapy. Bioinformatics, 33 (19): 3140-3141.

Tropea M, Fedele G, De Luca R, et al. 2022. Automatic stones classification through a CNN-based approach. Sensors (Basel), 22 (16): 6292.

Venselaar H, Te Beek TA, Kuipers RK, et al. 2010. Protein structure analysis of mutations causing inheritable diseases. An e-Science approach with life scientist friendly interfaces. BMC Bioinformatics, 11: 548.

Wang X, Elling AA, Li X, et al. 2009. Genome-wide and organ-specific landscapes of epigenetic modifications and their relationships to mRNA and small RNA transcriptomes in maize. Plant Cell, 21: 1053-1069.

Weber M, Davies JJ, Wittig D, et al. 2005. Chromosome-wide and promoter-specific analyses identify sites of differential DNA methylation in normal and transformed human cells. Nat Genet, 37: 853-862.

Williams R. 2010. Robert Lefkowitz: godfather of G protein-coupled receptors. Circ Res, 106: 812-814.

Xing J, Zhai R, Wang C, et al. 2022. DiseaseMeth version 3. 0: a major expansion and update of the human disease methylation database. Nucleic Acids Res, 50 (D1): D1208-D1215.

Yang Z, Nielsen R, Hasegawa M. 1998. Models of amino acids ubstitution and applications to mitochondrial protein evolution. Mol Biol Evol, 15 (12): 1600-1611.

Yu G, Wang LG, Han Y, et al. 2012. ClusterProfiler: an R package for comparing biological themes among gene clusters. OMICS, 16 (5): 284-287.

Zhang J, Li C, Yin Y, et al. 2023. Applications of artificial neural networks in microorganism image analysis: a comprehensive review from conventional multilayer perceptron to popular convolutional neural network and potential visual transformer. Artif Intell Rev, 56 (2): 1013-1070.

Zhang Y, Liu T, Meyer CA, et al. 2008. Model-based analysis of ChIP-Seq (MACS). Genome Biol, 9: R137.

Zhong G, Wang H, Li Y, et al. 2017. Cpf1 proteins excise CRISPR RNAs from mRNA transcripts in mammalian cells. Nat Chem Biol, 13 (8): 839-841.

Zhou Y, Zhou B, Pache L, et al. 2019. Metascape provides a biologist-oriented resource for the analysis of systems-level datasets. Nat Commun, 10 (1): 1523.

Ziegenhain C, Vieth B, Parekh S, et al. 2017. Comparative analysis of single-cell RNA sequencing methods. Mol Cell, 65 (4): 631-643. e4.